Du plus grand désordre

à l'ordre parfait

Balades aux

Lisières du Monde

FSC
www.fsc.org
MIXTE
Papier issu
de sources
responsables
Paper from
responsible sources
FSC® C105338

Du plus grand désordre à l'ordre parfait

Balades aux Lisières du Monde

comprenant :

- **Lettre ouverte à Jimmy Carter (2013)**
  ancien Président des USA

"Une leçon positive de l'accident à Three Mile Island"

- **Lettre au Pape François (2020)**

  "Du plus grand désordre à l'ordre parfait"

- **Lettre à la Jeunesse engagée dans la lutte contre le réchauffement climatique (COP26 2021)**

Michel Pluviose

Du même auteur, sur le sujet :

- L'organisation du désordre pour sortir du chaos.
  Applications en énergétique. Éditions Cépaduès (2015)

- Calming the Flows using the Principle of Worst
  Action. Valve World Magazine (Sept. 2013)
  www.physics3worlds.com

- A Remarkable use of Energetics by Nature:
  The chaotic System of Tropical Cyclones.
  International Journal of Applied Environmental Sciences
  (Vol.13, N°8, 2018)
  www.hurricane-physics.com

©2022 Pluviose, Michel

Édition : BoD – Books on Demand, info@bod.fr

Impression : BoD – Books on Demand, In de Tarpen 42,
Norderstedt (Allemagne)
Impression à la demande

ISBN 978-2-3224-4156-3

(ISBN 9782322274321, 1re publication, Janvier 2021)

Dépôt légal : Août 2022

1   **Préface**

> *Le savant est fier d'avoir tant appris ;*
> *le sage est humble d'en savoir si peu.*
>
> *William Cowper*

Chercher à en savoir davantage sur notre monde est une aventure passionnante et stimulante. On va pouvoir le vérifier lors de ces balades qui vont permettre de découvrir certains éléments cruciaux camouflés dans la nature.

Dans les années 1970, les constructeurs français de centrales thermiques lancèrent une recherche d'intérêt général sur les causes des instabilités d'écoulement observées dans les soupapes de régulation et de sécurité de leurs installations de production d'énergie. Électricité de France s'associa à cette recherche confiée à l'ATTAG (Association Technique pour les turbomachines et Turbines à Gaz). Cette étude fut conduite, sous ma responsabilité, dans le cadre des activités du CETIM (Centre Technique des Industries Mécaniques).

Il fallut attendre 1984 pour faire émerger une solution spectaculaire. Elle consistait en un procédé innovant pour dégrader l'énergie cinétique dans les fluides. Le problème était résolu de manière efficace, mais les bases profondes en restaient mystérieuses.

Cette expérience bluffante a conduit, bien plus tard, à énoncer un principe que j'ai dû appeler, en première intention, *principe de pire action*, car il s'oppose frontalement au *principe de moindre action* de la mécanique classique, d'où son nom. On avait réussi à apporter le calme dans des écoulements chaotiques en introduisant un très grand désordre dans le système des molécules du monde microscopique.

Lorsque j'ai commencé à publier sur ce principe de pire action, je me suis rendu compte que certains lecteurs répugnaient à entrer dans ces textes, par crainte ont-ils fini par m'avouer. Les choses un peu nouvelles ne vont pas sans quelques interrogations et confusions dans les mots. Puisque ce principe de pire action est capable de supprimer le chaos dans les écoulements, était-il si mauvais que son appellation le laissait supposer ? La pire action concernait le monde moléculaire alors qu'une meilleure action était obtenue dans notre monde macroscopique puisqu'on y apportait le calme. Finalement, après quelques concertations, j'ai opté pour nommer ce principe : principe de double action.

La partie pire action de ce principe fut longue à émerger car il fallait débroussailler un domaine inexploré de la physique : celui où il est nécessaire de dégrader très rapidement de l'énergie en grande quantité. Les cas sont certes peu nombreux mais ils sont essentiels pour l'environnement : soupapes de contrôle et de sécurité, ouragans, etc.

Dans ces cas vitaux, le système moléculaire s'auto-organise pour dégrader de lui-même, à son rythme, l'énergie cinétique des écoulements par des moyens contestables sans se préoccuper le moins du monde, ni de notre sécurité, ni des installations.

Le principe de double action favorisant l'échange d'informations depuis notre monde macroscopique vers le monde des molécules, permet d'inverser les rôles : imposer un grand désordre dans le système moléculaire afin d'échapper au chaos dans notre monde macroscopique.

Certains problèmes sont traitées dans ce livre, c'est ainsi qu'on montrera :

- Comment échapper au chaos qui envahit dangereusemment les soupapes de sécurité alors qu'elles sont chargées de protéger les populations, les installations et l'environnement.

- Comment empêcher le monde microscopique de prendre le contrôle des organes de commande et de réglage, lors des charges partielles, des installations énergétiques majeures.

- Comment pourrait-on calmer ces phénomènes météorologiques monstrueux que sont les ouragans qui apportent la désolation sur la terre et nous ruinent.

Issues de la théorie du chaos et de la thermodynamique non-linéaire, ces notions émergentes ont été consignées dans divers documents signalés en bibliographie et en particulier dans le livre : "L'organisation du désordre *(dans le monde microscopique)* pour sortir du chaos *(dans notre monde macroscopique)*".

Le livre entre nos mains reprend ces nouvelles connaissances concernant la nature sous une forme accessible au plus grand nombre.

Trois lettres peuvent résumer ce texte ; on les trouvera ci-incluses et dans les sites WEB cités en bibliographie :

- Une lettre ouverte adressée au Président Jimmy Carter (2013) : (chapitre 15) "Une leçon positive de l'accident à Three Mile Islands ".

- Une note adressée au Pape François (2020) (ch.22) : "Du plus grand désordre à l'ordre parfait ".

- Une lettre adressée à la jeunesse engagée dans la lutte contre le changement climatique (2021)(ch.19).

M'appartenait-il d'écrire ce livre ?

C'est par hasard que j'ai découvert ce principe de double action, qui élargit la physique, et même après tant d'années où j'ai beaucoup prêché dans le désert, je crois être la seule personne à pouvoir l'expliquer aujourd'hui. Je ne doute pas qu'il sera repris, commenté et amélioré plus tard tellement son application est vitale dans les cas cités. On en jugera.

Parmi les mauvais physiciens, il se pourrait que je sois l'un des meilleurs ; mais parmi les bons écrivains, je suis assurément l'un des plus mauvais.

Puisque dans le livre : "L'organisation du désordre pour sortir du chaos", je citais à plusieurs reprises Jean d'Ormesson, je lui avais demandé son accord avant publication.

Et comme il parlait souvent du bien et du mal et du temps qui passe, je lui avais ensuite proposé d'écrire "Balades aux lisières du Monde" en son nom propre. Je lui aurais fourni les éléments à ma connaissance. Cette affaire aurait été transformée de plomb en or en passant de ma tête dans la sienne.

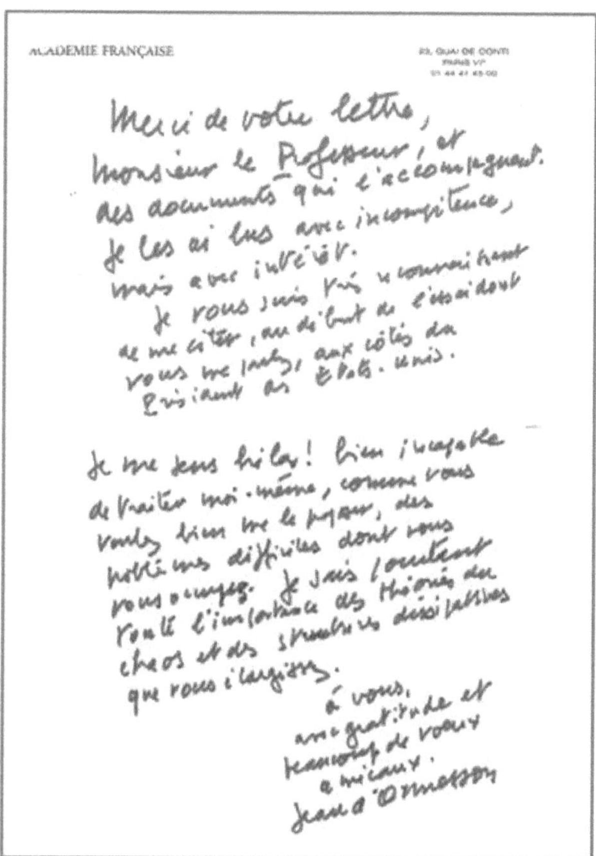

Fig. 1 - *Réponse de Jean d'Ormesson*
de l'Académie française
(Octobre 2013).

Lorsque le président de la république, dans un geste remarqué, posa en 2017 un crayon sur son cercueil dans la cour des Invalides, je n'ai pu m'empêcher d'esquisser un sourire en pensant qu'il aurait pu y ajouter une rame de papier pour écrire ce bouquin.

Finalement, je me suis rangé au conseil de François Rabelais :

"Soyez vous-même interprètes de votre entreprise." [1]

C'est donc François Rabelais qui m'a mis la plume à la main ! Le lecteur aura à être indulgent car j'écris en physicien, pas en écrivain.

"Voulez-vous faire un livre ? " demande Voltaire.

"Songez qu'il doit être neuf et utile, ou du moins infiniment agréable " ajoute-t-il.

C'est à quoi je me suis employé.

Convaincu que ces notions nouvelles, issues de la théorie du chaos et de la thermodynamique hors équilibre, modifient profondément notre vision du monde, il m'a semblé utile de publier ce livre qui devra être réécrit par d'autres tellement il demande à être complété et amélioré en beaucoup de points.

---

[1] La citation complète d'origine est : *"La dive Bouteille vous y envoye, soyez vous-mêmes interpretes de vostre entreprinse."* Avec François Rabelais, on est rarement déçu.

2   Évolution de la physique à travers les temps

L'observation du mouvement des planètes, depuis la plus haute antiquité, encourageait beaucoup de penseurs à envisager notre monde comme éternel.

La mécanique classique, dès son origine basée sur l'ordre, a été un domaine des mathématiques ; elle permit d'abord de décrire le mouvement des objets astronomiques tels que les planètes et des corps matériels autour de nous. De nombreux savants s'y illustrèrent après Galilée et Isaac Newton. Elle fut féconde ; c'est une référence incontestable. Puisque les frottements ne sont pas pris en compte, la réversibilité y est assurée : on va du passé vers l'avenir ou de l'avenir vers le passé sans que rien ne change dans ses lois. Dans ces conditions, le temps ne s'écoule pas. On ne vieillit pas ! Magique !

Le principe de moindre action, qui stipule que la Nature n'aime pas trop se fatiguer, récapitule la situation.

Mais des fauteurs de troubles introduisirent le désordre par le biais du redoutable et mal-aimé second principe de la thermodynamique. Ils ne furent pas les bienvenus.

Les irréversibilités étaient enfin prises en compte par l'entropie.[1]Toutes les irréversibilités, lors des transformations dans un système isolé, qui n'échange donc rien avec son entourage, génèrent du désordre (de l'entropie) ; ce désordre ne peut donc qu'augmenter avec le temps. On comprit un peu mieux ce qu'était le temps. Il était associé au désordre et se paraît de sa flèche orientée vers l'avenir : *la flèche du temps.* Certains purent en déduire que le monde allait mourir. Mais la Nature n'est pas tenue de suivre nos raisonnements.

Pour mieux comprendre ce qu'était l'entropie, on en chercha les racines dans le monde microscopique mais, devant le nombre gigantesque de molécules, il fallut se résoudre à utiliser les probabilités.

Notre monde n'allait pas *certainement* mourir, il n'allait que *probablement* mourir.

L'introduction des irréversibilités dans les équations de la mécanique était un grain de sable qui, pour le moins, perturbait leur résolution. Alors, on simplifia, on linéarisa, on minimisa pour s'en sortir au mieux. On arriva ainsi en mécanique des fluides aux équations de Navier-Stokes qui sont une affaire un peu trouble de spécialistes, puis aux équations de Reynolds, encore plus mystérieuses lorsque la turbulence entre en jeu car celle-ci doit être vue, de nos jours, comme une manifestation du chaos, mais d'un chaos d'intensité faible.

Peu à peu la physique, dans le domaine de l'énergétique, s'éloigna des mathématiques qui peinaient à suivre en se bornant le plus souvent au domaine linéaire, c'est-à-dire en ne s'éloignant pas trop de ses bases : le monde de l'ordre.

---

[1]L'entropie, c'est surtout du désordre.

Dans les années 1970, d'autres perturbateurs, spécialistes du chaos, firent leur apparition. On quittait le déterminisme, qui avait tant été célébré, pour sombrer dans le chaos ; mais surprise parmi tant d'autres : de l'ordre se camouflait dans ce chaos.

Cette nouvelle fut sensationnelle et la stupéfaction générale dans beaucoup de milieux.

Un système entraîné vers le désordre peut créer de l'ordre. Et l'on comprit brutalement que le désordre augmentant depuis les premiers instants du monde, rien ne s'opposait à ce que des parties ordonnées puissent apparaître localement. La seule condition était que dans l'ensemble, le désordre augmente. Un subit éclaircissement !

L'exemple le plus grandiose est celui de notre Univers.

Pourquoi faut-il attendre des milliards d'années après le fantastique déséquilibre initial en température dû au Big Bang pour atteindre l'équilibre final où tout serait homogénéisé ?

Parce que des structures appelées dissipatives sont apparues pour entraver la marche vers le désordre ultime. De l'ordre émergeait à partir du chaos. Ces structures dissipatives, ou structures auto-organisées, se sont créées pour les uns, ou ont été créées pour d'autres : ce sont les planètes, les arbres, les oiseaux, le genre humain, etc. Nous y reviendrons.

L'ordre naissait du désordre.

Le lecteur peut se demander, à partir de là, ce qu'il est venu faire dans cette galère. Nous y voilà.

Les structures dissipatives ainsi formées sont parfois inacceptables parce que l'ordre qui s'introduit dans un système l'empêche de rejoindre rapidement son état d'équilibre final où tout serait figé. Et c'est heureux pour notre Univers. Mais néfaste dans d'autres situations.

Descendons de quelques crans et revenons à nos préoccupations plus terre à terre.

Certaines de ces structures dissipatives auto-organisées sont très dangereuses pour notre sécurité. Ce sont par exemple les jets supersoniques dans les soupapes de régulation qui font vibrer nos grandes centrales de production d'énergie électrique en les fragilisant ou encore les ouragans issus d'un déséquilibre devenu trop important dans la nature, qui viennent s'éteindre après avoir déversé leurs calamités sur les terres habitées.

La Nature est souvent dolente et n'aime pas trop se fatiguer dans la plupart des domaines de la vie courante, mais parfois lorsqu'elle sort de ses gonds, suite à des déséquilibres trop importants, de l'ordre se manifeste au milieu du désordre. C'est ainsi, par exemple, qu'une tempête tropicale se transforme en un ouragan en se parant de son œil et du mur de l'œil, structure très ordonnée. Le système ayant bifurqué vers un ouragan devient alors une terrifiante machine thermique mobile sur la surface de l'océan, machine thermique terrifiante mais ordonnée.

Cet ordre, issu du désordre, peut produire des effets catastrophiques dans les cas énoncés ci-dessus, en particulier. L'ordre qui apparaît dans une structure dissipative devenue menaçante doit être détruit.

Bien qu'il n'y ait eu aucune contestation émise sur

cette action nécessaire d'élimination d'ordre tellement les raisons sont claires, quelques réticences apparurent néanmoins.

Est-il permis de détruire de l'ordre dans la nature ?

Soit un système soumis à des contraintes qui le déplacent de son équilibre.   À partir d'un certain déséquilibre, une bifurcation[2] apparaît puis des instabilités précèdent une partie ordonnée. Cet ordre qui surgit freine l'évolution du système et le perturbe car il s'introduit dans un système en cours de désorganisation. En supprimant cet ordre naissant dans une partie du système, on assure un fonctionnement plus calme et on libère ce système des freins qui entravaient sa marche vers le désordre.

Le principe de double action a pour but de supprimer l'ordre apparu, afin de calmer les écoulements chaotiques dans les soupapes de réglage des centrales nucléaires ou thermiques, ou dans un ouragan par exemples.

Une autre démarche, qui relève a priori de la curiosité scientifique, consiste a contrario à supprimer du désordre dans une structure dissipative, en vue d'obtenir un système dans lequel une partie serait à entropie nulle, donc en ordre parfait.

Il s'avère impossible d'introduire, de nos jours, une partie absolument parfaite dans un système. Par contre, on trouve de tels phénomènes décrits dans les Écritures. On a jugé qu'il serait utile, pour la physique, d'analyser de tels prodiges qui lui sont inaccessibles. Traitant ainsi d'un

---

[2]Ce qu'on nomme bifurcation dans ce texte est aussi appelée basculement dans d'autres domaines où on s'est trop éloigné de l'équilibre (évolution démographique, ressources disponibles, etc.) Toute croissance a des limites : un arbre ne monte pas jusqu'au ciel.

domaine inhabituel pour un scientifique, il m'a semblé nécessaire d'avoir l'accord, au moins tacite, des autorités religieuses pour le développer. Par ailleurs, cette approche se trouvait favorisée par les souhaits exprimés par le Pape François, et aussi, entre autres, par Albert Einstein dans une de ses citations.

> *"La science et la religion qui proposent des approches différentes de la réalité peuvent entrer dans un dialogue intense et fécond pour toutes les deux."*
> Pape François

Il m'a donc semblé utile d'informer le Pape de ces avancées en physique, proches de la frontière avec la théologie, la philosophie et la métaphysique. La réponse du Vatican, très ecclésiastique, est encourageante (ch. 22).

Souvent les philosophes ont fait intervenir la volonté divine dans leurs œuvres. Regarder autour de soi, s'efforcer de réfléchir, ne pas attribuer à un Être suprême la responsabilité de tous les mystères et de nos manquements, telle était l'attitude de Thalès, de Newton, et de beaucoup d'autres, que nous adopterons.

Dans ce livre, la physique est parcourue à grandes enjambées en l'élargissant vers des domaines méconnus, en particulier ceux dans lesquels de l'énergie doit être rapidement et massivement dissipée.

> *"La science sans religion est boiteuse ; la religion sans science est aveugle."*
> Albert Einstein

3   **Lumière et Matière**

En 1922, Alexandre Friedmann découvre que les équations de la relativité générale d'Albert Einstein[1] permettent la description d'un Univers en évolution, alors qu'Einstein soutenait la thèse d'un Univers statique.

L'astronome Edwin Hubble, en 1929, démontre que la distance entre les galaxies croît avec le temps ce qui implique une expansion de l'Univers.

Le physicien et chanoine Georges Lemaître, pose, en 1931, une hypothèse audacieuse : puisque que l'Univers est en expansion cela signifie que tout ce qui compose l'Univers aurait pu être jadis concentré en un point unique. C'est le concept révolutionnaire d'atome primitif. Dans un passé lointain, l'Univers doit avoir été si condensé qu'il pourrait être considéré comme un point d'énergie, un quantum. C'est ainsi que nacquit la physique quantique.

Cette idée ne fut pas bien reçue. Einstein considère cette hypothèse comme inspirée par le dogme de la création biblique mais physiquement injustifiée.

Mais Lemaître rétorque : *"Je pense que quiconque croit à un Être suprême soutenant chaque être et chaque acte, croit aussi que Dieu est essentiellement caché, et peut se réjouir de voir comment la physique actuelle fournit un voile cachant la création"*. Pour Lemaître, Dieu sera

---

[1]chapitre 4

toujours un Être suprême et inaccessible, ce qui permet d'envisager l'origine du monde dans les strictes limites de la physique, sans la mêler à la création biblique.

Lemaître demanda audience à Pie XII pour lui faire part de son point de vue que science et foi ne devaient pas être mêlées.[2]

En l'occurence, la Providence fit bien les choses. Qu'un religieux soit à la base de cette hypothèse révolutionnaire permit certainement d'éviter bien des désagréments aux scientifiques. On se souvient du supplicié Giordano Bruno qu'on envoya au bûcher, en d'autres temps, afin de lui rafraîchir les idées. On se souvient aussi des mésaventures de Galilée entre autres. Fort heureusement, l'attitude de l'Église par rapport à la science a évolué favorablement avec le temps.

La découverte, par hasard, du fond diffus cosmologique en 1965 par Arno Penzias et Robert Wilson confirma la validité du modèle standard du Big Bang. Ce rayonnement thermique observé ne nous fait pas remonter à la singularité originelle, mais à environ 380.000 ans après le Big Bang correspondant au moment du découplage entre la lumière et la matière.

Ce que fut l'Univers durant sa première seconde d'existence, domaine de la physique des très hautes énergies, devrait à jamais rester voilé. On admet généralement que les théories physiques actuelles permettent de se forger une idée de ce que fut notre Univers après cette première seconde d'existence.

---

[2]En 1960, Lemaître est nommé président de l'Académie pontificale par le pape Jean XXIII. C'est sous son égide que la prestigieuse institution s'ouvre aux prix Nobel.

Successeur du téléscope Hubble, le téléscope spatial James Webb, lancé le 25 décembre 2021, pour atteindre sa destination à 1,5 million de kilomètres de la Terre, devrait fournir des informations attendues impatiemment sur les signaux émis par les toutes premières galaxies de l'Univers.

De la matière à la lumière

Paul Dirac, en 1928, met en évidence qu'à chaque type de particule est associée une antiparticule de même masse. Par exemple, un électron possède une charge électrique (-). L'antiparticule de l'électron, le positron, a la même masse que l'électron et une charge électrique opposée (+).

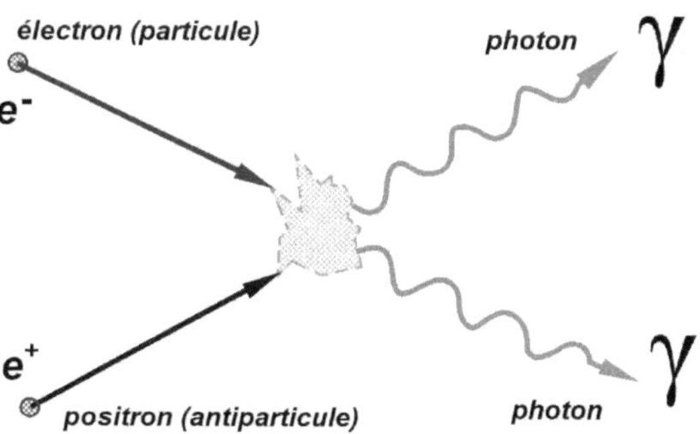

Fig. 3.1 - *Lors de la collision d'un électron avec un positron formant deux photons, l'énergie est conservée. L'énergie des photons est égale à la somme de l'énergie de l'électron et du positron.*

Lorsqu'une antiparticule rencontre une particule, les deux se dématérialisent et se transforment en rayonnement électromagnétique constitué de grains de lumière, appelés photons, il y a annihilation de la matière au profit de la lumière. Lorsque ces particules et antiparticules se heurtent dans un processus violent, elles disparaissent dans une gerbe de lumière (Figure 3.1). De nouvelles paires de photons sont alors produites. La collision d'une particule et de son antiparticule émet une quantité d'énergie donnant naissance à deux photons. L'énergie totale transportée par les photons correspond à l'énergie de masse contenue dans le système avant collision.[3] La transformation de la matière en lumière est un fait notoire.

De la lumière à la matière

En 1934, Gregory Breit et John Wheeler ont proposé une transformation inverse à celle de Dirac, c'est-à-dire la création de matière à partir de la lumière. Des photons, à très haute énergie entrent en collision pour produire la matière sous forme de particules (électrons) et d'antiparticules (positrons).

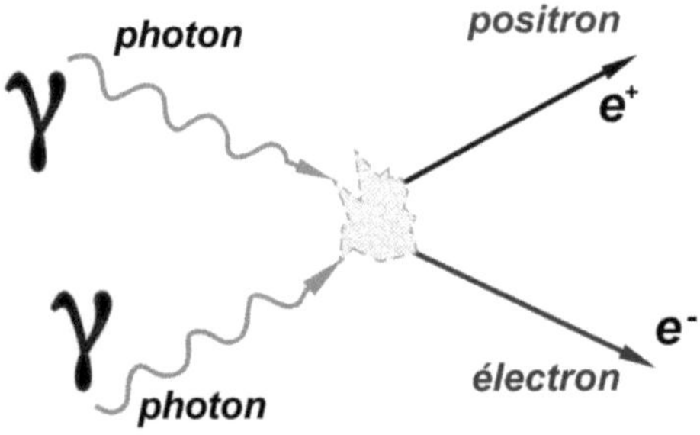

Fig. 3.2 - *Procédé Breit-Wheeler : tentative de création de matière à partir de lumière.*

---

[3]La matière et l'énergie peuvent s'échanger selon la célèbre formule $E = mc^2$ dans laquelle c est la vitesse de la lumière.

Deux photons de lumière pourraient s'associer brutalement pour produire deux éléments massiques : un électron et un positron (Figure 3.2).

C'est l'une des recherches les plus audacieuses de l'électrodynamique quantique. Les expériences qui nécessitent une énergie considérable sont peut-être proches d'aboutir. Ainsi serait mis en évidence un des processus majeurs du Big Bang, lorsque l'Univers n'avait pas encore atteint une seconde d'existence.

Période de recombinaison

Dans la période dite de recombinaison qui s'étend de quelques minutes jusqu'à 380.000 ans après le Big Bang, les électrons libres s'associent aux noyaux atomiques pour former des atomes, puis des molécules.

Après cette expansion de l'Univers et donc son refroidissement jusqu'à 3000 degrés environ, les photons, n'eurent plus l'énergie nécessaire pour se transformer en paires d'électron-positron. Ils sont restés sous forme de photons interagissant beaucoup moins avec la matière. Les photons de lumière, auparavant captés par les électrons libres, purent alors se libérer et se propager dans tout l'Univers, lequel devint opaque.

Néanmoins, les électrons, les positrons et d'autres particules de matière ont continué d'entrer en collision afin de produire de plus en plus de photons.

Taille d'éléments   Ordre de grandeur (selon Wikipédia)

Électron	10^{-15} m.	ou	0,000000000000001 m.
Noyau d'atome	10^{-14} m.	ou	0,00000000000001 m.
Rayon d'atome	10^{-10} m.	ou	0,0000000001 m.
Diamètre molécule	10^{-9} m.	ou	0,000000001 m.
Virus	10^{-8} m.	ou	0,00000001 m.
Bactérie	10^{-6} m.	ou	0,000001 m.=1 micron
Cheveu	10^{-4} m.	ou	0,0001 m.
...			
Année-lumière	$9,5.10^{15}$ m.	ou	9500000000000000 m.

(Nota : Une année-lumière est la distance parcourue par la lumière en une année)

La lumière

Les doctrines physiques de René Descartes et d'Isaac Newton concernaient aussi bien la matière que la lumière. Parce que la lumière a été considérée comme un élément sans masse, elle fut ensuite écartée lors du développement de la mécanique classique, mais elle accomplit de manière inattendue un retour remarquable vers 1900. Ce renouveau permit le passage de la mécanique classique à la mécanique quantique.

Au cours de l'histoire de la lumière, deux conceptions différentes se sont tour à tour succédées avec, pour chacune, des réussites provisoires.

Un chassé-croisé onde-particules

René Descartes, Robert Hooke et Christian Huygens proposent des modèles ondulatoires au XVIIe siècle. Ils assimilent la lumière à la propagation à travers l'espace d'un ébranlement.

Descartes affirme que la propagation du phénomène est

instantanée. En tentant de mesurer la vitesse de la lumière, avec les moyens de l'époque, Galilée conclut : *"... Je n'ai pu décider,... si la vitesse de la lumière est instantanée ; si elle ne l'est pas, elle est du moins extrèmement rapide, quasi-immédiate."*

Or, dans la plupart des théories, on considère, au contraire, que la lumière est constituée de particules. Ce modèle s'imposa surtout en raison de l'influence de Newton qui, en 1660, nous fit connaître la lumière en la décomposant à travers un prisme. Il put ainsi expliquer le phénomène de l'arc-en-ciel. Cette conception veut que la lumière soit formée par des corpuscules en mouvement. Les phénomènes lumineux sont ainsi dus au transport à travers l'espace de petits projectiles animés de grandes vitesses.

Les phénomènes lumineux qui successivement, étaient découverts et étudiés paraissaient tour à tour apporter des arguments en faveur de l'une, puis de l'autre, de ces conceptions concurrentes. La lumière gardait tout son mystère.

En regroupant, vers 1860, dans un seul ensemble d'équations les phénomènes optiques, électriques et magnétiques, James Maxwell montra que la lumière est une perturbation se propageant, sous la forme d'une onde dans l'espace, selon les lois de l'électromagnétisme.

La lumière et la chaleur

Les rayons issus du soleil ne nous envoient pas uniquement de la lumière, ces rayons doivent transporter d'autres phénomènes, dont au moins cette énergie qui nous réchauffe. Comme le soleil, tout matériau a tendance à émettre de la lumière lorsqu'il est chaud. On constatait le phénomène en chauffant des substances mais on ne savait pas trop bien comment l'expliquer.

Des recherches sur l'effet photoélectrique, c'est-à-dire l'émission d'électrons par un matériau soumis à l'action de la lumière, montrèrent les limites de l'hypothèse ondulatoire et ramenèrent l'attention des physiciens vers la conception corpusculaire. On revenait vers une structure granulaire de la lumière, sans remettre en cause la théorie ondulatoire de Maxwell.

La lumière ne peut être émise et absorbée que sous la forme de paquets d'énergie d'après la théorie des quantas de Max Planck. Les photons sont des paquets d'énergie élémentaires échangés lors de l'absorption ou de l'émission de lumière par la matière.

Ondes et particules

Comment concilier ces deux aspects, ondes et particules, qui se cotoyaient inexpliquablement depuis des siècles lorsqu'on évoquait la lumière, et qui paraissaient inconciliables ?

Une idée nouvelle et hardie va y parvenir : Les deux phénomènes cohabitent. Pour les électrons de l'atome, comme pour les photons de la lumière, on doit combiner les images de corpuscule et d'onde.

Quand le photon manifeste son aspect corpusculaire en se localisant, son aspect ondulatoire disparaît. Et sous son aspect ondulatoire, on perd sa trace. Affolant !

Mécanique ondulatoire matière et lumière

Louis de Broglie posa les bases de la *mécanique ondulatoire* en associant une onde aux particules massiques. Il écrit à propos de la forme initiale de la mécanique quantique :

> *"Depuis l'introduction par Einstein des photons dans l'onde lumineuse, l'on savait que la lumière contient des particules qui sont des concentrations d'énergie incorporée dans l'onde, ceci suggère que toute particule, comme l'électron, doit être transportée par une onde dans laquelle elle est incorporée. Mon idée essentielle était d'étendre à toutes les particules la coexistence des ondes et des corpuscules découverte par Einstein en 1905 dans le cas de la lumière et des photons."*

Dans la mécanique ondulatoire, la lumière et la matière ne sont plus traitées séparément.

> *"Tous ces faits prouvent bien que la lumière et la matière ne sont que des aspects divers de l'énergie qui peut prendre successivement l'une ou l'autre de ces deux apparences. Mais ce qui caractérise la lumière dans l'ensemble des manifestations de l'énergie, c'est qu'elle est la plus rapide, la plus fine, la plus dégagée de l'inertie et de charge, de toutes ces manifestations. Si donc nous étendons*

> *maintenant le sens du mot matière à toutes les
> formes de l'énergie, nous pourrons bien dire
> que la lumière est la forme la plus subtile de
> la matière. "*

En découvrant la mécanique quantique, les physiciens tels que De Broglie, Planck, Einstein et bien d'autres ont révolutionné la physique.

Mécanique quantique

La mécanique quantique tente de décrire le comportement étrange des objets microscopiques. Elle est pleine de mystères qui nous tourneboulent et nous incitent à beaucoup d'humilité.

On ne retiendra ici que les éléments de mécanique quantique qui nous seront utiles par la suite.

Le principe de superposition

Alors que pour les objets de notre monde macroscopique qui nous sont donc plus familiers, on peut généralement connaître sans trop de difficultés leur position, leur mouvement et leur vitesse, les objets du monde microscopique sont beaucoup plus fantasques.

Un électron, par exemple, peut être à deux endroits à la fois et posséder deux vitesses différentes. Et il n'y a pas lieu de se limiter à deux endroits, il peut se trouver un peu partout dans l'espace. Ce phénomène est appelé principe de superposition.

L'indétermination des mesures en mécanique quantique

Les mesures des caractéristiques des objets de notre monde macroscopique sont entachées d'une certaine erreur que l'on peut réduire en améliorant les dispositifs de mesure.

Mais en mécanique quantique, il en va tout autrement. Par exemple, si un électron peut se déplacer à 500 km/h et 1000 km/h, on mesurera soit 500 km/h soit 1000 km/h. On ne mesurera que l'une de ces deux valeurs. Les physiciens, même s'ils n'aiment pas ce mot, doivent admettre que c'est le hasard qui décide.   Il existe, en mécanique quantique, un indéterminisme fondamental rendant les mesures dépendantes du hasard, d'une manière impossible à prévoir.

Cette introduction du hasard en physique a beaucoup choqué Einstein ; il refusait de croire que le hasard pouvait jouer un rôle fondamental en physique, d'où sa sortie mémorable : *"Dieu ne joue pas aux dés. "*

La dualité onde-corpuscule

Un électron peut se trouver en plusieurs endroits à la fois.

Un électron enfermé dans une boîte, va peu à peu se délocaliser et occuper tout le volume de la boîte. L'électron se trouve partout à la fois dans la boîte !

Même piégé dans un atome, l'électron n'est pas localisable. Les orbites électroniques (Figure 3.4) ne sont que des zones de probabilité.

La mécanique quantique affirme que la seule chose qu'on peut savoir sur l'électron est la probabilité de le trouver à un certain endroit.   On peut définir une fonction qui nous dirait quelle est la probabilité de trouver la particule en chacun des points de l'espace. Notre électron alors n'est plus localisé mais sa position est décrite par cette fonction appelée champ de probabilités. Avec l'écoulement du temps, ce champ peut évoluer et se comporter de manière analogue aux ondes électromagnétiques. On peut alors décrire la particule élémentaire, non plus comme un objet ponctuel, mais comme une onde.

Cette situation ubuesque est dénommée dualité *onde-corpuscule* pour la matière et la lumière. Les particules peuvent, selon les circonstances, se comporter soit comme des particules, soit comme des ondes.

L'effet tunnel

Une des conséquences du principe de superposition, est qu'il nous faut admettre de décrire les particules par des ondes.

Imaginons un électron arrivant sur un mur. Les utilisateurs de téléphones portables savent que les ondes peuvent traverser les murs. Si cet électron est décrit par une onde, une petite partie de cette onde va passer de l'autre côté du mur.

Cette onde décrit une probabilité de trouver l'électron à un endroit donné ; il y a une certaine probabilité que l'électron traverse l'obstacle. On parle d'effet tunnel, car tout se passe comme si, par moment, un petit tunnel dans le mur permettait à un électron de passer.

L'effet tunnel est un nouvel exemple des bizarreries qui se produisent dans le monde quantique, mais pas dans le monde macroscopique.

Principe d'incertitude d'Heisenberg

On ne peut connaître précisément la vitesse et la position d'une telle particule : plus l'on dispose de données précises sur la vitesse, moins l'on connaît avec précision sa position, et vice versa. Les physiciens qui ont l'habitude de grandeurs concrètes et précises se retrouvent dans le vague. Cette situation si baroque rend perplexe.

Werner Heisenberg a découvert une relation qui traduit mathématiquement cette très obscure affaire. Cette relation dite d'incertitude introduit de la probabilité dans la matière. Les particules de la mécanique quantique, dans les entrailles de la matière, loin dans l'infiniment petit, relèvent des calculs de probabilités.

> *S'il ne fait aucun doute que le principe d'indétermination d'Heisenberg est vrai ; je ne peux croire que nous devons nous résigner à accepter l'idée que les lois de la nature soient analogues à un jeu de dés.*
>
> *Albert Einstein, pénétré par le doute.*

La lumière peut se comporter comme des particules (photons mis en évidence par l'effet photoélectrique) ou comme une onde (rayonnement produisant des interférences) selon le contexte expérimental, les électrons et autres particules pouvant également se comporter de manière ondulatoire. Les phénomènes de la mécanique quantique ne nous sont guère accessibles.

Quand on cherche où se trouve un électron, on perd son temps. On sait qu'il est quelque part dans ce secteur, qu'il a tendance à aller à peu près dans cette direction à quelques dizaines de milliers de kilomètres par seconde.

La théorie quantique peut être datée de 1926 ; elle semble extravagante et elle bouleversa toute la physique. Richard Feynman, le célèbre théoricien de la physique quantique a pu écrire :

> *Personne ne comprend vraiment la physique quantique.*
>
> Feynman ajoute :
>
> *Si vous croyez comprendre la mécanique quantique, c'est que vous ne la comprenez pas.*

Mécanisme d'échange en mécanique quantique

En 1913, Niels Bohr adapte les avancées de Planck et d'Einstein à son modèle de l'atome et explique comment la matière peut émettre de la lumière : c'est sous la forme de petits paquets d'énergie, c'est-à-dire sous la forme de photons et donc de lumière, qu'un électron se débarrasse de son surplus d'énergie.

Le photon, quantum du champ électromagnétique, transporte à la vitesse de la lumière l'énergie et la quantité de mouvement du champ.

Par exemple, l'énergie contenue dans l'électron d'un atome peut se transformer en photon, de même qu'un photon peut se transformer en énergie contenue dans l'électron (Figure 3.3).

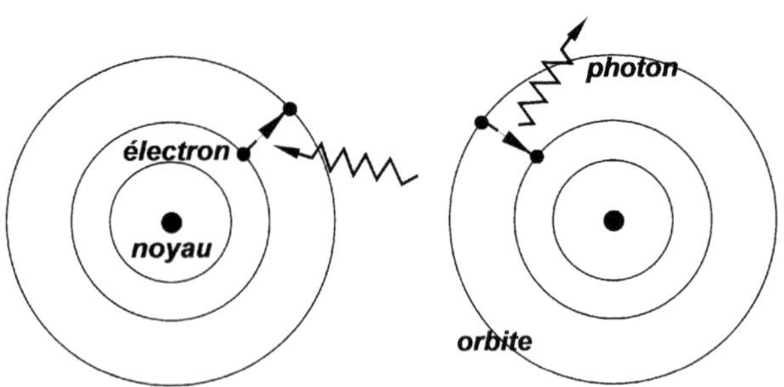

Fig. 3.3 - *Mécanisme d'échange photon-électron*

Si on envoie un photon de lumière sur un atome, le photon peut être absorbé par un électron. Ce dernier récupère alors l'énergie du photon, ce qui lui permet de sauter sur une autre orbite, plus éloignée du noyau. Toutefois, il ne peut absorber le photon que si l'énergie de ce dernier est égale à la différence d'énergie entre son orbite initiale et son orbite finale. L'électron doit recevoir exactement la bonne dose d'énergie,

Inversement, lors d'un saut vers une orbite moins énergétique (plus basse, plus proche du noyau), l'électron cédera une partie de son énergie sous forme d'un photon émis vers l'extérieur.

La matière

La mécanique classique, dès son origine, fut appliquée au mouvement des corps massiques, du plus petit point matériel jusqu'aux planètes.

Les atomes

La plus petite parcelle d'un corps pur simple qui reste capable de présenter les caractéristiques chimiques de ce corps est l'atome. C'est un élément matériel dix mille fois plus petit qu'un micron.

Déjà, les philosophes grecs Démocrite, Épicure et latin Lucrèce, entre autres, supposaient que l'atome était la partie ultime et éternelle constituant la matière. Les propriétés des corps dépendaient de celles de leurs atomes. On avait ainsi des atomes glissants, des atomes tourbillonnants... et bien entendu des atomes crochus. Ils envisageaient certainement ces éléments d'une taille supérieure à la réalité, mais comme ils n'avaient aucun outil pour progresser, ils ne surent qu'en faire et on oublia l'atome des Grecs et des Romains.

On retrouva cette notion d'atome au tout début du XXe siècle. L'atome perd son caractère ultime (Figure 3.4). Il est constitué d'un noyau, très petite région centrale, où sont rassemblés les protons et les neutrons et d'un certain nombre d'électrons tournoyants aux alentours.

L'électron est l'élément le plus petit, mais pas le moins troublant, auquel on se limitera, dans ce plongeon vertigineux vers les entrailles de la matière.

Les propriétés chimiques d'un atome dépendent de son cortège électronique, lequel ressemble, en toute première approximation, à un système astral. L'atome est électriquement neutre car les charges électriques des électrons et du proton se compensent.

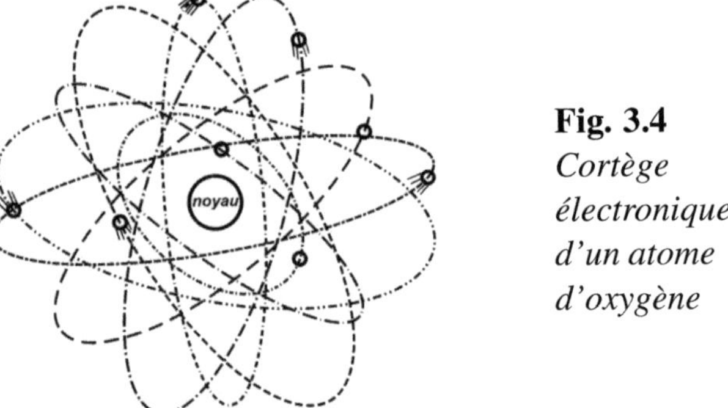

Fig. 3.4
Cortège électronique d'un atome d'oxygène

La matière microscopique n'est qu'un vide presque absolu. C'est ainsi qu'on peut observer plus ou moins nettement des horizons distants de plusieurs dizaines de kilomètres ; c'est-à-dire que notre vue est capable de traverser des milliards de milliards d'atomes, sans que leur présence ne nous gêne le moins du monde. Pour Aristote, les atomes ne pouvaient exister puisqu'ils étaient invisibles à ses yeux. C'est pourquoi beaucoup de savants ont douté de leur réalité physique pendant des siècles.

Neils Bohr et Ernest Rutherford en 1913, édifient l'atome à partir de quatre nombres quantiques définissant l'état de l'électron. En reconstituant l'atome avec ces nombres, on trouve une analogie très approximative avec le mouvement des planètes du système solaire.

Le modèle planétaire de l'atome de Bohr-Rutherford, sous sa forme initiale assimile les électrons à des sortes de billes se déplaçant sur des orbites. L'extrapolation des observations de notre Univers céleste à l'interprétation de phénomènes à si petite échelle doit rester prudente et doit garder un caractère très schématique, même si on peut y voir de la similarité. Ce modèle utilisé avec profit en énergétique, par exemple, a profondément été remis en cause en physique quantique, par Bohr lui-même.

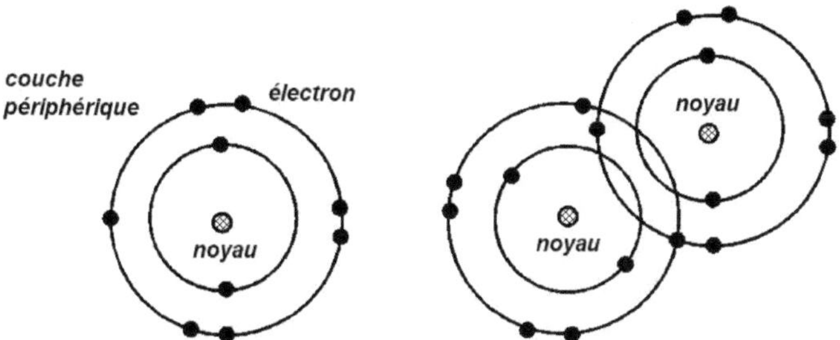

Fig. 3.5 -*Atome d'oxygène*   **Fig. 3.6** - *Molécule d'oxygène*

Le modèle de l'atome de Bohr-Rutherford était un modèle intercalé entre deux époques scientifiques : l'ère dite classique et la naissance de la physique quantique.

On représente souvent un atome de manière extrêmement simplifiée en remplaçant les trajectoires elliptiques des électrons par des cercles dans le plan (Figure 3.5).

Parmi les électrons qui gravitent autour du noyau de l'atome, ceux qui en sont les plus proches (couche interne) subissent de sa part une forte attraction et ne peuvent s'arracher à cette attraction. Les électrons périphériques qui subissent une attraction beaucoup moins forte de la part du noyau, peuvent quitter leur atome pour en rejoindre d'autres ; ce sont donc eux qui assureront les liaisons entre les atomes différents.

Pour écarter un électron du noyau vers une orbite plus éloignée, on doit fournir de l'énergie : à chaque orbite correspond un niveau d'énergie. Ces niveaux ne peuvent prendre que certaines valeurs distinctes et ne varient pas de façon continue. En fournissant la dose correcte d'énergie à un électron, on le fait donc passer d'un état énergétique à un autre.

Les phénomènes chimiques, de combustion par exemple, interviennent sur la distribution des électrons mais conservent l'intégrité du noyau. L'action sur ce dernier est du domaine de la physique nucléaire.

Pourquoi y a-t-il quelque chose plutôt que rien ?

La Nature a octroyé un rôle différent aux protons et électrons pourtant porteurs de la même charge électrique élémentaire +e ou -e. Le proton positif est confiné dans le noyau alors que l'électron "négatif" fait partie du cortège électronique qui circule autour de ce noyau.

Pourquoi n'existerait-il pas dans la Nature des protons qui seraient négatifs et des électrons qui seraient positifs ?

La découverte d'un électron positif (le positron) a constitué le premier indice de l'existence de ces particules aux propriétés symétriques de celles de notre monde ordinaire. Elles font partie de ce que l'on appelle aujourd'hui l'antimatière qui fut imaginée par Dirac.

Le Big Bang ne semble pas avoir créé autant d'antimatière que de matière dans l'Univers primordial. L'explication de cette dissymétrie reste un défi majeur en physique. Pour aller plus loin, il a fallu attendre le développement des grands accélérateurs de particules. Mais on s'éloigne trop de notre propos ; revenons-y.

Les molécules

Les atomes ne se trouvent que rarement ou subrepticement à l'état libre ; le plus souvent ils se groupent en assemblages relativement stables que sont les molécules. Ce sont donc les molécules qui constituent, mélangées les unes aux autres, tous les corps de la nature. Chaque atome essaie, au sein de la molécule à laquelle il appartient, d'avoir une couche électronique périphérique saturée, pour assurer sa stabilité.

Si les atomes des divers éléments échangent ou mettent spontanément des électrons en commun pour former des molécules, c'est qu'ils recherchent la situation la plus stable pour eux. Il y a donc passage d'un état où les particules des atomes en présence sont à un certain degré d'agitation à un état plus stable, c'est-à-dire d'agitation moindre.

La passage de l'état initial à l'état final signifie que les éléments entrant en jeu ont perdu, c'est-à-dire libéré, de l'énergie que le milieu extérieur reçoit le plus souvent sous forme de chaleur.

Dans la théorie cinétique des gaz, fondée sur les idées de Daniel Bernoulli, on simplifie encore plus la représentation des molécules, en les assimilant à des sortes de billes. On arrive alors aux représentations schématisées ci-après.

Dans un solide, les molécules vibrent autour d'une position fixe. Elles peuvent remuer autour de leur position moyenne, mais celle-ci est fixe. Lors de la solidification, les molécules s'auto-organisent en une sorte de réseau appelé *réseau cristallin*. (Figure 3.7)

Dans un liquide, chaque molécule est soumise à tout instant à l'action d'un très grand nombre de molécules voisines (Fig. 3.7), de sorte qu'elles vibrent autour d'une position moyenne. Durant ces vibrations, elles peuvent être soumises à des chocs produisant des changements de direction, engendrant ainsi la possibilité de migrations plus ou moins étendues.

Dans un gaz, les molécules sont libres de se déplacer. Les trajectoires individuelles, parcourues d'autant plus vite que la température est élevée, ne sont limitées que par l'existence de parois solides et par les chocs aléatoires qui se produisent entre molécules. Ces molécules ne possèdent aucune position moyenne fixe (Figure 3.7). C'est à l'état gazeux que la notion de molécule a son sens le mieux défini, car les molécules ont la liberté de s'y mouvoir séparément ; leur indépendance est totale dans le cas des *gaz parfaits*. Dans le cas des *gaz réels*, la liberté des molécules n'est pas absolue.

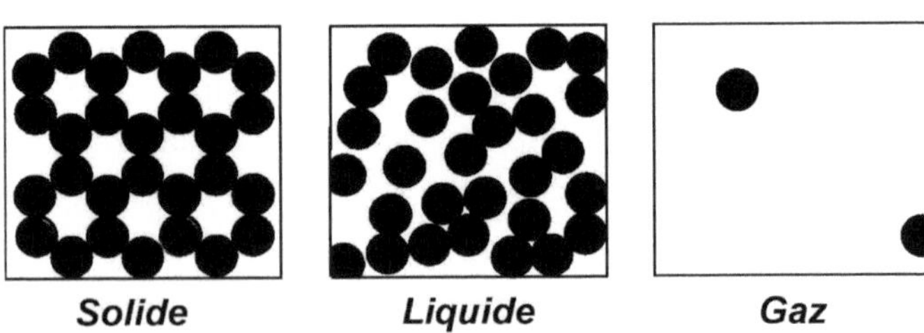

Fig. 3.7 - *Divers états de la matière*

Chaque molécule reste identique à elle-même lors du passage d'un état de la matière à un autre.

Milieu continu

Les solides, liquides ou gaz nous apparaissent comme des milieux continus.

En physique des milieux continus, on admet que la matière est uniformément répartie et remplit toute la région de l'espace. Cette modélisation ignore le fait que la matière est constituée de molécules et n'est donc pas du tout continue. On observe à la loupe, et non pas au microscope. Cette opération n'est qu'un procédé de calcul et n'implique aucune correspondance physique.

Les lois physiques fondamentales ont été obtenues en adoptant l'hypothèse du milieu continu. Il était d'ailleurs naturel d'opérer de la sorte puisque la réalité du monde microscopique n'apparut réellement qu'au XXe siècle. De nombreux scientifiques niaient l'existence des particules élémentaires puisqu'ils ne les voyaient pas.

Dans un milieu continu, une molécule n'a aucune signification. La plus petite division artificielle permise d'une substance est un volume contenant un nombre substantiel de molécules (Figure 3.8) ; on l'appelle souvent une particule matérielle.

Sous des conditions normales, un cube d'air d'un micron de côté contient $2,7.10^7$ molécules dont le libre parcours moyen est d'environ 5.10^{-5} mm. Les molécules dans une telle particule percutent sa surface fictive si fréquemment que celle-ci ne peut pas distinguer les collisions moléculaires individuelles et cette surface a l'impression que le fluide est un milieu continu.

Une si petite particule, perceptible dans diverses applications, contient alors suffisamment de molécules pour admettre qu'elle est un élément d'un milieu continu.

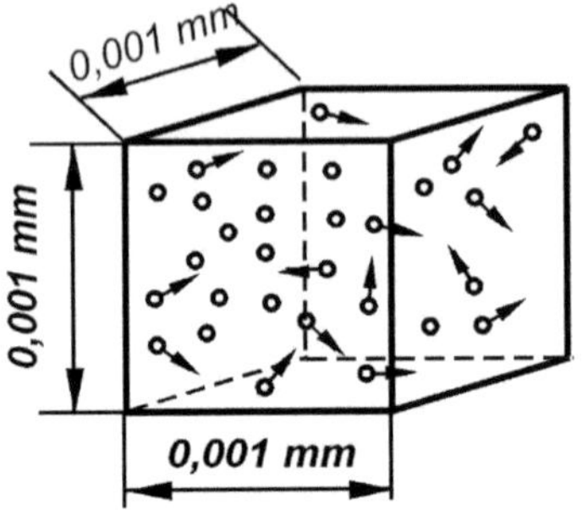

Fig. 3.8
Particule d'air
Contenance :
$\simeq 2{,}7.10^7$
molécules dans les
conditions normales

4   **La relativité**

Lorsqu'un train roule à côté d'un autre immobile et que l'on se trouve dans l'un des deux trains, il n'est parfois pas aisé de deviner lequel des deux se déplace véritablement. Cette sensation bizarre n'est qu'une des manifestations d'un phénomène très général que Galilée fut le premier à comprendre : la relativité.

Un fin observateur de la nature : Galilée

Dans son *"Dialogue concernant les deux plus grands systèmes du monde "*, Galilée nous explique :

"Enfermez-vous avec un ami dans la plus grande cabine sous le pont d'un grand navire et prenez avec vous des mouches, des papillons et d'autres petites bêtes qui volent ; munissez-vous aussi d'un grand récipient rempli d'eau avec de petits poissons ; accrochez aussi un petit seau dont l'eau coule goutte à goutte dans un autre vase à petite ouverture placé en dessous.

- Quand le navire est immobile, observez soigneusement comment les petites bêtes qui volent vont à la même vitesse dans toutes les directions de la cabine, on voit les poissons nager indifféremment de tous les côtés, les gouttes qui tombent entrent toutes dans le vase placé dessous ; si vous lancez quelque chose à votre ami, vous n'avez pas besoin de jeter plus fort dans une direction que dans une autre lorsque les distances sont égales ; si vous sautez à pieds

joints, comme on dit, vous franchirez des espaces égaux dans toutes les directions.

- Faites aller maintenant le navire à la vitesse que vous voulez ; pourvu que le mouvement soit uniforme, sans balancement dans un sens ou l'autre, vous ne remarquerez pas le moindre changement dans tous les effets qu'on vient d'indiquer ; aucun ne vous permettra de vous rendre compte si le navire est en marche ou immobile : en sautant, vous franchirez sur le plancher les mêmes distances qu'auparavant, et ce n'est pas parce que le navire ira très vite que vous ferez de plus grands sauts vers la poupe que vers la proue ; pourtant, pendant le temps où vous êtes en l'air, le plancher au-dessous de vous court dans la direction opposée à votre saut ; si vous lancez quelque chose à votre ami, vous n'aurez pas besoin de plus de force pour qu'il le reçoive, qu'il se trouve du côté de la proue ou de la poupe, et vous à l'opposé ; les gouttelettes tomberont comme auparavant dans le vase du dessous sans tomber du côté de la poupe, et pourtant, pendant que la gouttelette est en l'air, le navire avance de plusieurs palmes ; les poissons dans leur eau ne se fatigueront pas plus pour nager vers l'avant que vers l'arrière de leur récipient, c'est avec la même facilité qu'ils iront vers la nourriture que vous aurez disposée où vous voudrez au bord du récipient ; enfin, les papillons et les mouches continueront à voler indifféremment dans toutes les directions, jamais vous ne les verrez se réfugier vers la paroi du côté de la poupe comme s'ils étaient fatigués de suivre la course rapide du navire dont ils auront été longtemps séparés, puisqu'ils restent en l'air; brûlez un grain d'encens, il se fera un peu de fumée que vous verrez monter vers le haut et y demeurer, tel un petit nuage, sans *qu'elle aille d'un côté plutôt que d'un autre. "*

Cette constatation expérimentale de Galilée, à savoir qu'il est impossible de savoir si le navire est immobile ou en mouvement rectiligne uniforme, constitue ce qu'on appelle le principe de relativité galiléenne. Il s'applique à la matière. Par contre, lorsque le navire accélère ou vire de bord alors on ressent une force et on en déduit que le navire est en mouvement.

Cette observation de Galilée bouleverse la mécanique d'Aristote. Pour ce dernier, il fallait toujours appliquer une force à un mobile pour le maintenir en mouvement ; et le mouvement cessait dès que la force était supprimée. Galilée montre, lui, que l'on peut très bien se déplacer à vitesse constante sans avoir besoin de force durant le mouvement, Autrement dit, une force est nécessaire pour obtenir un mouvement, selon Galilée, mais le mouvement peut se poursuivre lorsque la force initiale a disparu. Galilée, en s'opposant à l'autorité d'Aristote, découvre ainsi l'inertie.

L'inertie

L'inertie est la résistance qu'un corps massique oppose au changement de son mouvement. L'inertie rend difficile la mise en mouvement d'un corps, la modification de sa vitesse et son arrêt.

L'inertie est apparentée à la masse. Plus la masse d'un objet est élevée, plus l'inertie est importante.

Après que Galilée eut découvert l'inertie, elle fut reprise par Descartes et ce fut Newton qui lui donna sa forme définitive : *"Si un objet livré à lui-même n'est pas perturbé, il continue de se déplacer avec une vitesse constante en ligne droite s'il était initialement en mouvement, ou continue de rester au repos s'il l'était initialement."* La loi de l'inertie constitue la première loi de Newton.

Les référentiels galiléens

Le principe d'inertie n'est vérifié que dans des référentiels dits *"galiléens"*, qui sont aussi appelés repères inertiels.

Toute particule libre, en mouvement rectiligne uniforme embarque avec elle un référentiel galiléen.

Un corps est au repos quand il reste au même lieu de l'espace ; il n'existe peut-être pas dans l'Univers un corps qui soit absolument en repos. Comme tout démontre que notre globe tourne sans cesse sur lui-même et autour du Soleil, rien n'y possède un repos absolu. Le repos n'est donc que relatif : un corps est en repos, pour nous, quand il conserve la même position par rapport aux autres corps que nous regardons comme fixes.

Le repos et le mouvement sont relatifs. Les observations faites dans chacun des deux cas sont identiques. On n'a aucune raison de dire que l'un est à l'arrêt et l'autre en mouvement.

Par exemple, une personne, assise dans un lieu situé à une latitude moyenne de l'hémisphère nord, se croît au repos, mais elle se déplace à environ 1000 km/h du fait de la rotation de la terre. La vitesse de déplacement, par rapport à l'axe de la terre sera de 1650 km/h pour une autre personne assise sous les Tropiques. Nous ne percevons pas les effets de la rotation de la terre parce que nous y sommes habitués.

Les mêmes expériences de mécanique menées dans deux référentiels en translation rectiligne uniforme l'un par rapport à l'autre donnent exactement les mêmes résultats comme l'avait remarqué Galilée.

Il serait possible de raisonner sur un mouvement complexe : l'envolée des oiseaux de Galilée ou les sauts à pieds joints de son ami, mais ce serait un peu plus ardu. Dans les développements ci-après, on cherche plutôt à simplifier qu'à compliquer.

Prenons deux référentiels galiléen en mouvement relatif l'un par rapport à l'autre (Figure 4.1a). Celui dénoté R étant le repère dit fixe et l'autre R', dit mobile, se déplaçant à la vitesse uniforme U par rapport à R.

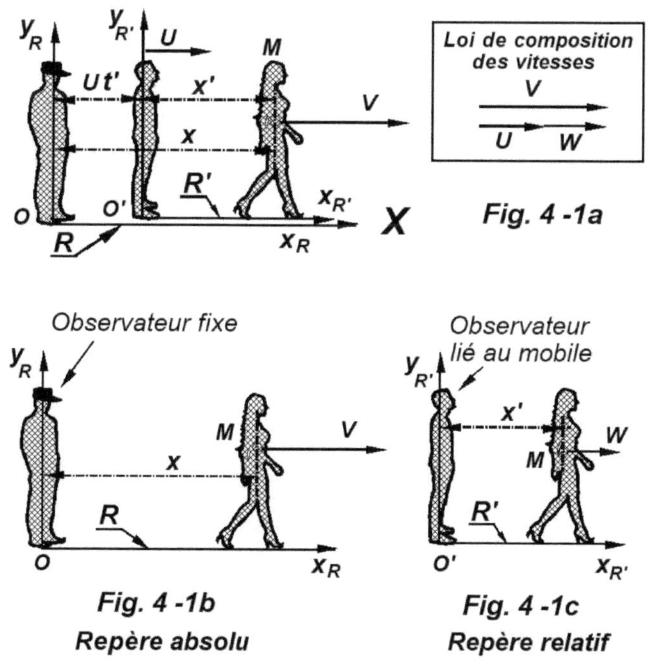

Fig. 4 -1b
Repère absolu

Fig. 4 -1c
Repère relatif

Soit donc un personnage M d'un bateau se déplaçant le

long de l'axe X. Le repère R' mobile, avance le long du même axe X. Les vitesses sont toutes orientées selon X. On démarre l'expérience au moment où les deux repères R et R' ont leurs origines O et O' confondues. À cet instant t_0, les deux observateurs O sur le quai et O' sur le bateau déclenchent chacun leur chronomètre.

Quelles sont les coordonnées de la passagère M dans le système de référence R, connaissant celles dans R' ?

- Pendant un certain temps que nous appelons t', l'observateur O' du repère relatif R' voit la passagère M s'éloigner de x' (Figure 4.1c),
- Pendant le même temps, l'observateur O dans le système de référence absolu R voit la passagère s'éloigner de x (Figure 4.1b),
- Pendant le même temps, l'observateur O voit l'observateur O' s'éloigner de $(U \cdot t')$, U étant la vitesse de déplacement du mobile R'.
- Donc, l'observateur O voit la passagère M s'éloigner de $(x' + U \cdot t')$ (Figure 4.1a).

Les chronomètres dans les deux référentiels indiquent le même temps : $t = t'$. En physique newtonienne, on dit que le temps est absolu.

Finalement, les équations de la transformation galiléenne des coordonnées spatiales et temporelle s'écrivent donc :

$$\begin{cases} x = x' + Ut' \\ t = t' \end{cases} \qquad (4\text{-}1)$$

Ces équations donnent les coordonnées d'un événement dans le système de référence R quand les coordonnées de l'événement dans le système R' sont connues.

Loi de composition des vitesses

Dans le repère R, l'observateur O voit le passager M se déplacer à la vitesse absolue V (Figure 4.1b).

Dans le repère relatif R', le passager M est en x' au temps $t' = t$. L'observateur O' le voit se déplacer à la vitesse relative W (Figure 4.1c).

Le repère relatif R' se déplace par rapport au repère absolu R à la vitesse d'entraînement U (Figure 4.1a).

Lorsque M se déplace parallèlement à l'axe OX, la loi générale de composition vectorielle des vitesses se simplifie et devient :

$$V = U + W \qquad (4-2)$$

C'est la règle de Galilée comparant les vitesses d'un corps mesurées par deux observateurs en mouvement relatif de translation.

Exemple : Dans un TGV qui circule à sa vitesse nominale de $U =$ 300 km/h, un passager se déplace à la vitesse $W = 10$ km/h dans le sens de la marche du train. Un observateur O sur le quai d'une gare pourrait voir le passager M (s'il le pouvait) circuler à $V = 310$ km/h. Le repère inertiel R de l'observateur est le quai de la gare. Pourtant, pour les voyageurs dans le train, dont le repère inertiel est le train lui-même R', le passager marche bien à $W = 10$ km/h.

Galilée, après ses observations, nous a enseigné que beaucoup de grandeurs physiques restent invariantes après une transformation galiléenne. Ainsi, l'accélération d'un objet reste invariante quand on passe d'un système de référence à un autre qui est en mouvement de translation uniforme relativement au premier.   Ce résultat a une profonde influence sur la formulation des lois en physique.

Lorsque l'on se déplace dans un véhicule à une vitesse uniforme, tous les expériences réalisées paraîtront identiques à celles que l'on obtiendrait si le véhicule ne se déplaçait pas et il est donc impossible, en réalisant des expériences mécaniques, de dire si le système est ou non en mouvement.

Les lois de la mécanique sont indépendantes du référentiel galiléen choisi ; aucun n'est privilégié pour l'expression de ces lois. Toute la physique est concernée par le principe de relativité montré pour la seule mécanique.

Mais d'autres expériences ne sont pas préservées lors de la transformation galiléenne ; de telles lois ne sont alors pas compatibles avec ce principe de relativité. Par exemple, les équations de Maxwell de l'électro-magnétisme ne vérifient pas la transformation galiléenne ; nous y reviendrons ci-après.

Les lois de Newton

Les lois de Newton ont la même forme dans un système en mouvement que dans un système stationnaire. Newton a posé 3 lois, issues de l'expérience de tous les jours :

- La loi de l'inertie, que l'on a brièvement rappelée ci-dessus,

- le principe fondamental de la mécanique : Une masse soumise à une force acquiert une accélération.
  Depuis les temps reculés jusqu'en 1915, date d'une découverte déconcertante d'Einstein qui lui permit d'élaborer la relativité générale, on considérait qu'il existait deux types de masse, sans trop savoir les

distinguer l'une de l'autre :

   - Une mesure la quantité de matière contenue dans un objet ; on l'appelle masse pesante m_p. Le poids P d'un objet est obtenu par : $P = m_p \cdot g$, où g est l'accélération de la pesanteur = 9,81 m/s^2

   - Une autre mesure la résistance à la modification du mouvement, autrement dit l'inertie liée au mouvement. On l'appelle masse inertielle m_i.   La force pour entraîner un objet est obtenue par : $F = m_i \cdot \gamma$, où γ est l'accélération de l'objet soumis à la force F.

• la loi de l'action et de la réaction, qui sera évoquée un peu plus loin dans ce chapitre.

Les lois édictées par Newton proviennent en partie des travaux antérieurs de Galilée, Torricelli, Descartes, Huygens, Hooke, et quelques autres, *"J'ai été porté par des épaules de géants"*, reconnaissait lui-même Newton.

L'expérience de Galilée : une cause sans effet ?

Galilée, enfermé en fond de cale d'un navire, avait admis qu'on était incapable d'observer une différence entre les deux situations : navire arrêté et navire en mouvement.

Il doit bien y avoir une différence quelque part, mais où ? Une facétie bien cachée dans la nature ? Il serait bizarre qu'on change quelque chose dans un système sans aucun effet palpable ? On montrera bien plus tard, avec Lorentz et Poincaré en particulier, qu'il existe une approximation cachée dans l'expérience de Galilée, mais sans aucune influence dans la vie courante.

En effet, le temps ne s'écoule pas de la même façon dans les deux situations (t est différent de t') ; la différence est certes infiniment infime, mais elle existe. Pour s'en apercevoir, il aurait fallu disposer de chronomètres d'une hyper sensibilité qui n'existaient pas à l'époque de Galilée, ni au nôtre.

Lorentz, aidé par Poincaré, reprendra la transformation de Galilée, pour l'actualiser. C'est James Clerk Maxwell, par ses travaux qui va permettre de lever ce mystère lié au temps.

Magnétisme et Électricité

Thalès, au VIe siècle av. J.-C., avait déjà observé qu'un morceau d'ambre frotté énergiquement acquérait la propriété d'attirer des corps légers comme de petites billes de sureau ou des lambeaux de tissu. Il conservait toujours dans ses poches une pierre de Magnésie, aimant naturel, et un clou qu'il exhibait lors de ses promenades devant ses compatriotes fascinés ; il montrait ainsi comment *"la pierre réussisait à mouvoir le métal."*

Avant 1820, le seul magnétisme connu était donc celui des aimants de fer et des pierres de Magnésie. Les choses commencèrent à changer grâce à Hans Christian Oersted qui remarqua un nouveau phénomène surprenant : un courant électrique faisait dévier l'aiguille d'une boussole.

En 1822, André Marie Ampère décrit l'action des courants sur les aimants et l'analogie entre les courants dans les solénoides et les aimants. Il fonde une nouvelle discipline : l'électrodynamique.

Michael Faraday réalisa une expérience fondamentale et étonnante en 1839. Lorsqu'on approche un aimant d'un solénoide, l'aiguille d'un galvanomètre, placé dans le circuit, dévie décelant ainsi le passage d'un courant. C'est le phénomène d'induction électromagnétique.

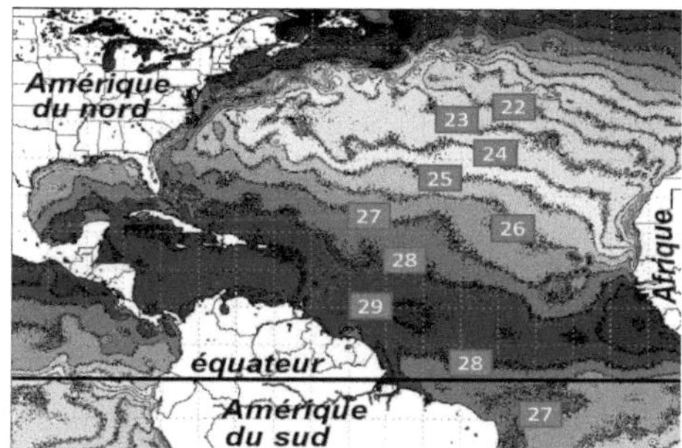

Fig. 4.2

Champ de température °C sur l'océan Atlantique Nord début Novembre (d'après NOAA)

Physique des champs

Un des concepts fondamentaux de la physique mathématique est celui de champ, c'est-à-dire d'une fonction mathématique qui en chacun de ses points associe la valeur d'une grandeur physique.

Ainsi les cartes de météorologie montrent, par exemple, les champs de température : la température prend en chaque point une valeur particulière (Figure 4.2).

Autre exemple : un radiateur crée un champ thermique en tout point de l'espace près de lui. En s'éloignant de la source, on perçoit de moins en moins la chaleur diffusée.

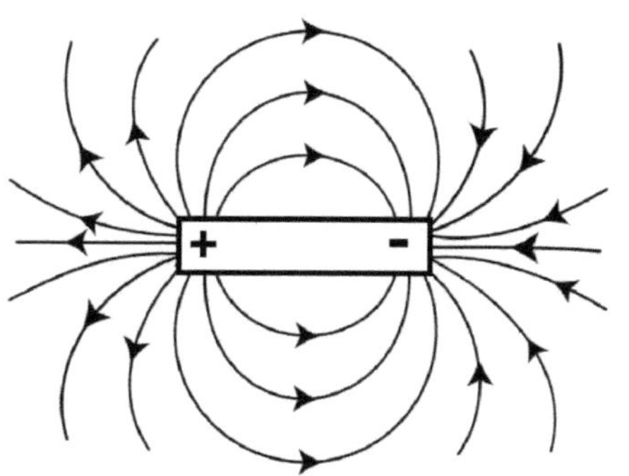

Fig. 4.3

Champ magnétique d'un barreau aimanté

Cette notion de champ se substitue à la force de la

mécanique newtonnienne. Elle a été introduite par Faraday pour décrire l'action d'un aimant sur de la limaille de fer. Ces particules métalliques disposées sur un plan s'orientent selon des lignes se dirigeant d'un pôle à l'autre (Fig. 4.3).

Maxwell et l'électromagnétisme

S'appuyant sur les travaux d'Ampère et de Faraday notamment, Maxwell réussit, en 1864, l'exploit unanimement salué, d'unifier en un ensemble d'équations différentielles l'électricité et le magnétisme. Pour lui, les champs électrique et magnétique n'étaient en réalité que deux manifestations particulières d'un même champ plus général : le champ électromagnétique.

Maxwell prédit l'existence d'ondes associées à ces champs électromagnétiques, semblables aux ondes acoustiques dans l'air ou aux vagues à la surface de l'eau. Il déduit de ses équations la vitesse théorique à laquelle une onde électromagnétique se propage et il remarque que cette vitesse est proche de la valeur mesurée en 1849 par Hippolyte Fizeau lors de ses expérimentations sur la vitesse de la lumière. La célérité d'une onde lumineuse dans le vide est c = 299 792 458 m/s soit approximativement 300.000 km/s. (c pour célérité)

Pour Maxwell, cette coïncidence ne pouvait être le fruit du hasard :

> *"Si les ondes électromagnétiques se propagent*
> *à la même vitesse que la lumière, c'est que la*
> *lumière est une onde électromagnétique. "*

Le champ électromagnétique se propage, à la vitesse de la lumière, dans l'espace sous la forme d'une onde, laquelle permet de transmettre des informations à distance.

En 1888, les expériences d'Heinrich Hertz montrent l'existence d'autres ondes électromagnétiques : les ondes radio, aussi appelées ondes hertziennes, confirmant ainsi brillamment les prévisions de Maxwell.

Le problème posé par les équations de Maxwell

Mais les équations de Maxwell échappaient au principe de la relativité galiléenne. Si on transformait les équations de Maxwell par la transformation de Galilée, leurs formes ne restaient pas identiques.

Quelque chose n'allait pas dans les équations de Maxwell. Ces équations étaient-elles erronées ?

Peu à peu, on dut admettre que les équations de Maxwell étaient justes et que la difficulté venait plutôt des transformations de Galilée. Les équations de l'électromagnétisme de Maxwell ne sont pas invariantes par transformation galiléenne ; pour retrouver les mêmes équations, il faut appliquer une transformation beaucoup plus compliquée qui semble incompréhensible à l'époque.

Il fallait comprendre que la transformation de Galilée était correcte pour la matière, mais pas pour la lumière !

La relativité restreinte

La théorie de la relativité restreinte date de 1905, elle est l'aboutissement de travaux de nombreux chercheurs, et en particulier de Maxwell, de Lorentz, de Poincaré et d'Einstein. On l'appelle relativité restreinte, car Einstein publia plus tard en 1915 sa théorie de la relativité générale, laquelle élargit la relativité restreinte à la gravitation. Le principe de relativité restreinte concerne donc les interactions autres que celles gravitationnelles.

En relativité restreinte, la transformation de Galilée est remplacée par une autre transformation mathématique, la transformation de Lorentz.

Ci-dessous, la transformation de Lorentz qui permet de passer de (x, t) à (x', t') comparée à celle de Galilée (4-1):

Transformation de Lorentz	**Transformation de Galilée**	
$$t' = \dfrac{t - Vx/c^2}{\sqrt{1 - V^2/c^2}}$$	$t = t'$	(4-3a)
$$x' = \dfrac{x - Vt}{\sqrt{1 - V^2/c^2}}$$	$x = x' + Ut'$	(4-3b)

c dans la transformation de Lorentz est la vitesse (ou mieux célérité) de la lumière et V (ou U), la vitesse de déplacement.

Quand la vitesse V tend vers zéro, on peut vérifier que la transformation de **Lorentz** a pour limite celle de **Galilée**.

Lorsqu'on remplace la transformation de Galilée par celle Lorentz plus générale puisqu'elle prend en compte la matière mais aussi la lumière, toute les conséquences que l'on a énoncées en relativité galiléenne sont à revoir. En particulier, deux référentiels en translation rectiligne uniforme ne vont plus mesurer les mêmes intervalles de temps ou les mêmes distances, et les vitesses ne vont plus s'additionner normalement.

L'espace-temps

Jusque vers la fin du XIXe siècle, le temps jouait, pour tous les physiciens, le rôle d'une quatrième coordonnée commune à tous les points matériels de l'Univers. Non seulement les notions d'espace et de temps étaient considérées comme essentiellement distinctes, mais la masse d'un point matériel semblait une constante absolue; et tel avait été le triomphe de la Mécanique classique dans son application au mouvement des corps célestes. Les théorèmes découlant de ses postulats semblaient aussi sûrs que des théorèmes de mathématiques pures. Selon toute vraisemblance, la mécanique classique paraissait appelée, dans un avenir prochain, à expliquer le domaine de l'infiniment petit, comme elle venait d'expliquer celui de l'infiniment grand.

Patatras ! Des expériences avaient conduit les physiciens à admettre l'existence des électrons, dont la vitesse paraissait pouvoir dépasser le tiers de celle de la lumière, et pour expliquer certains phénomènes, le plus simple avait été de concéder que la masse matérielle de chaque corpuscule n'était pas une constante, comme on l'avait supposé jusque-là, mais une fonction de sa vitesse.

Les équations de la transformation de Lorentz, rappelées ci-dessus, montrent que le temps et l'espace sont interdépendants, d'où la notion d'espace-temps. Le temps ne fait plus bande à part. Une situation n'est plus définie par les coordonnées d'espace (x,y,z) d'une part et de temps (t) d'autre part, mais par l'ensemble (x,y,z,t) qui englobe l'espace et le temps.

Les postulats d'Einstein

La prise en compte du comportement de la lumière, et bien entendu de la matière, lors du changement de référentiel est à la base de la théorie de la relativité restreinte et des postulats ci-après énoncés par Einstein :

"Mes deux nouvelles suppositions sont :

1) La vitesse de la lumière, dans le vide, est la même dans tous les systèmes de coordonnées, qui se meuvent uniformément l'un par rapport à l'autre.

2) Toutes les lois de la nature sont les mêmes dans tous les systèmes de coordonnées, qui se meuvent uniformément l'un par rapport à l'autre.

La théorie de la relativité commence par ces deux suppositions. À partir de maintenant nous ne nous servirons plus de la transformation classique, parce que nous savons qu'elle est en contradiction avec nos suppositions.

L'essentiel ici, comme toujours dans la science, est de nous débarrasser de préjugés profondément enracinés et qu'on répète souvent sans les examiner.... Il est dans notre intention de voir où et comment ces suppositions contredisent la transformation classique et de trouver la signification physique des résultats obtenus. "

Le premier postulat est bouleversant : La vitesse de la lumière dans le vide possède la même valeur c dans toutes les directions et dans tous les référentiels inertiels.

Le second postulat reprend les propositions de Galilée, à savoir que les lois de la physique sont les mêmes pour tous les observateurs se trouvant dans des référentiels inertiels. Einstein ajoute, suite aux travaux de Maxwell, que partout où les équations de la mécanique sont vraies, les équations électrodynamiques et optiques équivalentes sont également vraies.

Einstein propose une démonstration, que nous allons détailler (Figure 4.4).

La composition des vitesses en relativité restreinte

La loi de composition $V = U + W$ (4-2) galiléenne des vitesses est obsolète. Selon le premier postulat de la relativité restreinte, le photon complètement indépendant de tout référentiel inertiel, puisqu'il est dénué de masse, se déplace à la vitesse de la lumière c.

Lorsque deux véhicules roulent en sens inverse, les vitesses s'ajoutent en relativité galiléenne. Par exemple, un voyageur dans un véhicule roulant à 100 km/h aura l'impression qu'un véhicule roulant à 80 km/h en sens inverse arrive vers lui à 180 km/h.

Mais que se passe-t-il, en relativité restreinte, se demande Einstein pour un mobile roulant vers un rayon de lumière ? Peut-on encore appliquer le principe d'additivité des vitesses ?

Michelsson va réaliser une expérience grandiose en utilisant les vitesses relatives de la terre et du soleil. Bizarrement, il trouve la même vitesse de la lumière dans toutes les directions : 300.000 km/s. Quoiqu'on fasse, la vitesse de la lumière est toujours la même. À l'époque de cette découverte, personne ne la comprend. Finalement, c'est Lorentz qui inventa les formules (4-3) permettant de prendre en compte ce phénomène.

Selon le premier postulat d'Einstein, la vitesse de la lumière dans le vide est une constante absolue quel que soit le référentiel inertiel d'étude.

Supposons un vaisseau spatial se déplaçant à la vitesse de la lumière. Si un passager se déplace à l'intérieur du vaisseau, à 20 km/h dans le même sens par exemple, sa vitesse sera encore la vitesse de la lumière pour un observateur du repère absolu ; cette vitesse c est infranchissable. Éblouissant ! La vitesse de la lumière, comme d'ailleurs la gravitation, a sa propre logique, indépendante de toute autre considération.

La loi de composition des vitesses galiléenne n'est plus applicable dès que les vitesses en jeu sont de l'ordre de grandeur de celle de la lumière. Dans le cas relativiste, les vitesses ne s'additionnent plus.

La dilatation du temps en relativité restreinte

Supposons qu'un TTGV (Train à Très Grande Vitesse) se déplace à la vitesse uniforme U beaucoup plus importante que celle d'un TGV classique. Un observateur se trouve à l'intérieur et un autre à l'extérieur.

Montrons, en adoptant les postulats d'Einstein, qu'il y a bien un phénomène de dilatation des durées en évaluant cette durée dans ces 2 référentiels. Il s'agit de déterminer la durée des évènements E1 et E2 d'une part pour l'observateur à l'intérieur du train et d'autre part pour l'autre observateur fixe à l'extérieur du TTGV.

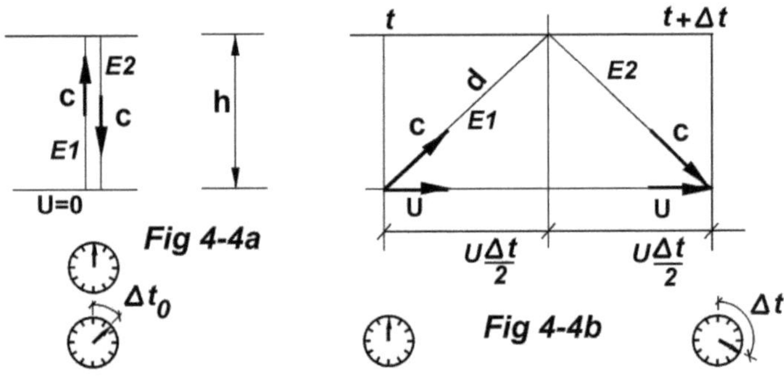

Fig. 4.4 - *En relativité restreinte, la durée des évènements est plus faible pour un observateur embarqué que pour un observateur fixe.*

Pour refaire une expérience un peu analogue à celle

réalisée en relativité galiléenne (Figure 4.1), on embarque un laser qui propulse un photon de lumière. Ce photon se déplace, par définition, à la vitesse de la lumière.

1) Pour l'observateur dans le TTGV, on propulse un photon depuis le plancher jusqu'à un miroir fixé au plafond, à la distance h (Fig. 4-4a). Lors de l'évènement E1 le photon va du plancher jusqu'au plafond et il revient au plancher lors de l'évènement E2.

Le temps de parcours durant cet aller et retour du photon est : $\Delta t_0 = 2h/c$, expression dans laquelle la durée (dite propre) est Δt_0, mesurée dans le référentiel du TTGV.

2) Sur le quai, un observateur immobile par rapport au quai voit passer le TTGV à très grande vitesse et observe la même expérience dans son référentiel inertiel lié au quai. Puisqu'il est incapapable physiquement d'observer le trajet du photon, nous allons détailler l'expérience en figure 4.4b.

Le photon fait encore un aller-retour pendant Δt.

Pendant le déplacement du train $U \cdot \Delta t/2$, l'observateur verrait le photon parcourir la distance d. (On est obligé de tricher sur le dessin afin de déceler l'inclinaison du trajet du photon par rapport à la verticale). Le calcul à partir de la géométrie de la figure 4.4b donne :

$$\Delta t = \Delta t_0 \cdot \sqrt{\left(\frac{1}{1 - U^2/c^2}\right)} \qquad (4-4)$$

Ce qui montre qu'il y a dilatation du temps puisque la racine carrée renvoie un nombre positif avec $U < c$. Une horloge en mouvement bat donc plus lentement.

La durée Δt_0 (ou durée propre) mesurée dans le référentiel en mouvement est toujours plus courte que la durée Δt mesurée dans le référentiel lié au quai.

$$\Delta t > \Delta t_0$$

Pour que ce soit sensible, il faut que U soit grand, très grand. (Dans la vie courante, on ne se déplace pas assez rapidement). Ce fait peut être vérifié de deux manières :

1) D'abord, dans les accélérateurs de particules où l'on fait voyager des électrons à des vitesses proches de celle de la lumière. Pour ces particules élémentaires rapides, le temps s'écoule effectivement beaucoup plus lentement que pour celles à vitesse moindre.

2) Même pour des vitesses sensiblement plus faibles que la vitesse de la lumière, les effets du ralentissement peuvent encore être constatés. Des horloges atomiques, précises au milliardième de seconde, embarquées dans des avions ont permis de le montrer.

Pourquoi le temps ralentit dans ces conditions ? Parce qu'il est une quatrième dimension. Contrairement à ce que nos sens limités semblent nous indiquer, nous ne vivons pas dans un espace à trois dimensions, mais dans un espace-temps à quatre dimensions. Cependant, nous n'allons pas assez vite par rapport à la lumière pour nous en apercevoir.

Voyage dans l'espace et dans le temps

Le paradoxe des jumeaux présenté par Paul Langevin en 1911 est une expérience de pensée toujours très discutée.

Le plus troublant des phénomènes dérivant de la relativité est certainement le fait que deux personnes peuvent vieillir à des rythmes différents. C'est le fameux paradoxe des jumeaux Bonaventure et Victor. Bonaventure effectue un voyage aller-retour en fusée dans l'espace à une vitesse proche de celle de la lumière. Victor reste sur Terre.

Faisons voyager Bonaventure à 99% de la vitesse de la lumière. L'expression (4-4) nous donne :

$$\Delta t = \Delta t_0 \cdot \sqrt{\left(\frac{1}{1 - 0.99^2}\right)} = \Delta t_0 \cdot 7.09$$

Son voyage dure un an dans la fusée, Bonaventure aura donc vieilli d'un an, donc $\Delta t_0 = 1$. De retour sur terre, il retrouvera son jumeau Victor qui, lui, aura vieilli d'un peu plus de 7 ans. Le temps s'est écoulé beaucoup plus lentement dans la fusée que sur Terre.

Plus on se déplace vite à travers l'espace, plus le temps s'écoule lentement. Le temps n'est plus absolu ; des horloges dans l'Univers peuvent marquer des temps différents.

À une telle vitesse, les effets de la relativité se font sentir énormément. Par rapport à Victor, la montre de Bonaventure, son système cardiaque, son cerveau et tous les organes de son corps fonctionnent au ralenti. En général ces effets sont imperceptibles, mais à l'approche de la vitesse de la lumière, ils prennent une importance considérable.

Comment est-ce possible ? À la vitesse c, le temps arrête de s'écouler ; le ralentissement du temps devient infini.

Pour ne pas vieillir, voyagez à la vitesse de la lumière !

Le paradoxe des jumeaux de Langevin a fait couler beaucoup d'encre et il mériterait d'être commenté plus en détail. Mais plutôt que de continuer à réfléchir sur ce paradoxe, on a préféré traiter dans ce livre un cas encore plus prodigieux. En effet plus loin dans ce texte, on appliquera la relativité restreinte pour montrer pourquoi les 6 jours de la formation du Monde, cités dans la Genèse, sont équivalents à 13,7 milliards d'années !

Un photon voyage à la vitesse de la lumière et pour lui le temps ne s'écoule pas ; la lumière ne vieillit pas.

Puisque le temps est affecté par le mouvement, l'espace l'est également. La dilatation du temps s'accompagne aussi d'une contraction de l'espace : voilà encore un résultat étrange, non traité ici, de la relativité restreinte. Rappelons à nouveau que ces phénomènes ne se produisent que pour des vitesses proches de celle de la lumière. Ces phénomènes sont imperceptibles dans la vie courante.

Masse relativiste

Une vitesse limite c s'applique donc à tout corps, en tout point de l'Univers et quelle que soit la vitesse relative de l'observateur. Cette vitesse ultime, identifiée par la relativité restreinte, est impossible à atteindre par tout objet ayant une masse ; les particules de masse nulle peuvent seules se déplacer exactement à cette vitesse limite. Ainsi la lumière et les ondes radio, portées par les photons, se déplacent dans le vide a priori à cette limite, soit exactement 299 792 458 m/s.

En 1777, Antoine Lavoisier énonce la loi :

"Rien ne se perd, rien ne se crée, tout se transforme.

· · · car rien ne se crée dans les opérations de la nature, et l'on peut poser en principe que, dans toute opération, il y a une égale quantité de matière avant et après l'opération · · ·"

Depuis Lavoisier, la masse était donc considérée constante. Avec la relativité restreinte, ce n'est plus le cas.

Les lois de Newton restent inchangées dans la transformation de Galilée de la mécanique classique. Suivant une suggestion initialement avancée par Poincaré, les lois de la physique doivent aussi rester inchangées dans la transformation de Lorentz.

C'est pourquoi la seconde loi de Newton :

$$F = mdV/dt = m \cdot \gamma$$

valable en relativité galiléenne, mais qui n'est pas préservée par la transformation de Lorentz doit être corrigée. On pourrait montrer que la seule obligation est de remplacer la masse **m** dans les équations de Newton par la forme indiquée ci-dessous :

$$m = \frac{m_0}{\sqrt{1 - V^2/c^2}} \qquad (4-5)$$

où m_0 est la masse du corps au repos (sans déplacement)

Tout comme le temps et l'espace, la masse d'un objet dépend de la vitesse en relativité restreinte. De là est née la Mécanique relativiste. Einstein nous explique cela :

"Il serait intéressant de donner un exemple du changement introduit dans la mécanique classique par la théorie de la relativité. Cela pourrait nous conduire peut-être à des conclusions susceptibles d'être prouvées ou réfutées par l'expérience. Supposons un corps d'une masse définie se mouvant le long d'une ligne droite et subissant l'action d'une force extérieure dans la direction de son mouvement. La force, comme nous le savons, est proportionnelle au changement de la vitesse. Cette proposition est-elle vraie du point de vue de la théorie de la relativité ? Nullement. Cette loi n'est valable que pour de petites vitesses. Quelle est, d'après la théorie de la relativité, la loi pour des grandes vitesses qui s'approchent de celle de la lumière ? Si la vitesse est grande, des forces considérables sont nécessaires pour l'accroître.

Plus une vitesse s'approche de celle de la lumière, plus il est difficile de l'accroître. Quand une vitesse est égale à celle de la lumière, il est impossible de l'accroître davantage. Ainsi, les changements déterminés par la théorie de la relativité ne sont pas surprenants. La vitesse de la lumière est la limite supérieure de toutes les vitesses. Aucune force finie, si grande qu'elle soit, ne peut produire une vitesse qui dépasse cette limite. À la place de l'ancienne loi mécanique, qui relie la force et le changement de vitesse, apparaît une loi plus compliquée, La mécanique classique est, de notre nouveau point de vue simple, parce que, dans presque toutes nos observations, nous avons affaire à des vitesses bien inférieures à celle de la lumière."

Pour des vitesses très supérieures à 40.000 km/s, correspondant à une masse augmentée de 1% par rapport à sa valeur au repos, on considère que l'objet devient "relativiste", c'est-à-dire qu'il doit être étudié en utilisant les lois de la relativité restreinte.

L'inertie d'un corps dépend-elle de son énergie ?

Ce titre est celui d'un article court qu'Einstein publia en 1905 ; il fait suite à ses premiers articles parus la même année sur la théorie de la relativité restreinte,

"La physique classique a introduit deux substances : le matière et l'énergie. La première était douée de masse tandis que cette dernière en était privée. Dans la physique classique nous avions deux lois de conservation : une pour la matière et une pour l'énergie. Mais la physique moderne ne maintient pas cette conception de deux substances et de deux lois de conservation. Conformément à la théorie de la relativité, il n'y a pas de distinction essentielle

entre la masse et l'énergie. L'énergie a une masse et la masse représente de l'énergie. Au lieu de deux lois de conservation, nous n'en avons qu'une seule, celle de la masse-énergie. Cette nouvelle conception s'est révélée très féconde dans le développement ultérieur de la physique."

Lorsqu'on chauffe un corps, il émet des radiations sous forme de lumière, visible ou non selon la température du corps. Cette lumière n'a pas de masse ; elle est composée d'ondes électromagnétiques et de photons porteurs d'une certaine quantité d'énergie.

Pour le corps, qui émet ainsi des radiations profitant au milieu extérieur, quelque chose a changé. Mais quoi ? Sa masse nous dit Einstein.

Un corps perd de la masse lorsqu'il évacue de l'énergie vers l'extérieur.

Einstein énonce donc l'équivalence, à une constante près, entre l'énergie et la masse au repos d'un corps par sa fameuse équation :

$$\mathbf{E} = \mathbf{m} \cdot \mathbf{c^2} \qquad (4-6)$$

Pour Newton, la masse mesure la quantité de matière d'un corps, et l'inertie s'identifie à la masse de ce corps. Naturellement, si l'on met ce corps en mouvement, il va acquérir de l'énergie cinétique. L'énergie du corps provient de sa vitesse et se manifeste sous forme d'énergie cinétique.

Pour Einstein au contraire, la masse d'un corps mesure l'énergie contenue dans ce corps. Plus un corps va vite, plus il est difficile de le faire aller un peu plus vite. Sa résistance à l'acquisition d'une quantité donnée de vitesse sera de plus en plus grande, son inertie de plus en plus forte. L'inertie d'un corps est en général différente de sa masse et elle augmente quand la vitesse du corps augmente. L'inertie ne s'identifie donc plus à la masse, mais à l'énergie.

$E = m \cdot c^2$ exprime qu'une particule de masse m possède intrinsèquement une énergie E, même si elle est au repos. L'énergie d'une particule provient de la somme de son énergie cinétique et de son énergie de masse m_0.

La constante (c^2) est tellement énorme qu'il a fallut attendre 1905 pour annoncer que l'énergie émise par les radiations d'un corps diminuait la masse de ce corps, mais la diminuait de façon tellement infinitésimale qu'on ne s'en était pas aperçu. Une perte de masse même très faible peut dégager une quantité considérable d'énergie.

Exemples d'application de $E = m \cdot c^2$

Toute la difficulté est d'extraire cette énergie de la matière. C'est ce que l'on parvient à faire dans une centrale nucléaire, mais seulement avec certains matériaux (comme l'uranium).

1) Cette théorie de l'équivalence entre la masse et l'énergie a été vérifiée lors d'expériences dans lesquelles la matière s'est annihilée et s'est convertie totalement en énergie : un électron et un positron se rencontrent, chacun avec une masse au repos m_0. Ils se désintègrent lorsqu'ils sont en contact et deux rayons gamma sont émis, chacun avec l'énergie mesurée de $m_0 \cdot c^2$. (voir Figure 3.1)

2) la production d'énergie nucléaire utilise le fait que la masse d'un corps peut devenir de l'énergie.

Dans la réaction de fission d'un atome d'uranium qui est produite dans un réacteur nucléaire, le noyau de cet atome se coupe en 2 lorsqu'il est heurté par un neutron ; on a formation de 2 noyaux plus petits qui vont libérer d'autres neutrons lors de leur fission. On constate que la masse des produits de cette réaction est inférieure à celle de l'atome d'uranium initial : on appelle cela le *défaut de masse*. La masse qui a disparu ne s'est pas perdue, elle s'est transformée en une grande quantité d'énergie selon la relation $\mathbf{E} = \mathbf{m} \cdot \mathbf{c}^2$. C'est cette énergie qui va être transformée en énergie électrique dans une centrale nucléaire.

Production d'énergie du Soleil

La formule $\mathbf{E} = \mathbf{m} \cdot \mathbf{c}^2$ permet d'expliquer également comment le Soleil peut émettre de l'énergie pendant des milliards d'années, ce qui restait un mystère.

Le Soleil perd une partie de sa masse par les radiations qu'il dégage et qui se propagent dans l'espace. Il en va de même pour toutes les étoiles. Au centre du Soleil, les conditions physiques sont telles que s'y produisent des réactions nucléaires entraînant aussi un défaut de masse.

L'énergie équivalente à cette différence de masse est la source de l'énergie du Soleil. Grâce à l'énorme constante c^2 et à la masse considérable du Soleil, celui-ci devrait pouvoir continuer à nous apporter son énergie salutaire pendant encore une bonne douzaine de milliards d'années.

Troisième loi de Newton : action et réaction

Dès qu'on a admis que la terre était presque sphérique, on s'est posé une question. Comment se fait-il que les gens qui sont de l'autre côté, aux antipodes, la tête en bas, ne tombent pas ?

La réponse sera obtenue par la loi de l'attraction universelle, découverte par Newton, qui décrit la gravitation comme la force responsable de l'attraction entre des corps massiques.

La troisième loi de Newton (ou loi de l'action et de la réaction) énoncée ainsi par Newton :

"L'action est toujours égale à la réaction ; c'est-à-dire que les actions de deux corps l'un sur l'autre sont toujours égales et de sens contraires."

Un individu, est attiré par la terre selon la loi de la gravitation, il exerce un effort sur la terre caractérisé par son poids et la Terre exerce sur lui un effort égal et opposé (Figure 4.5).

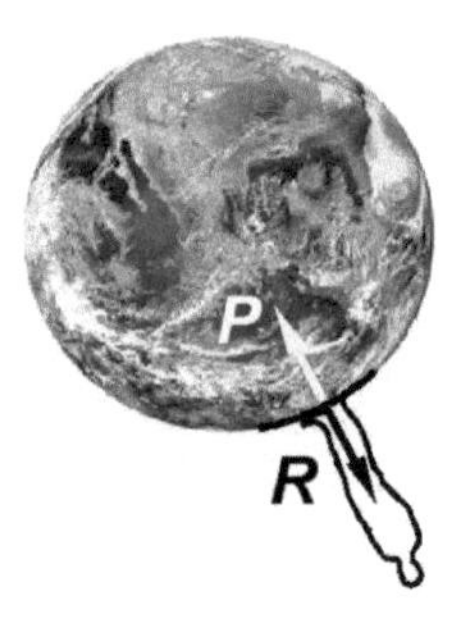

Fig. 4.5
L'action est égale à la réaction
P *= poids - Action d'une personne sur la Terre*
R *- Réaction de la Terre sur la personne*

individu attiré par la Terre

Action à distance

On conçoit aisément que deux corps en contact exercent des actions l'un sur l'autre, mais comment deux corps distants peuvent-ils échanger des actions ?

Les actions réciproques entre deux corps ne peuvent avoir lieu que par contact et non par l'action à distance sans milieu intermédiaire ; ce qui déclencha un profond malaise. C'est ainsi que pour beaucoup, dont Einstein, on fit intervenir provisoirement l'éther. Il nous l'explique :

"On pouvait admettre que les forces agissant à distance de Newton sont transportées par un milieu qui pénètre tout l'espace, c'est-à-dire soit par des mouvements, soit par la

déformation élastique de ce milieu. C'est ainsi que l'effort d'établir l'unité dans notre conception de la nature des forces conduit à l'hypothèse de l'éther."

La force, au sens de la mécanique newtonienne, peut être une action instantanée à distance. Ceci est impossible. Cette notion de force est une création purement classique et macroscopique contraire à notre intuition. En physique quantique, elle n'a plus aucune signification alors que les notions d'énergie, elles, ont un sens. Peu à peu dans l'histoire des sciences, on passe de la notion de force à celle d'énergie.

Par ailleurs, l'hypothèse du temps absolu de Galilée et de Newton imposait une action immédiate d'un corps sur un autre, ce qui est inacceptable, car incompréhensible. Il faut toujours un certain temps pour transmettre une information d'un point à un autre. On sait, par exemple, que la lumière du Soleil met environ 8 minutes pour nous parvenir car il est impossible de voyager plus vite que la vitesse limite imposée par la relativité restreinte.

La physique classique, tout en gardant son champ d'action pour les vitesses de la vie courante, a été ébranlée par cette découverte d'une vitesse limite supérieure affectant l'Univers entier : la célérité de la lumière.

La relativité générale

En 1915, dix ans après le grand chambardement de la relativité restreinte, Einstein effectue une autre révolution en montrant que les deux notions : la matière-énergie et l'espace-temps sont aussi intimement liés. En effet, la matière-énergie déforme l'espace-temps en le courbant.

Cela oblige à réinterpréter la gravitation Universelle de Newton comme un effet purement géométrique, et non pas comme une véritable force.

La masse d'un objet mesure la quantité de matière qu'il contient ; c'est donc plutôt une idée statique, on l'a appelée précédemment masse pesante. Mais la masse d'un objet a une autre fonction : elle mesure aussi la résistance à la modification du mouvement, autrement dit l'inertie, qui est une idée dynamique, on l'a appelée masse inertielle.

Un même objet possède donc deux types de masse qui interviennent chacune dans deux domaines distincts de la physique.

Il n'y a pas de relation évidente entre la masse pesante et la masse inertielle. On sent intuitivement que les deux concepts sont liés ; de nombreuses expériences avaient montré que ces deux masses semblaient identiques et on les a utilisé longtemps indifféremment sans trop savoir pourquoi.

En 1907, Einstein eut une révélation, en voyant paraît-il un couvreur tomber d'un toit. Pendant sa chute, ses outils plongent à la même vitesse que lui ; l'homme n'a pas l'impression d'être dans un champ de gravitation. Ses objets restent relativement à lui dans un état de repos.

Einstein comprit ainsi, brusquement, qu'inertie et gravitation n'étaient, finalement, que deux mots différents pour désigner une même réalité physique, selon deux points de vue différents. L'identité masse pesante-masse inertielle n'était donc pas fortuite !

Dans un repère uniformément accéléré (lors d'une chute libre), toutes les lois de la nature sont localement les mêmes : c'est la généralisation aux repères uniformément accélérés du principe de relativité de Galilée applicable aux repères en vitesse uniforme.

Dans la théorie de la relativité restreinte, la gravité

n'apparaît pas, or cet élément important influence tous les phénomènes physiques. Einstein mit une dizaine d'années à construire la relativité générale, laquelle est une extension de la relativité restreinte prenant en compte la gravité. Ce fut la pensée la plus heureuse de sa vie, dira-t-il. La relativité restreinte était construite pour s'accorder avec l'électromagnétisme de Maxwell et les repères en mouvement relatif uniforme, mais elle ne s'accordait pas avec les lois de la gravitation et les repères en mouvement relatif accéléré.

La loi d'attraction Universelle de Newton suppose implicitement que l'interaction gravitationnelle se propage instantanément. Or la théorie de la relativit restreinte établit que la vitesse maximale est celle de la lumière.

La théorie de la relativité générale est elle aussi révolutionnaire ; c'est le point de départ d'une nouvelle théorie de la gravitation, d'après laquelle l'invariance des lois physiques doit s'étendre à des systèmes de référence quelconques. Einstein dira :

"Notre nouvelle idée est simple : construire une physique valable pour tous les systèmes de coordonnées. Sa réalisation entraîne des complications formelles et nous oblige de nous servir d'appareils mathématiques différents de ceux employés jusqu'à présent en physique."

En relativité générale, la gravitation n'est plus une force mais une conséquence de la géométrie et de la courbure de l'espace-temps : la force d'attraction entre planètes n'existe plus. Les planètes tournent autour des astres à cause de la distribution des masses dans l'espace-temps. Après avoir révolutionné la notion de temps en contestant le temps absolu de Newton, Einstein en 1915 révolutionne la notion d'espace en introduisant la géométrie courbe de l'espace-temps.

Si nous tombons, c'est à cause de la courbure de l'espace-temps. C'est cette courbure qui impose aux planètes une trajectoire en orbite autour du Soleil. Selon la relativité générale, le Soleil déforme l'espace-temps dans son voisinage. Un rayon de lumière se propage à partir d'une étoile vers la Terre en suivant la trajectoire la plus courte. Dans l'espace-temps déformé par le Soleil, cette ligne n'est plus droite ; elle est légèrement incurvée.

Dans les cas, où les corps ne sont pas trop massifs et les vitesses faibles par rapport à la vitesse de la lumière, la théorie de la relativité générale se réduit à la théorie de l'attraction universelle de Newton. Ainsi, les lois de la mécanique newtonienne suffisent généralement pour calculer la trajectoire des satellites et des sondes spatiales. La théorie de l'attraction universelle de Newton est un cas particulier de la théorie de la relativité générale d'Einstein.

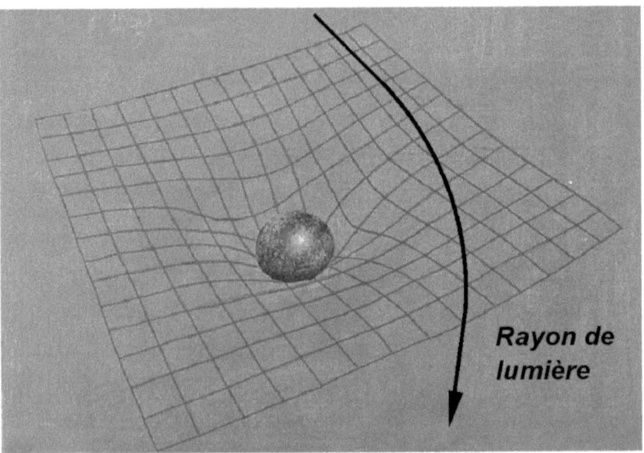

Fig. 4.6 - *Représentation de la déformation de l'espace-temps par une planète massive.*

5   Le principe de moindre action

Le principe de moindre action permet d'appréhender les lois de la nature de manière différente que les lois plus classiques de Snell-Descartes pour la lumière et que les lois de Newton pour la matière. Il ouvre la voie à l'énergétique. Son exposé est délicat car des considérations métaphysiques en sont à l'origine.

Le principe de moindre action
pour la lumière

Réflexion de la lumière - Loi de Snell-Descartes

La lumière nous est familière tout en restant mystérieuse ; elle se propage en ligne droite en l'absence d'obstacle à une vitesse phénoménale de l'ordre de 300.000 km/s.

L'optique géométrique est d'une grande importance technique et d'un très grand intérêt historique.

Observons le comportement de la lumière quand elle frappe un obstacle, par exemple un miroir plan. Lorsque le rayon incident de lumière impacte le miroir selon un angle i_1, la lumière ne continue pas en ligne droite, mais rebondit sur ce miroir selon une nouvelle ligne droite représentée par un rayon réfléchi d'angle i_2 (Figure 5.1a). Comme le ferait une boule sur la bande d'un billard, la lumière frappant un miroir se propage de sorte que les angles incidents et réfléchis soient égaux.

$$i_1 = i_2 \tag{5.1}$$

C'est la loi de Snell-Descartes pour la réflexion des rayons lumineux.

Réflexion de la lumière - Principe de Fermat

En 1662, Pierre de Fermat utilise, pour les rayons lumineux, le *principe d'économie naturelle*, selon lequel *"la Nature agit toujours par les voies les plus simples et les plus courtes"*.

Pour Fermat, la lumière voyage d'un point à un autre selon un chemin qui minimise le temps de parcours. C'est le *principe de minimum*.

Dans un milieu homogène, la lumière se propage partout à la même vitesse. Le trajet qui minimise la durée entre deux points A et B correspond à la courbe de longueur minimale, c'est-à-dire au segment AB. Ainsi, dans tout milieu homogène, la lumière se propage en ligne droite. Le principe de propagation rectiligne de la lumière découle du principe de Fermat.

La lumière peut cependant être déviée par des corps massiques, dans le cadre de la relativité générale, ce qui correspond à une situation particulière, très éloignée de nos préoccupations quotidiennes.

La lumière saurait donc trouver le chemin le plus rapide pour aller d'un point à un autre ? C'est pourquoi on faisait intervenir la métaphysique. Ce principe concerne le calcul des variations, l'une des branches des mathématiques.

Il s'agit bien d'un principe variationnel car la durée du parcours doit être ici minimalisée.

Héron d'Alexandrie (au premier siècle après J.C.) énonce les principes de réflexion de la lumière : la lumière se déplace d'une manière telle qu'elle va vers le miroir puis vers l'autre point en empruntant la distance la plus courte possible. La nature choisit toujours le chemin le plus court.

Fermat vers les années 1650 fit la proposition suivante : parmi toutes les trajectoires possibles que la lumière peut emprunter pour aller d'un point à un autre, la lumière choisit la trajectoire qui nécessite le moins de temps.

Considérons un rayon lumineux issu d'un point A se propageant dans un milieu homogène en direction d'un miroir plan. Après réflexion sur celui-ci, le rayon atteint le point B. Il y a évidemment un grand nombre de rayons lumineux allant de A vers B. Fermat cherche lequel de ces trajets va suivre la lumière (Figure 5.1b).

Autrement dit, quelle est la manière de se rendre du point A au point B dans le minimum de temps ? On précise dans l'énoncé, qu'il faut passer par le miroir, afin d'éviter la réponse triviale qui consisterait à aller directement de A vers B en ligne droite !

Avec le miroir réfléchissant, la réponse n'est plus aussi simple.

Une manière serait d'aller aussi vite que possible jusqu'au miroir et de se rendre ensuite en B, sur la trajectoire AEB. On a alors un long parcours EB. Si nous nous déplaçons vers la droite en D, nous augmentons un peu la première distance AD, mais nous diminuons beaucoup la seconde partie DB, et ainsi la longueur totale de la trajectoire diminue, et du même coup le temps de parcours.

Comment pouvons-nous trouver le point C pour lequel le temps soit le plus court? Le problème devient : quand la somme de ces deux longueurs est-elle minimum ?

La réponse est de nature géométrique ; on trouve $ACB < ADB < AEB$.

La durée minimale pour un rayon lumineux de se propager de A à B sera obtenue pour le trajet ACB (lorsque les angles réfléchis et incidents seront égaux : $i_1 = i_2$.

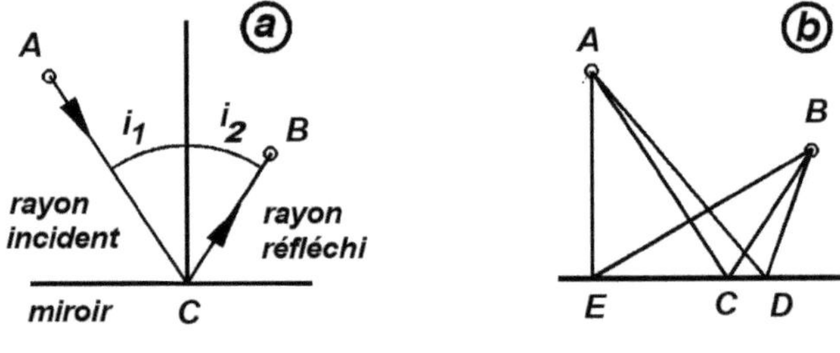

Fig. 5.1

a - réflexion sur un miroir plan

b - illustration du principe de moindre temps

Fermat suggère ainsi que parmi tous les chemins possibles entre A et B, la lumière emprunte seulement le chemin le plus rapide.

Le trajet parcouru par la lumière entre deux points est toujours celui qui optimise le temps de parcours.

Fermat proposa que les rayons lumineux répondaient à un principe très général auquel on donna son nom :

"La lumière se propage d'un point à un autre de façon à minimiser son temps de trajet".

Ce principe, de nature variationnelle, permet à lui seul de retrouver toutes les lois de l'optique géométrique.

Il est le premier principe variationnel de la physique ;

il présente en outre l'intérêt d'être d'une très grande généralité, et de surcroît, ce point de vue variationnel sera très fécond en physique puisqu'il mènera à la mécanique analytique et à la théorie quantique des champs.

Réfraction de la lumière - Snell-Descartes

Par rapport à la réflexion sur un miroir, le problème se complique lorsque la lumière passe d'un milieu à un autre, par exemple de l'air dans l'eau. Dans l'eau, le rayon est dévié d'un certain angle par rapport à sa trajectoire dans l'air.

En 1637, Descartes, dans un complément d'optique de son célèbre *Discours de la méthode*, explique notamment ce phénomène de réfraction et prévoit la loi des sinus. Ses conceptions reposent essentiellement sur l'analogie avec la mécanique et sa description prévoit notamment que la lumière va plus vite dans l'eau que dans l'air. Cette dernière affirmation suscite un vif débat au sein de la communauté scientifique, et des savants tels que Fermat contestent l'approche de Descartes.

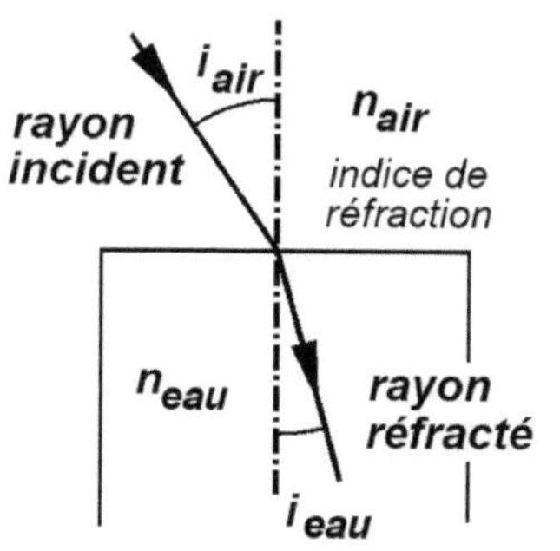

Fig. 5.2
Un rayon de lumière est réfracté lorsqu'il passe d'un milieu à un autre.

Un bâton plongé dans l'eau semble brisé parce que les rayons lumineux changent de direction en arrivant dans l'eau. Pourquoi en est-il ainsi et quelle est la loi quantitative du phénomène ?

Quelle est la relation entre l'angle incident et l'angle réfléchi ? Ceci a intrigué les Anciens pendant longtemps, et ils n'ont jamais trouvé la réponse ! Claudius Ptolémée, vers 140, fit des expériences et dressa une liste des angles dans l'eau pour un grand nombre d'angles différents dans l'air.

Willebrord Snell et René Descartes trouvèrent, indépendamment l'un de l'autre, la loi reliant les deux angles ! Si i_{air} est l'angle incident dans l'air et i_{eau} l'angle dans l'eau, et n les indices de réfraction dans chaque milieu, alors on a :

$$n_{air} \cdot \sin i_{air} = n_{eau} \cdot \sin i_{eau}$$

Le mystère du bâton brisé a tenu une place centrale et particulière, dans les débats d'optique qui agitaient le XVIIe siècle et le début du XVIIIe siècle.

Réfraction de la lumière - Fermat

Fermat adopte un point de vue différent de Descartes, reposant sur un principe d'économie. Reprenant les travaux d'Héron d'Alexandrie et les siens propres sur la réflexion de la lumière, Fermat établit son principe de réfraction de la lumière sur une base identique.

Mais, pour la réfraction, la lumière ne suit évidemment pas la trajectoire de plus courte distance, aussi Fermat eut l'idée de considérer qu'elle met le temps le plus court.

Le problème du maître nageur

Comme la lumière qui se propage moins vite dans l'eau que dans l'air (contrairement aux vues de Descartes) d'un certain facteur **n**, un maître nageur court plus vite qu'il ne nage. Il se trouve au point A lorsqu'il aperçoit un nageur en difficulté en B (Figure 5.3). Comment arriver en B le plus vite possible ?

Il serait préférable de parcourir une distance un peu plus grande sur terre où l'on va plus vite afin de diminuer la distance dans l'eau où l'on se déplace plus lentement. À quel point de la berge le maître nageur doit-il plonger pour secourir ce nageur ?

Il faut trouver un compromis optimum entre ces deux trajets. La réponse a été donnée par Maupertuis en 1744.

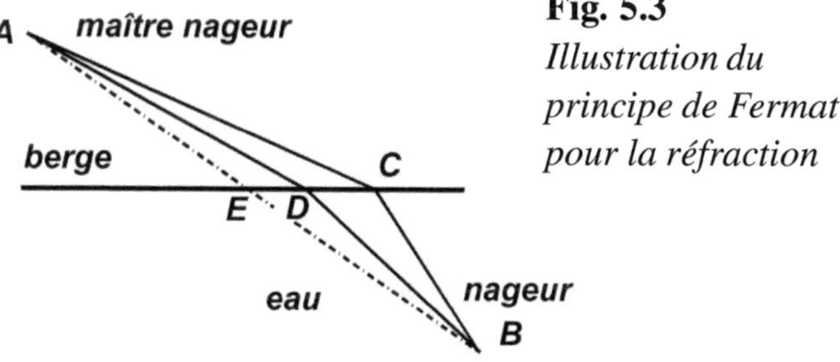

Fig. 5.3
Illustration du principe de Fermat pour la réfraction

Comme on le voit sur la figure 5.3, la trajectoire du maître nageur est constituée de deux droites AC et CB, où C est le point où le maître nageur plonge. La distance AC sera plus grande que la distance CB car il court plus vite qu'il ne nage.

On doit calculer très précisément la position du point C. Il faut montrer que la solution finale du problème est la trajectoire ACB, et qu'elle correspond au temps le plus court de tous les temps possibles.

Si ACB est la trajectoire la plus courte, cela signifie que si nous en prenons une autre, celle-ci sera plus longue.

Si donc nous traçons le temps qu'il faut en fonction de la position du point de plongée, on obtiendra une courbe comme celle de la Fig. 5.4, où le point C correspond au plus court de tous les temps possibles.

C'est cette trajectoire la plus courte qui est donc la moins fatigante pour le maître nageur.

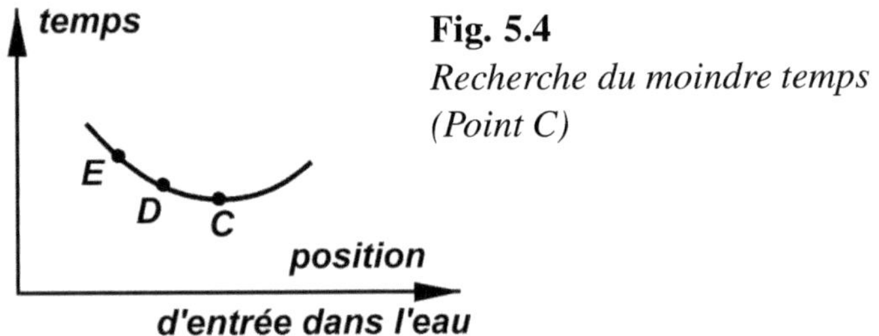

Fig. 5.4
Recherche du moindre temps (Point C)

De la même manière, le principe de Fermat permet de retrouver les lois de Snell-Descartes en y apportant un éclairage nouveau. Les indices de réfraction varient comme l'inverse de la vitesse de la lumière dans le milieu.

La lumière doit donc voyager moins vite dans l'eau que dans l'air car on sait que l'angle de réfraction diminue lors du passage eau-air. Ce n'est qu'au XIXe siècle que fut confirmée cette prévision à l'origine du désaccord entre Fermat et Descartes.

C'est ainsi que Fermat exposait son *principe de moindre temps*, applicable dans le domaine de l'optique, et qui lui permit de démontrer la loi de diffraction de Descartes.

"Le résultat de mon travail a été le plus extraordinaire, le plus imprévu, et le plus heureux qui ait jamais été ; car, après avoir

effectué toutes les équations, multiplications, antithèses, et autres opérations de ma méthode, et avoir enfin terminé le problème, j'ai constaté que mon principe donne exactement et précisément la même proportion pour les réfractions que Monsieur Descartes a établies. 1 janvier 1662"

Avec le principe de "moindre temps", on entre dans le domaine de l'influence de la philosophie sur les idées de la physique. Car ce principe repose sur une idée métaphysique surprenante : la Nature de Fermat est paresseuse, partisane du moindre effort.

L'approche de Fermat est évidemment troublante : comment la lumière sait-elle qu'un chemin est plus court qu'un autre ?

Le principe de moindre action pour la matière

Maupertuis n'est pas tout à fait convaincu par le principe de minimum de Fermat. Pourquoi la lumière choisirait-elle le plus faible temps de parcours plutôt que la distance la plus courte ? [1]

Il reprendra cependant les idées de Fermat en les développant jusqu'à la découverte de ce grand principe de mécanique, celui de la moindre action. La nature semble capable d'optimisation. Mais optimiser quoi ?

Pour Maupertuis, si un corps se déplace entre deux

---

[1] Dans le domaine des transports, on reconnaît la question à laquelle un GPS nous invite à répondre lorsqu'on cherche à aller d'un endroit à un autre.

positions, le mouvement a lieu de telle manière qu'une grandeur que l'on appelle l'*action* soit optimisée.

L'action se définit comme le produit de la masse m par la vitesse V et le chemin parcouru d. Soit :

$$\textbf{Action} = m\textbf{V}d$$

qui s'exprime en $(kg \cdot m^2/s)$, soit encore $[(kg \cdot m^2/s^2) \cdot s]$ c'est donc le produit d'une énergie par une durée, c'est une grandeur physique scalaire.

Le principe de moindre action de Maupertuis

Maupertuis estime que la trajectoire de la lumière est le chemin où la quantité d'action qui s'exerce sur elle est la moindre, d'où le nom de *principe de moindre action*.

Outre l'optique, toutes les lois de la mécanique classique peuvent s'expliquer par le principe de moindre action.

> *"Dans tout changement qui arrive, la quantité d'action nécessaire pour ce changement est la plus petite qu'il soit possible. La nature agit toujours par les voies les plus simples et les plus courtes."*

La controverse sur l'origine de la moindre action

Le mouvement d'un système serait ainsi déterminé à la fois par son état initial et son état final. Mais comment un système peut-il connaître préalablement sa destination finale ? Pour tenter d'expliquer cet aspect troublant, Maupertuis ne put s'empêcher d'inclure des éléments de métaphysique dans son principe de moindre action. Ce qui contribua en partie à alimenter et à attiser une polémique entre philosophes et scientifiques.

Trajectoire de moindre action

Il demeurait que le principe de moindre action gardait une part de mystère. Les phénomènes naturels pouvaient être liés à leur finalité, et non plus seulement à leur cause.

Considérons un objet, possédant une énergie totale donnée, en mouvement entre deux points A au temps t_a et B au temps t_b.

On peut faire passer une multitude de courbes entre ces deux points (Figure 5.5) ; et pourtant la nature n'en choisit qu'une seule. Qu'est-ce qui distingue cette trajectoire suivie par l'objet de toutes les autres ?

Maupertuis nous dit : La trajectoire sélectionnée par la nature est celle pour laquelle l'action, est minimale.

On sait que pour modifier la quantité de mouvement d'un objet, une force extérieure doit lui être appliquée. Pour Maupertuis, la trajectoire sélectionnée lors du déplacement de l'objet sera celle qui correspondra au moindre effort de la nature.

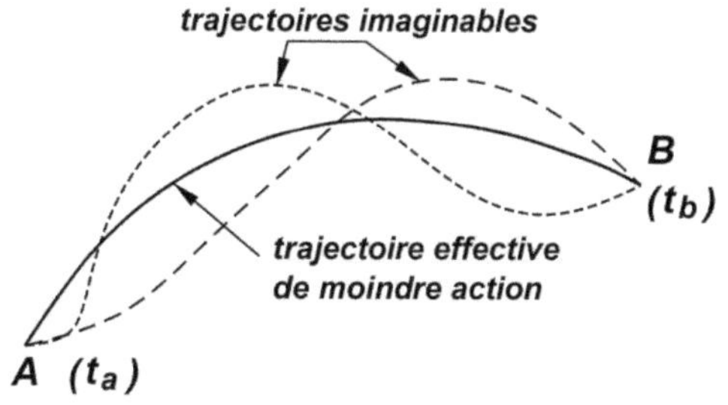

Fig. 5.5 - *Trajectoire de moindre action*

Plutôt que d'expliquer, comme le fit Newton, le mouvement d'un corps à partir du principe fondamental de la dynamique, Maupertuis s'estimait capable de trouver directement sa trajectoire globale à partir des points connus A et B. Sa méthode est audacieuse : parmi toutes les trajectoires possibles et imaginables entre ces deux points, la seule que choisit la nature est celle qui minimise, dans notre cas, sa fameuse **action**.

Où se trouve le vrai chemin parmi une multitude d'autres chemins possibles ? L'une des façons est de calculer l'action pour tous ces chemins et de regarder lequel donne le plus faible résultat. C'est ce dernier chemin que la nature empruntera.

La définition donnée par Maupertuis de l'action était obscure, et changeait avec le problème qu'il examinait. Elle était néanmoins le germe d'une idée correcte, et elle fut exprimée presque simultanément, d'une façon plus rigoureuse par Leonhard Euler, puis dans sa version définitive en 1760 par Joseph Louis Lagrange. Le point essentiel est qu'il existe une quantité bien définie, appelée *action* et qu'une particule suit le chemin de moindre action.

Lagrange et la moindre action

La mécanique Lagrangienne est basée sur le principe de conservation de l'énergie, limité à la mécanique. Lagrange définit l'action à partir de E_C, l'énergie cinétique et E_P, l'énergie potentielle. Toute dissipation d'énergie est exclue, ce système est donc conservatif.

Lagrange montra l'équivalence parfaite entre le principe de moindre action et toutes les lois de Newton.

"Le principe de moindre action contient implicitement la mécanique newtonienne. Ainsi, il est possible de reconstruire toute la mécanique de Newton avec le seul principe de moindre action !"

Une propriété majeure du principe de moindre action, basée sur l'énergétique et non plus sur la mécanique, est d'être indépendant du choix des coordonnées.

Le principe de moindre action constitue une des branches de l'optimisation et couvre donc de nombreux domaines de la physique.

Maxwell et la moindre action

Les équations de Maxwell sont déduites du principe de moindre action appliqué à un système dynamique (à nombre infini de degrés de liberté). Cette innovation apportée dans la théorie de Maxwell a séduit Poincaré en particulier, car elle libère la physique mathématique de toutes coordonnées arbitraires.

Helmholtz applique le principe de moindre action à une série de phénomènes non mécaniques. Hertz entreprit aussi de réorganiser la mécanique, dans le but de la faire reposer sur le seul principe de moindre action.

Newton, Einstein et la moindre action

Einstein cherchait la simplicité et ne resta donc pas insensible à cette formulation. Pour lui, selon sa conception générale de la physique, les lois de la nature doivent être aussi simples que possible. Newton aussi annonçait : *la nature aime la simplicité.*

L'intégrale de chemin de Feynman

L'idée de Feynman était de construire, dans le cadre de la mécanique quantique, son électrodynamique sur un principe de moindre action. Il reformula entièrement la mécanique quantique à l'aide de son intégrale de chemin qui généralise le principe de moindre action de la mécanique classique. Son Doctorat était intitulé :

Le principe de moindre action en mécanique quantique (1942).

de Broglie : Généralisation du principe moindre action

Louis de Broglie fut frappé par l'analogie entre les lois fondamentales de l'optique et celles de la dynamique des particules quand on les exprimait respectivement sous la forme du principe de moindre temps et de moindre action. Il comprit que le problème de la particule connaissant d'avance le meilleur chemin pouvait se résoudre exactement de la même façon que pour la lumière, à condition d'associer une onde à une particule.

Max Planck et la moindre action

Pour Planck : *Le principe de moindre action est la loi la plus générale de la nature.*

"La réalisation la plus brillante du principe de moindre action est démontrée par le fait que la théorie de la relativité d'Einstein, a montré qu'elle occupe la plus haute position parmi les lois physiques.

Le principe de moindre action semble régir tous les processus réversibles de la Nature. Néanmoins, il n'offre aucune explication à l'irréversibilité, puisque selon lui, tous les phénomènes peuvent aller et venir dans n'importe quelle direction dans l'espace et le temps."

Le principe de moindre action est à la base de la mécanique lagrangienne et de la plupart des lois de la physique depuis la mécanique classique jusqu'à la mécanique quantique.

Les irréversibilités y sont méconnues. Dans ces conditions, tous les phénomènes naturels peuvent être réduits à une loi de conservation et sont réversibles. Néanmoins, Newton, dans l'exposé de sa mécanique, ne négligea pas le frottement, il en fit même la théorie, mais ses grands successeurs, Lagrange et Hamilton, l'ont tout à fait écarté en édifiant la mécanique analytique.

Cette tendance scientifique connut son apogée, notamment avec le théorème de Noether qui établit un lien entre les lois de symétrie et les lois de conservation. Une grande partie de la physique actuelle est fondée sur la dynamique hamiltonienne et les lois de symétrie. Dans les cours de physique ou de mathématiques, la mécanique analytique de Lagrange-Hamilton-Jacobi figure dans les derniers chapitres, parfois même en annexes. Sa mise en application est délicate ; malgré cela elle devrait retenir davantage l'attention car elle permet d'ôter toute considération métaphysique au principe de moindre action. De ce fait, ce principe est souvent perçu comme une entité mathématique lointaine plus ou moins énigmatique. C'est vraisemblablement cette difficulté qui freine le développement de l'enseignement de ce principe si utile.

Les équations de Lagrange se rattachent à la théorie de l'énergie qui domine l'ensemble des phénomènes naturels. Le concept de force qui est une quantité vectorielle, donc orientée selon un référentiel, n'est pas compatible, en particulier avec la physique quantique et le principe de relativité générale. Plus généralement, le mouvement d'un corps n'est plus déterminé par des forces. On peut ainsi mettre les équations du mouvement d'un système général sous une forme analytique d'où les considérations purement mécaniques sont pour ainsi dire exclues. Il faut avouer que c'est très difficile à admettre pour un mécanicien classique.

Le principe de moindre action est essentiel pour la lumière, non corrompue par des irréversibilités. S'il reste utile pour la mécanique classique, il n'est pas compatible avec les systèmes matériels soumis aux irréversibilités.

Le principe de moindre action ne prend pas en compte le frottement ; c'est pourquoi il n'a pas été développé davantage dans ce chapitre. Il était cependant nécessaire de le présenter ici même sommairement, avant d'aborder le principe de pire action, qui en proposant d'augmenter considérablement les irréversibilités dans des cas justifiés, s'oppose frontalement à ce principe de moindre action.

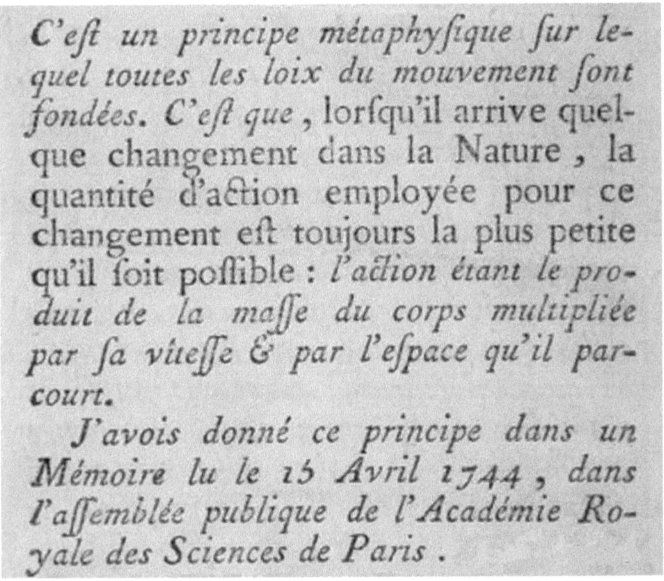

> *C'est un principe métaphysique sur lequel toutes les loix du mouvement sont fondées. C'est que*, lorsqu'il arrive quelque changement dans la Nature , la quantité d'action employée pour ce changement est toujours la plus petite qu'il soit possible : *l'action étant le produit de la masse du corps multipliée par sa vitesse & par l'espace qu'il parcourt.*
>
> *J'avois donné ce principe dans un Mémoire lu le 15 Avril 1744 , dans l'assemblée publique de l'Académie Royale des Sciences de Paris .*

Fig. 5.6 - Texte de Maupertuis sur la Moindre Action

6   Mouvement et Chaleur

Les lois de conservation en mécanique

De tout temps, l'homme a cherché ce qui pouvait rester constant dans la nature, pour se rassurer peut-être. En mécanique, on énonce des lois de conservation. Le second principe de la thermodynamique, prenant en compte les frottements, va contrarier le bel édifice des lois de conservation et modifier profondément notre vision du monde.

Conservation de la quantité de mouvement

Pour Jean Buridan, dans les années 1340 : *"Après qu'un corps a été mis en mouvement, il n'a plus, pour se mouvoir, besoin d'aucun moteur ; la quantité de mouvement qu'il a reçu une fois pour toute y suffit. Ce n'est pas à la persistance du mouvement qu'il faut chercher des causes ; c'est à l'affaiblissement et à la destruction du mouvement."*

Il ajoute : *"les mouvements des cieux sont soumis aux mêmes lois que les mouvements des choses d'ici-bas ...; il y a une Mécanique unique par laquelle sont régies toutes les choses créées, l'orbe du soleil comme le toton qu'un enfant fait tourner."*

Et encore : *"Dès la création du Monde, Dieu a mû les cieux de mouvements identiques à ceux dont ils se meuvent actuellement ; il leur a imprimé alors des impetus[1] par lesquels ils continuent à être mûs uniformément ; ces impetus, en effet, ne rencontrant aucune résistance qui leur soit contraire, ne sont jamais ni détruits ni affaiblis...*"

C'est le principe de *conservation de la quantité de mouvement*.

En l'absence de la force antagoniste de frottement , il n'y a aucune modification dans la quantité de mouvement d'un objet : $mV =$**constante**, expression dans laquelle m est la masse et V la vitesse de l'objet.

La conservation de la quantité de mouvement représente l'un des principes les plus fondamentaux en physique. Il est particulièrement utile lors de chocs entre particules entrant en collision dans un système isolé. On l'utilise abondamment en théorie cinétique des gaz, ou au jeu de billard par exemple.

Conservation des forces vives

Christian Huygens, puis Gottfried Leibniz, se proposent de résoudre le problème des chocs entre particules à l'aide des quantités mV^2 qui sont introduites sans signification physique particulière. Ils observent que ces quantités se conservent avant et après le choc, qu'il y a donc là un principe général de physique, qui fut longtemps dénommé : *le principe de conservation des forces vives*. Leibniz étudiait les corps en mouvement et les dégâts qu'ils pouvaient provoquer lors d'un choc. Pendant l'impact, la force vive ne se perd pas mais se transforme en mouvement interne des particules constituant le corps.

---

[1]Ce que Buridan appelle impetus est assimilable à ce que Descartes dénomma quantité de mouvement. *"Donnez-moi de l'étendue et du mouvement, et je vous construirai le monde."* déclara René Descartes.

Leibniz en conclut que dans un système de points matériels, c'est la somme mV^2, la *force vive*, qui demeure constante, et non pensait-il, comme l'estimait Descartes, la somme mV, c'est-à-dire la *quantité de mouvement*.

Il publia, en 1686, un article intitulé : "**Démonstration courte de l'erreur mémorable de Descartes**". Cette conception de Leibniz reçue notamment l'approbation des Bernoulli.

Toute la communauté des physiciens fut sens dessus dessous, et une intense polémique se développa. Cette querelle, dite des forces vives, dépassa de loin la physique.

Lettre de Voltaire à Johann Bernoulli, 1739

"Votre illustre père dans une lettre qu'il écrit à Mme la marquise du Châtelet prétend que je me donne des airs de ne pas croire aux forces vives."......

Voltaire étudiait les sciences avec Émilie du Chatelet, en fait il en fut plutôt l'élève, un élève dissipé.

Il trouvait que ses progrès scientifiques n'étaient pas à la hauteur de ses efforts. *"Tous les individus ont des aptitudes diverses ; celui-ci a du talent pour les mathématiques, celui-là pour la musique. Dieu a donné la voix aux rossignols et l'odorat aux chiens."* Voltaire discernait peut-être qu'il avait peu de facilités pour les mathématiques et il cessa d'y consacrer beaucoup de temps pour l'employer à des travaux philosophiques et littéraires dans lesquels il brillait bien davantage. Clairaut, un des plus grands mathématiciens de son temps, l'y encourageait : *"Laissez les sciences, lui disait-il, à ceux qui ne peuvent pas être poètes."*

Mais à chaque fois qu'il le pouvait, Voltaire interférait avec les scientifiques, par des interventions qui en irritaient beaucoup, car il maniait sa plume avec une dextérité redoutable.

Finalement, qu'est-ce qui se conserve ?

$$\mathbf{mV} \text{ ?} \qquad \text{ou} \qquad \mathbf{mV^2} \text{ ?}$$

Les idées émises par Leibniz furent précisées beaucoup plus tard. On en déduisit, en particulier, le théorème de l'énergie cinétique.

Forces vives, forces mortes

Faisant la distinction entre *forces vives* et *forces mortes*, Leibniz mit une belle pagaille à partir de 1690.

La *quantité de mouvement* $\mathbf{mV}$ s'exprime en kg.m/s ou en $kg.(m/s^2).s$, soit une force multipliée par un temps. En gros, Leibniz l'assimile à la force morte.

La *force vive* $\mathbf{mV^2}$ s'exprime en $kg.m^2/s^2$ ou $kg.m/s^2.m$; c'est le produit d'une force par un déplacement. Pour nous aujourd'hui, c'est un travail ou encore une énergie, en Joules.

Comme on ne savait pas encore très bien manipuler le calcul intégral et différentiel, Leibniz, bien qu'il en fut l'inventeur, butte sur un problème mathématique, et la métaphysique, rarement absente des raisonnements de l'époque, associée à sa doctrine ne facilitait pas les explications. Si bien que ses démonstrations semblent ambigües et sa pensée difficile à saisir. D'où des explications pour le moins nébuleuses aussi bien chez ses partisans que chez ses détracteurs.

Émilie du Châtelet dans son livre, *les institutions de physique*, tente de trouver une synthèse satisfaisante entre Descartes, Newton et Leibniz. La querelle des forces vives montre la confusion qui régnait, à l'époque, entre quantité de mouvement, énergie (le mot n'existait pas encore), travail, force.

Les prémices de l'énergétique

Les deux notions : *quantité de mouvement* $\mathbf{mV}$ et *Énergie cinétique* $1/2\mathbf{mV^2}$ cohabitent comme on va le montrer ci-après.

Les collisions

Les collisions entre objets sont régies par les deux lois de la quantité de mouvement et de l'énergie cinétique.

- La loi de la conservation de la quantité de mouvement stipule que la quantité de mouvement totale d'un système isolé, sans force extérieure, est conservée. De la quantité de mouvement peut être transférée d'un objet du système à un autre, mais la quantité de mouvement totale sera maintenue. La quantité de mouvement totale d'un système isolé, composé de deux molécules en collision, seulement sujettes à leurs interactions mutuelles, demeure constante.

- La quantité totale d'énergie d'un système isolé est constante.

  - Dans le cas des solides élastiques, les contraintes sont liées aux déformations. Tant que l'on reste sous une valeur limite de la contrainte appliquée, la loi reliant contraintes et déformations est linéaire et réversible : c'est la loi de Hooke. Le choc entre deux objets est dit élastique si les deux objets qui se percutent rebondissent sans laisser subsister de déformations dans les zones d'impact.

Dans ces conditions, la quantité totale d'énergie cinétique d'un système isolé reste constante de part et d'autre de cette collision. On obtient une collision parfaitement élastique dans le cas limite d'un corps indéformable. Par exemple, le choc entre deux boules de billard est considéré comme élastique (Figure 6.1).

La conservation de la quantité de mouvement donne :

$$m_1\vec{V_1} + m_2\vec{V_2} = m_1\vec{V_1'} + m_2\vec{V_2'} \quad (6-1)$$

La conservation de l'énergie cinétique donne :

$$1/2m_1V_1^2 + 1/2m_2V_2^2 =$$

$$1/2m_1V_1'^2 + 1/2m_2V_2'^2 \qquad (6-2)$$

À partir des masses m_1, m_2 et des vitesses initiales $\vec{V_1}, \vec{V_2}$ connues, la résolution de ce système d'équations fournit les vitesses $\vec{V_1'}$ et $\vec{V_2'}$, c'est-à-dire les vitesses résultantes en grandeur et direction.

– Dans une collision non-élastique, l'énergie cinétique initiale ne se conserve pas, elle change de forme. Le choc est dit non-élastique lorsque les corps qui se rencontrent subissent des déformations permanentes. Dans ce cas, une partie de l'énergie cinétique est soutirée pour la déformation et on la retrouve sous forme de chaleur. Si la collision produit aussi du bruit, la conversion se fera en partie sous forme d'énergie sonore.

– Il y a aussi les chocs mous ; les 2 corps qui se rencontrent restent accrochés l'un à l'autre. Par exemple, un insecte qui s'écrase sur le pare-brise d'une voiture est représentatif d'un choc mou, mais on s'écarte de notre problème.

Les systèmes de points matériels

Dans n'importe quel système, composé de points matériels ou de corps en nombre quelconque, et qui peut être par exemple constitué par une masse fluide, on distingue des forces extérieures exercées sur les divers éléments du système et des forces intérieures exercées par certains éléments du système entre eux.

Le travail des forces intérieures ne dépend que des déformations du système. Il serait nul si le système était indéformable.

L'énergie cinétique se conserve donc en l'absence de travail des forces extérieures (système isolé) et en l'absence de travail des forces intérieures (système indéformable). C'est le cas lors du choc supposé élastique entre deux molécules dans un système isolé.

Lors d'une collision élastique, le choc de deux corps se produit sans déformation. Les deux lois de conservation sont vérifiées : conservation de la quantité de mouvement et conservation de l'énergie cinétique (Figure 6.1). Les collisions de molécules dans la théorie cinétique des gaz parfaits sont considérées comme élastiques, si bien que les deux lois de conservation peuvent être appliquées. C'est par confort et non pas par raison, que la théorie cinétique des gaz utilise cette hypothèse très (trop) simplificatrice.

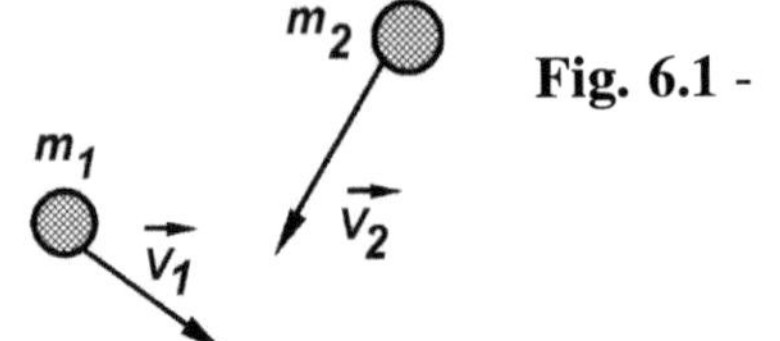

Fig. 6.1 - *Collision parfaitement élastique entre deux corps indéformables (conditions initiales)*

La conservation de la quantité de mouvement vaut quel que soit le type de collisions : collisions élastiques entre boules de billard, collisions non-élastiques entre objets déformables ou choc mou.

Par contre, la loi de conservation de l'énergie cinétique a un champ de validité réduit : elle n'est justifiée que pour les collisions élastiques.

Conservation de l'énergie (aspect mécanique)

La loi de la conservation de l'énergie, limitée à la mécanique ouvre la voie au principe de conservation de l'énergie, plus général, qui sera énoncé avec la thermodynamique.

- Énergie potentielle

L'*énergie potentielle* d'un corps de masse m placé à une hauteur h est : $Ep = mgh$ (6-3)

C'est une forme d'énergie emmagasinée dans le corps, elle peut se transformer en énergie cinétique.

- Énergie cinétique

L'*énergie cinétique* de ce corps se déplaçant à la vitesse V est : $E_C = 1/2mV^2$ (6-4)

Application de la conservation de l'énergie à la chute des corps

Lorsque la masse m est en position haute, toute l'énergie est alors potentielle, accumulée et prête à être relâchée. Lors de la chute, cette énergie potentielle initiale se transforme au fur et à mesure en énergie cinétique (en l'absence de frottement).

Dans ces conditions, l'énergie mécanique totale reste constante durant la chute :

$$E = E_p + E_c \qquad (6-5)$$

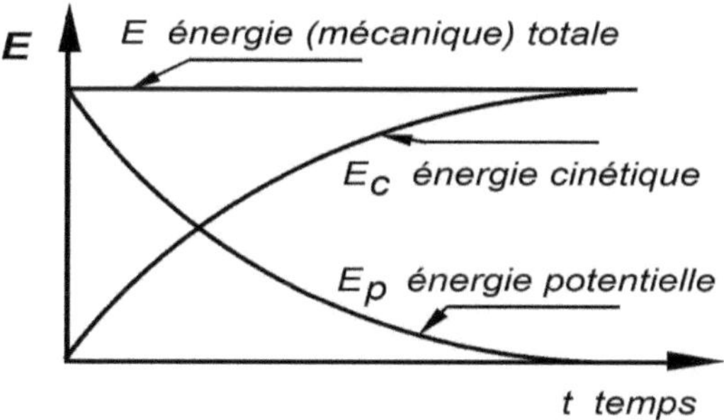

Fig. 6.2 - *Conservation de l'énergie, limitée à la mécanique, lors de la chute d'un corps*

L'énergie est toujours conservée lorsqu'elle change de forme.

Lorsque les frottements sont négligés, l'énergie mécanique E d'un corps est donc constante. Le principe de conservation de l'énergie énoncé ci-dessus est donc correct, mais il ne s'applique rigoureusement que lorsque les effets visqueux sont absents (Figure 6.2).

Non-conservation de l'énergie mécanique, due au frottement

Dans une situation réelle, le frottement de l'air se manifeste : une partie de l'énergie cinétique est progressivement convertie en énergie thermique. L'énergie potentielle n'est pas perturbée par le frottement. L'énergie totale E n'est plus constante. Le système n'est plus conservatif.

Outre l'énergie cinétique et l'énergie potentielle, un nouvel élément intervient dans le mouvement : la chaleur produite par le frottement (Figure 6.3).

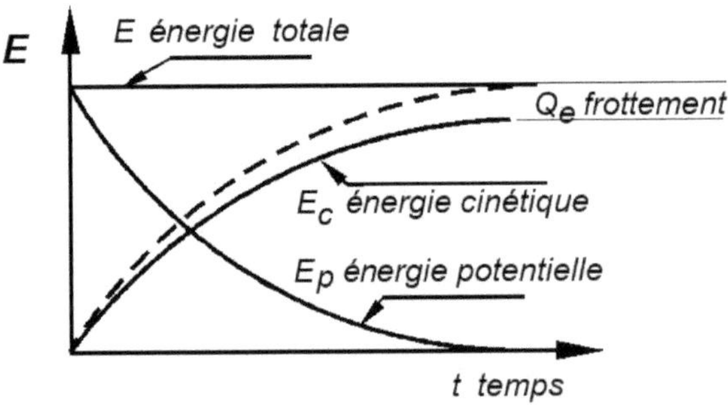

Fig. 6.3 - *Non-Conservation de l'énergie mécanique, lors de la chute d'un corps. Effet des irréversibilités*

Il faut donc revoir le principe de conservation de l'énergie de la seule mécanique (6-5) et le généraliser au cas réel en tenant compte de l'énergie thermique échangée avec le milieu extérieur :

$$E_{tot} = E_p + E_c + Q_e \qquad (6-6)$$

expression dans laquelle Q_e représente la quantité de chaleur échangée par le système avec l'extérieur, produite par le travail des forces de frottement.

C'est la thermodynamique qui se charge de faire la synthèse et d'écrire le principe de conservation de l'énergie sous sa forme la plus générale.

Finalement, on note que les lois de conservation vues ci-dessus ne sont exactes qu'en l'absence de frottements.

De la Mécanique à la Thermodynamique

L'intervention de la température et des quantités de chaleur contraint la Mécanique à faire appel à la Thermodynamique pour obtenir les relations supplémentaires nécessaires.

Les théorèmes de la Mécanique sont alors étendus à ces systèmes plus généraux, en excluant toujours toute hypothèse sur la structure intime de la matière, et en supposant seulement que les corps, continus au sens macroscopique, *obéissent aux principes de la Thermodynamique qui couvrent ceux de la Mécanique.*

Un système thermodynamique, plus général qu'un système mécanique subit des actions qui comportent non seulement des forces comme dans les systèmes mécaniques, mais aussi des actions liées à des différences de température. Il échange donc avec ce milieu certaines quantités de travail, de chaleur ou d'autres sortes d'énergie.

Origine de la thermodynamique

Denis Papin utilisait déjà l'action de la chaleur pour montrer, en 1690, que l'on pouvait en extraire du travail mécanique.

Nicolas Sadi Carnot cherchait à percer le mécanisme de la conversion de chaleur en travail, au début du XIXe siècle, afin de mieux comprendre le fonctionnement des machines à vapeur, qui apportaient leur aide aux hommes sans qu'ils connaissent vraiment les lois qui les régissaient. En 1824, il publie ses immortelles *Réflexions sur la puissance motrice du feu et sur les machines propres à développer cette puissance.*

Sadi Carnot était passionné par la chaleur et l'économie politique et avait compris que, sans machines à vapeur, l'Angleterre n'aurait jamais eu l'armement qui avait brisé les espoirs napoléoniens. Pour éviter toute confusion, notons que son neveu appelé également Sadi Carnot, fut Président de la République. Ce sont Lazare Carnot, son père, et Sadi Carnot, son neveu qui reposent au Panthéon.

La machine de Carnot : une référence universelle

Pendant longtemps, seuls l'air et l'eau furent utilisés comme sources d'énergie naturelle. Le feu ne fut pendant des millénaires, qu'une source de lumière et de chaleur, sans servir à la production d'énergie mécanique.

La France a plus de montagnes et de rivières et moins de charbon que l'Angleterre : ceci suffit à expliquer l'engouement au XIX ème siècle pour les machines hydrauliques en France (Fourneyron, Poncelet, Morin,...) et pour les machines à vapeur en Grande-Bretagne (Savery, Newcomen, Watt, ...). Les machines à vapeur virent donc le jour en Angleterre en se basant sur les idées originales de son précurseur en 1690 : Denis Papin.

Rejoignons Sadi Carnot pour le suivre dans ses réflexions géniales et universelles sur les machines à feu[2].

------

[2]La chaleur nécessaire à la production d'énergie mécanique était alors obtenue par une combustion. Outre la puissance motrice due au feu, on dispose maintenant, en particulier, de l'énergie solaire et de l'énergie nucléaire pour produire de l'énergie mécanique utilisable.

Clément Desormes (titulaire de la chaire de chimie industrielle du CNAM) parmi d'autres, avait attiré l'attention sur les problèmes liés à la chaleur, d'abord pour tenter d'évaluer le zéro absolu des températures, ensuite pour l'étude du pouvoir mécanique de la chaleur.

> L'étude de ces machines est du plus haut intérêt, leur importance est immense, leur emploi s'accroît tous les jours. Elles paraissent destinées à produire une grande révolution dans le monde civilisé.

Extraits de l'ouvrage de Sadi Carnot (1824)

Sadi Carnot, un des auditeurs de Desormes, avait connaissance de ces travaux lorsqu'il rédigea ses *"Réflexions sur la puissance motrice du feu et sur les machines propres à développer cette puissance "* en 1824. Les ouvrages de son père, le général Lazare Carnot, furent aussi pour Sadi Carnot, une source fondamentale d'inspiration.

> Malgré les travaux de tous genres entrepris sur les machines à feu, malgré l'état satisfaisant où elles sont aujourd'hui parvenues, leur théorie est fort peu avancée, et les essais d'amélioration tentés sur elles sont encore dirigés presque au hasard.

Sadi Carnot fut le premier à comprendre que l'origine du travail produit par la machine à vapeur était liée au transfert de chaleur de la source chaude à la source froide, entre la chaudière qui produit la vapeur et le condenseur qui ramène cette vapeur à l'état liquide.

> Les machines qui ne reçoivent pas leur mouvement de la chaleur, celles qui ont pour moteur la force des hommes ou des animaux, une chute d'eau, un courant d'air, etc., peuvent être étudiées jusque dans leurs moindres détails par la théorie mécanique. Tous les cas sont prévus, tous les mouvemens imaginables sont soumis à des principes généraux solidement établis et applicables en toute circonstance. C'est là le caractère d'une théorie complète. Une semblable théorie manque évidemment pour les machines à feu.

On lui doit d'avoir compris l'importance des transformations cycliques et d'avoir mis en lumière la notion de réversibilité qui caractérise leur réalisation parfaite. Cette notion lui a permis de saisir le fonctionnement effectif des machines en supprimant par la pensée toutes sortes d'éléments qui camouflaient l'essentiel du processus.

Comme souvent, les réalisations précèdent les théories, mais ne peuvent progresser tant que la compréhension des phénomènes physiques et les principes sur lesquels elles s'appuient n'ont pas été révélés.

Les notions essentielles de chaleur et de température n'étaient pas encore clairement établies. Pour Lavoisier, la chaleur était une substance matérielle, mais dénuée de masse, appelée *calorique* et était donc indestructible[3].

---

[3]Lavoisier aurait probablement abandonné cette notion si, en tant que fermier général, on ne l'avait pas envoyé à l'échafaud (1794) pendant la terreur, au motif d'avoir mis de l'eau dans le tabac pour nuire à la santé des Français.

Laplace et beaucoup d'autres s'en montraient les ardents défenseurs.

Dans son immortel mémoire, Carnot a naturellement fait usage d'un langage conforme à la doctrine alors régnante de la matérialité et de l'indestructibilité du calorique, mais ses déductions sont, par essence même, indépendantes de cette conception inexacte et elles ont été ultérieurement mises en accord avec la physique par Clausius et Kelvin.

À l'époque, on pensait que la quantité de chaleur fournie à une machine à vapeur par la chaudière se retrouvait intégralement dans le condenseur. Carnot corrigea de lui-même, par une note ultérieure, le concept incorrect de calorique utilisé dans son texte.

> **Pour** envisager dans toute sa généralité le principe de la production du mouvement par la chaleur, il faut le concevoir indépendamment d'aucun mécanisme, d'aucun agent particulier ; il faut établir des raisonnemens applicables, non seulement aux machines à vapeur , mais à toute machine à feu imaginable, quelle que soit la substance mise en œuvre et quelle que soit la manière dont on agisse sur elle.

Il a donc fallu qu'il s'appuie sur des concepts préexistants mal définis. Néanmoins, il réussit dans un sublime effort d'abstraction à énoncer un certain nombre de propositions qui sont les bases de la thermodynamique.

Substance mise en œuvre - Fluide de travail

La transformation n'est possible que si la chaleur a un véhicule matériel. Ce rôle est tenu par un fluide élastique (gaz ou vapeur) permettant les transferts le long d'un cycle.

Machines à vapeur

Les machines à feu au temps de Carnot étaient essentiellement des machines à pistons dans le cylindre desquelles s'effectuaient les transformations qui permettaient de récupérer un travail moteur sur un arbre. Il est plus aisé de décrire le cycle des turbines à vapeur modernes dans lesquelles les transformations s'effectuent en série dans des endroits différents de la machine.

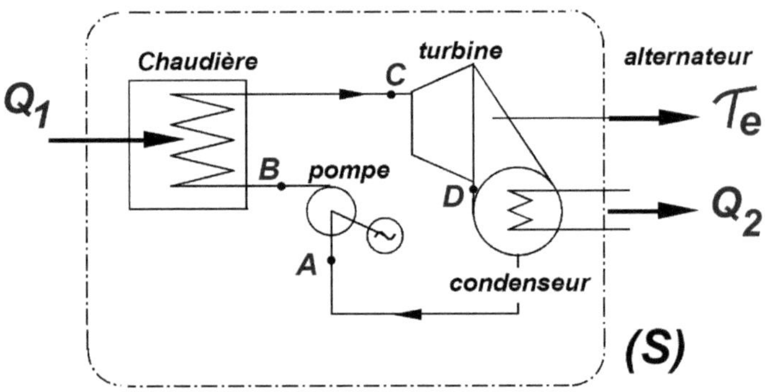

Fig. 6.4 - *Schéma d'une machine à vapeur*

Ces différentes étapes d'un cycle à vapeur sont d'abord une compression AB de l'eau dans une pompe alimentaire, puis une vaporisation BC due à une combustion dans une chaudière, une détente CD dans une turbine et enfin un retour au point initial du cycle par une condensation DA de la vapeur d'eau (Fig.6.4).

Toute machine imaginable, au sens de Carnot, revient à considérer le volume de contrôle (S) en Fig. 6.4 comme une boîte noire isolant une machine quelconque (turbine à gaz par exemple) de l'extérieur.

Toute machine imaginable contenue dans (S) échange avec l'extérieur :

- Une quantité de chaleur Q_1 pénètre dans le système (S),
- Du travail τ_e sort du système ; c'est un travail net prenant en compte tous les travaux échangés dans le système de contrôle (S) (entraînement d'une pompe par exemple),
- Une quantité de chaleur Q_2 est rejetée de (S).

Machine de Carnot

Carnot imagine une machine parfaite. Pour que le rendement de cette machine soit maximum, la condition nécessaire évidente est qu'elle corresponde à la perfection. Elle ne doit, en particulier, être le siège d'aucun frottement mécanique qui réduirait le travail produit en en retransformant une partie en chaleur. Les opérations doivent aussi être suffisamment lentes pour que les échanges thermiques puissent s'effectuer le plus correctement possible.

Pour qu'une telle machine soit parfaite, on dit, en thermodynamique, qu'elle ne doit être le siège que de transformations réversibles. Les transformations réversibles sont une suite continue d'états d'équilibre. En changeant infiniment peu les facteurs de l'équilibre, on peut les réaliser dans un sens ou dans le sens opposé.

Puisque le cycle de cette machine idéale néglige toute irréversibilité, elle constitue donc une vue de l'esprit.

Le cycle de Carnot est le processus cyclique réversible de la machine de Carnot. Cette machine produit du travail à partir de deux sources de chaleur à températures différentes.

On doit à Clapeyron et Clausius d'avoir rendue plus aisée la compréhension de l'œuvre de Carnot en utilisant la représentation en diagramme (p,v - pression, volume) puis en diagramme (T,S - Température-Entropie).

> In order to prove and to make intelligible the second Principle of the Mechanical Theory of Heat, we shall commence by following out in all its parts, and graphically representing in the manner already described, one special form of cyclical process. For the latter purpose we will assume that the condition of the variable body is determined by its volume v and its pressure p, and will employ, as before, a rectangular system of co-ordinates, in which the abscissæ represent volumes, and the ordinates pressures.

Texte de Rudolph Clausius (1865)

Les points représentatifs des divers états du fluide sur le diagramme (p, v) par exemple, forment une courbe fermée (Fig. 6.5). Chacun de ses points a un point correspondant sur le circuit parcouru par le fluide. Par exemple, tous les points compris entre C et D se rapportent à l'évolution dans la turbine.

Si on considère alors une particule fluide déterminée, en même temps qu'elle parcourt le circuit fermé physique qui lui est propre, son point représentatif décrit sur le diagramme un cycle fermé.

En chaque point, son état est caractérisé par les variables (p pression, v volume) lues sur le diagramme de Clapeyron. Sur ce diagramme (Fig.6.5), le cycle de la machine idéale de Carnot est représenté par le quadrilatère curviligne ABCD comportant :

- en AB une compression isentropique (adiabatique réversible) dans un compresseur,
- en BC une isotherme réversible représentant l'échange calorifique avec la source chaude,

- en CD une détente isentropique dans une turbine,
- en DA une isotherme réversible représentant l'échange calorifique avec la source froide,

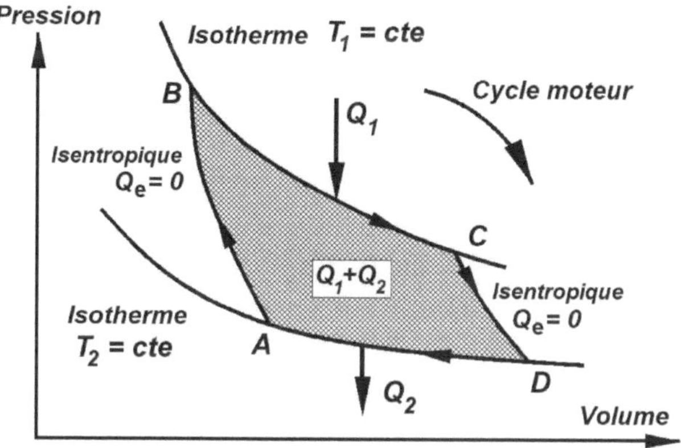

Fig 6.5 - *Cycle de Carnot*

Kelvin proposa, vers 1850, d'adopter une échelle thermométrique ayant un caractère universel et qui n'est donc pas liée à des propriétés des corps évoluants. On a donné à la température ainsi définie le nom de température absolue ou thermodynamique T. Utilisons, dès à présent dans ce texte, la température absolue en unités Kelvin même si elle est postérieure à l'œuvre de Carnot.

On note :

- T_1, température absolue de la source chaude.
- Q_1, transfert thermique avec la source chaude (apport calorifique au cycle).
- T_2, température absolue de la source froide.
- Q_2, transfert thermique avec la source froide (rejet calorifique à la source froide).

La source de chaleur à la température T_1 a fourni au cycle la quantité de chaleur Q_1 ; la source la plus froide à T_2 a reçu une quantité de chaleur plus petite Q_2 rejetée du cycle.

Le cycle de Carnot a utilisé la quantité de chaleur Q_1. Cette quantité de chaleur $Q_1 > 0$ n'a pas pu être intégralement transformée en travail. Le cycle restitue la quantité de chaleur $Q_2 < 0$ à la source froide ; cette quantité de chaleur abandonnée à la source à la température la plus basse ne peut plus être utilisée par la machine.

Seule la quantité de chaleur $(Q_1 + Q_2)$ représentée par l'aire du cycle ABCD sur le diagramme de Clapeyron a été transformée en travail τ_e fourni à l'extérieur.

Le second principe de thermodynamique
(ou principe de Carnot)

Le second principe de thermodynamique exprime le fait, vu précédemment, que de la chaleur doit toujours être rejetée au cours d'un cycle. Ce principe de Carnot, indique donc qu'il est impossible de construire une machine cyclique qui extrairait de la chaleur d'un réservoir et fournirait un travail mécanique équivalent. Une partie de la chaleur disponible est nécessairement rejetée dans l'environnement.

Le premier principe de thermodynamique
(ou principe de conservation de l'énergie)

Le premier principe, qui fut établi curieusement vers 1845, c'est-à-dire bien après l'énoncé du second principe par Sadi Carnot, exprime d'une manière très générale, la conservation de l'énergie lors de ses transformations multiples. Ce premier principe est une généralisation du principe de conservation de l'énergie de la mécanique prenant maintenant en compte l'énergie calorifique, en particulier. Carnot avait donc deviné le second principe de thermodynamique avant même que le premier principe soit formulé par Helmholtz (1847), Mayer et Joule.

Puisque le cycle partant d'un état initial A bien déterminé retrouve ce même état après avoir décrit un circuit fermé au cours duquel il échange successivement de la chaleur avec les 2 sources, il n'a accumulé aucune énergie. Le fluide de travail parcourant le cycle n'a pas été altéré. Pour tout cycle, dont celui de la machine de Carnot (Fig. 6.5), le premier principe de thermodynamique s'écrit donc :

$$\tau_e + Q_e = 0 \qquad\qquad (6-7)$$

avec :

$$\tau_e < 0 \qquad Q_e > 0$$

• La quantité de chaleur Q_e échangée avec l'extérieur au cours du cycle est :

$$Q_e = Q_1 + Q_2 > 0$$

• L'énergie calorifique dépensée (fournie par le carburant à la source chaude) est :

$$Q_1$$

• Le travail fourni par le cycle à l'extérieur (donc négatif) est :

$$|\tau_e| = Q_1 + Q_2$$

Fournissant du travail mécanique à l'extérieur, le cycle de Carnot est un cycle moteur. On observe qu'un tel cycle moteur est parcouru dans le sens des aiguilles d'une montre sur les diagrammes thermodynamiques (Fig. 6.5).

Rendement thermique de la machine de Carnot

La machine de Carnot a donc permis de soutirer la quantité de chaleur Q_1 à une source de chaleur et de produire le travail mécanique τ_e.

Si la quantité de chaleur Q_2 versée à la source froide est à un niveau thermique trop bas pour être utilisée, on peut la considérer comme perdue pour le cycle et écrire par conséquent, que la transformation d'énergie thermique en énergie mécanique est affectée d'un certain rendement.

Le rendement thermique η du cycle de Carnot est le rapport entre le travail moteur fourni à l'extérieur et la quantité de chaleur dépensée Q_1 :

$$\eta = \frac{|\tau_e|}{Q_1} = \frac{Q_1 + Q_2}{Q_1} = 1 + \frac{Q_2}{Q_1} \qquad (6-8)$$

Égalité de Carnot-Clausius

Cette relation, montrant que le rendement de la machine de Carnot est fonction des quantités de chaleur échangées avec les sources, incita Kelvin à définir une échelle de température qui ait un caractère universel.

Un effort supplémentaire de détermination des énergies échangées au cours du cycle, prenant en compte les apports de Lord Kelvin (alias William Thomson) sur les températures absolues, montrerait que l'on a :

$$\boxed{\frac{Q_1}{T_1} + \frac{Q_2}{T_2} = 0 \qquad (6-9)}$$

Cette expression dite de Carnot-Clausius ouvre la voie à l'entropie. Lors d'une transformation réversible cyclique, la quantité Q/T est constante. Elle est transférée de la source chaude à la source froide. Le système reçoit Q_1/T_1 de la source chaude et restitue Q_2/T_2 $(= Q_1/T_1)$ à la source froide. Notons que lors des transformations adiabatiques réversibles du cycle de Carnot, on a $Q/T = 0$ car les échanges de chaleur avec l'extérieur y sont nuls.

Compte tenu de l'expression (6-9) précédente, il vient :

$$\eta = 1 + \frac{Q_2}{Q_1} = 1 - \frac{T_2}{T_1}$$

$$\boxed{\eta = 1 - \frac{T_2}{T_1} \qquad (6-10)}$$

Le rendement de la machine de Carnot ne dépend que des températures absolues des sources chaude et froide ; il est donc indépendant de la nature du fluide évoluant dans les machines.

Il est alors nécessaire de préciser ces notions de température et de chaleur, lesquelles sont essentielles pour entrer en thermodynamique. Ces deux notions, assez souvent confondues, sont très différentes, même si elles sont liées.

Température et quantité de chaleur

Pour établir une distinction entre ces deux concepts de température et de chaleur, ce fut une longue histoire. On ne la commentera pas ici pour ne pas embrouiller le lecteur avec des idées dépassées, mises au clair depuis le milieu du XIXe siècle. Il est nécessaire de bien assimiler ces deux notions car l'entropie définie ci-après est leur rapport.

- La **température** , que l'on sait mesurer avec un thermomètre, indique le degré d'agitation des molécules. Plus les molécules d'un gaz sont agitées, plus sa température est élevée. À 0K (zéro degré absolu ou zéro degré Kelvin = -273,15 ^{o}C), il n'y a plus d'agitation dans le monde microscopique ; les molécules sont figées.

- Le transfert thermique communément appelé **chaleur** est une quantité d'énergie (en Joules) qui fait varier la température d'un corps. Par exemple, la conduction est un phénomène de transfert de chaleur qui se propage pour modifier la température d'un milieu, donc permet de changer le degré d'agitation dans le monde moléculaire de ce milieu. Prenons deux gaz à températures différentes et mettons-les en contact. Les molécules du gaz chaud sont plus agitées, et excitent celles du gaz froid. Les molécules côté froid sont donc activées davantage, alors que celles du gaz chaud sont ralenties. On dit que le gaz chaud cède de la chaleur au gaz froid. La chaleur passe naturellement de la source chaude à la source froide. Les deux gaz échangent de la chaleur. La chaleur est une énergie, elle s'échange.

On distingue correctement la chaleur, on la perçoit mais pas la température ! Lorsqu'on pose la main sur un radiateur à une certaine *température* constante, ce radiateur nous transfère une *quantité de chaleur* et nous en transfère d'autant plus que l'on aura posé la main plus longtemps sur lui. La température de notre main augmente au fur et à mesure. La chaleur apparaît comme étant une notion quantitative dépendant de la durée du contact, alors que la température est de nature qualitative.

Un exemple fameux, bien connu, consiste à tremper la main gauche dans un bol d'eau chaude, et la main droite dans un bol d'eau froide, puis à mettre ensemble les deux mains dans un récipient d'eau tiède : la main gauche donne l'impression que l'eau est froide alors que la main droite vous dit que l'eau est chaude ! C'est pourtant une eau à la même température.

Pour apprécier l'entropie, il faut bien saisir les deux notions précédentes qui n'ont pas toujours paru évidentes : échange de chaleur et température.

Clapeyron et Clausius découvrent l'œuvre de Carnot

Les travaux de Sadi Carnot n'ont pas sombré dans l'oubli grâce à Clapeyron et Clausius. Kelvin, pour sa part, développa les idées de Carnot en relevant que le rendement d'une machine de Carnot fonctionnant entre deux sources de température est une fonction universelle des températures absolues de ces sources.

Découvrant, au hasard de ses recherches, l'ouvrage délaissé : *"Réflexions sur la puissance motrice du feu "* de Sadi Carnot, Rudolph Clausius en comprit immédiatement la portée.

> *Carnot's view as to the work performed during a Cyclical Process.*
>
> Carnot, who was the first to remark that in the production of mechanical work heat passes from a hotter into a colder body, and that conversely in the consumption of mechanical work heat can be brought from a colder into a hotter body, and who also conceived the simple cyclical process above described (which was first represented graphically by Clapeyron), took a special view of his own as to the fundamental connection of these processes

Texte de Rudolph Clausius   (1865)

Il complète l'énoncé de la deuxième loi de la thermodynamique (1850), et inventa le concept d'entropie en 1865.

Rudolf Clausius, approfondissant les travaux de Carnot, va donner leur donner une cohérence nouvelle. Carnot et Clausius sont de manière indissociable les législateurs de la thermodynamique.

Entropie

Clausius a désigné par la lettre S la valeur Q/T et lui a donné le nom **"entropie"**. Il choisit ce nom pour faire écho au nom **énergie** qui désigne sous une même appellation le *travail* et la *chaleur*. James Prescott Joule avait précédemment démontré, en 1845, l'équivalence entre le travail et la quantité de chaleur. Ces deux grandeurs s'expriment aujourd'hui en unités d'énergie : le joule.

Clausius justifie son choix dans : *"Sur diverses formes des équations fondamentales de la théorie mécanique de la chaleur "* (1865) :

> *"Je préfère emprunter aux langues anciennes les noms des quantités scientifiques importantes, afin qu'ils puissent rester les mêmes dans toutes les langues vivantes ; je proposerai donc d'appeler la quantité S l'entropie du corps, d'après le mot grec ητρøπη une transformation. C'est à dessein que j'ai formé ce mot entropie, de manière qu'il se rapproche autant que possible du mot énergie ; car ces deux quantités ont une telle analogie dans leur signification physique qu'une analogie de dénomination m'a paru utile."*

Cycle de Carnot et diagramme entropique (TS)

La relation de Carnot-Clausius (6-9) est valable pour un cycle à 2 sources, mais aussi pour un cycle en contact avec un nombre quelconque de sources. Si on considère, en effet, le cas d'un cycle avec un très grand nombre de sources où les températures de deux sources successives sont proches et où les quantités de chaleur échangées avec chacune des sources est faible, alors nous sommes à la limite conduits à utiliser les notations du calcul différentiel et intégral et à écrire la relation de Carnot-Clausius :

$$\int_c \frac{dQ_e}{T} = 0 \qquad (6-11)$$

Cette relation est valable pour tout cycle fermé quelconque *réversible*.

Lors d'une **transformation ouverte réversible** C_1 d'un système passant d'un état 1 à un état 2, qui peut être une portion d'un cycle (Fig. 6.6), l'intégrale :

$$\int_1^2 \frac{dQ_e}{T}$$

est indépendante du chemin parcouru. Pour le vérifier, on peut constituer un cycle fermé avec la transformation C_1 suivie d'une autre transformation réversible C_2 quelconque qui boucle le cycle. Pour le cycle ainsi formé la variation d'entropie est nulle et le chemin suivi pour tracer ce cycle n'a aucune influence sur le résultat.

Cette intégrale est donc égale à la différence des valeurs d'une fonction S entre ces deux points, fonction dont la valeur ne dépend que des caractéristiques (p,v,T) du point considéré.

$$\int_1^2 \frac{dQ_e}{T} = S_2 - S_1 \qquad (6-12)$$

Cette fonction S ainsi définie est **l'entropie** du système, c'est une fonction d'état, comme le sont la pression, la température, etc.

Lorsqu'on passe d'un état initial à un état final, la différence de pression, la différence de température, etc. ne dépendent pas du chemin suivi pour passer de l'état initial à l'état final. Par contre, le travail échangé qui dépend du chemin suivi n'est pas, lui, une fonction d'état.

Comme l'énergie interne U ou l'enthalpie h, la fonction entropie S n'est définie qu'à une constante près.

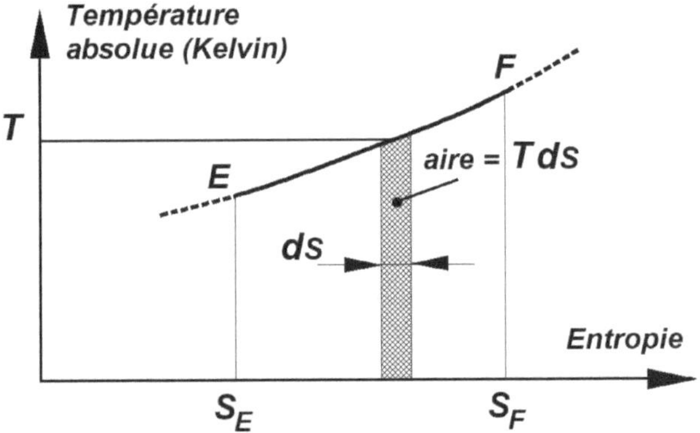

Fig 6.6 - *Représentation de $Q_e = \int T dS$*
sur un diagramme entropique

L'accroissement d'entropie lors d'un processus réversible, est dû entièrement aux apports calorifiques extérieurs.

On comprend l'intérêt d'utiliser le diagramme entropique (T,S) pour représenter les évolutions en thermodynamique. La figure 6.6 montre une évolution réversible arbitraire tracée sur un diagramme entropique.

Pour une transformation réversible, la chaleur échangée avec l'extérieur est représentée par une aire sur un diagramme TS.

$$dQ_e = TdS \quad \longrightarrow \quad Q_e = \int TdS$$

Représentation du cycle de Carnot sur un diagramme entropique (TS)

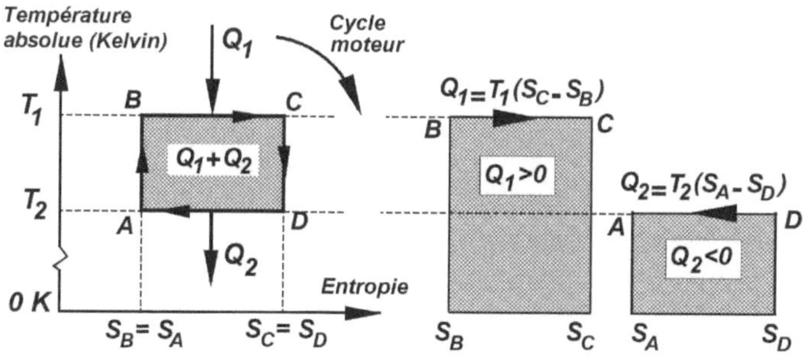

Fig 6.7   *Cycle de Carnot sur un diagramme entropique*

Le cycle de Carnot est représenté par un rectangle dans le diagramme entropique TS (Fig.6.7). Pour ce cycle on a :

- $Q_1 = T_1(S_C - S_B)$, la quantité de chaleur Q_1 est représentée par l'aire positive S_B, B, C, S_C
- $Q_2 = T_2(S_A - S_D) \longrightarrow Q_2 = -T_2(S_C - S_B)$, représentée par l'aire négative S_A, A, D, S_D

La quantité de chaleur échangée avec l'extérieur est donc représentée par l'aire du cycle, c'est-à-dire par l'aire positive A, B, C, D.

Nécessité de deux sources de chaleur - Principe de Carnot

> *Partout où il existe une différence de température, il peut y avoir production de puissance motrice.*

Sadi Carnot (1824)

Cette citation, appelée principe de Carnot, constitue l'un des énoncés du second principe de thermodynamique.

Si on recueille effectivement du travail, c'est bien, comme l'avait discerné Carnot, grâce à la disponibilité d'une deuxième source de chaleur. Elle a une température nécessairement inférieure à celle de la première. Et c'est précisément parce qu'il y a une telle différence de température que la production d'un travail est possible.

La source froide est nécessaire car elle permet la création d'un écoulement entre les deux sources ; écoulement sur lequel on soustrait une partie de l'énergie sous forme de travail.

Source froide

La plupart du temps, la chaleur restante est cédée à l'ambiance, c'est-à-dire à notre environnement. Cette chaleur rejetée provoque une élévation de la température ambiante jugée très faible.

Et on a pu considérer pendant longtemps, par manque de discernement, que le réservoir atmosphérique était presque infini et que sa température était donc constante. Ce qui est manifestement inexact comme on s'en rend compte de plus en plus de nos jours avec le réchauffement climatique.

Analogie avec les turbines hydrauliques ou les éoliennes

> D'après les notions établies jusqu'à présent, on peut comparer avec assez de justesse la puissance motrice de la chaleur à celle d'une chute d'eau : toutes deux ont un maximum que l'on ne peut pas dépasser...

Sadi Carnot (1824)

Une éolienne est une turbomachine de détente qui extrait aussi une certaine puissance sur le vent. Elle n'arrête pas le vent. Elle soutire une partie de l'énergie cinétique du vent et restitue à l'aval un vent au contenu énergétique affaibli. L'énergie cinétique subtilisée au vent entraîne des vitesses en aval plus faibles qu'en amont.

Cycle de Carnot inverse

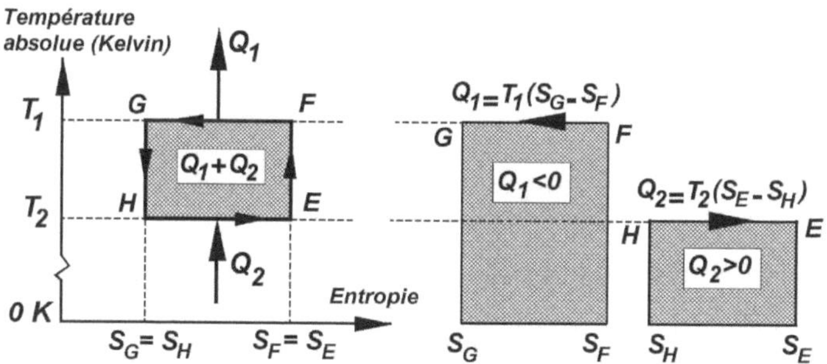

Fig 6.8   *Cycle de Carnot inverse sur un diagramme TS*

Le cycle de Carnot étant composé d'opérations réversibles, il peut être décrit en sens inverse, de manière lente et réversible. On peut alors enlever une certaine quantité de chaleur Q_2 à la source froide et fournir une quantité de chaleur Q_1 à la source chaude au prix d'un certain travail τ_e fourni par le milieu extérieur. Ce cycle inverse consomme du travail et permet d'enlever de la chaleur à la source froide ; c'est le modèle de base d'une machine frigorifique ou d'une pompe à chaleur (Fig.6.8).

Ce cycle réversible se compose des évolutions :

- compression EF isentropique (adiabatique réversible),
- condensation FG où le fluide de travail frigorigène cède sa chaleur au milieu extérieur,
- détente GH isentropique,
- évaporation au cours de laquelle la chaleur prélevée à la source froide est transférée au fluide de travail.

Postulat Clausius

New Fundamental Principle concerning Heat.
Various considerations as to the conditions and nature of heat had led the author to the conviction that the tendency of heat to pass from a warmer to a colder body, and thereby equalize existing differences of temperature (as prominently shewn in the phenomena of conduction and ordinary radiation), was so intimately bound up with its whole constitution that it must have a predominant influence under all conceivable circumstances.   He thereupon propounded the following as a fundamental principle : " Heat cannot, of itself, pass from a colder to a hotter body."

Exposé du postulat de Clausius (1865)

C'est ce cycle de Carnot inverse qui conduisit Clausius à énoncer son postulat : ***"Le passage de la chaleur d'un corps froid à un corps chaud n'a jamais lieu spontanément ou n'a jamais lieu sans compensation."***

Spontanément ou *sans compensation* veut dire qu'une telle transformation n'est possible que si elle est liée à une modification faisant intervenir le milieu extérieur.

L'expression citée par Clausius est plus directe : ***"Heat cannot, of itself, pass from a colder to a hotter body. "***

Retour sur le second principe de thermodynamique

La proposition de Clausius est fondamentale. Elle conforte l'énoncé de Carnot en le précisant et devint le deuxième principe de la thermodynamique, principe qui permet de prévoir le sens des transformations. Ce que ne permet pas du tout le premier principe.

Kelvin donne un énoncé distinct de celui de Clausius, mais équivalent : *"À l'aide d'un système qui décrit un cycle et qui n'est en contact qu'avec une seule source de chaleur, il est impossible de recueillir du travail."*

Le postulat de Clausius ne dit nullement qu'il est rigoureusement impossible de faire passer la chaleur d'un corps froid à un corps chaud, mais seulement qu'un échange dans ce sens ne peut se faire spontanément qu'avec un apport d'énergie.

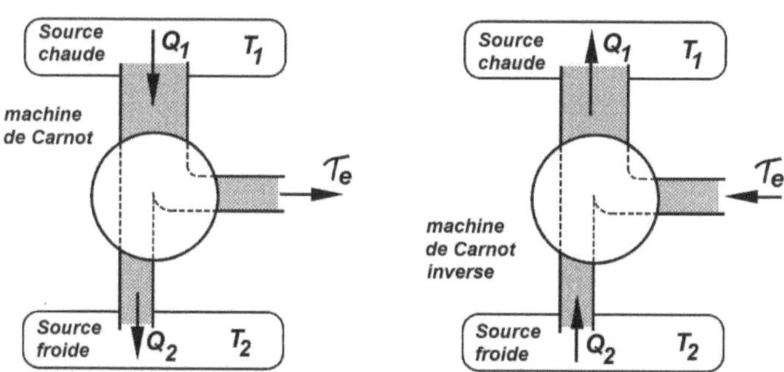

Fig 6.9a   *Cycle de Carnot*   **Fig 6.9b**   *Cycle de Carnot inverse*

Pratiquement, on sait comment procéder au transport de la chaleur d'un corps froid vers un corps chaud ou, pour parler le langage de la thermodynamique, d'une source froide vers une source chaude.

Le schéma de l'opération est alors celui représenté sur la figure 6.9b dans lequel la quantité de chaleur Q_2 est extraite de la source froide et où la quantité de chaleur rendue à la source chaude est désignée par Q_1.

En écrivant que l'énergie sortante du système est égale à l'énergie entrante, forme d'application rapide du premier principe de thermodynamique, on trouve :

$$Q_1 = Q_2 + \tau_e$$

On renvoie donc à la source chaude plus de calories qu'on en a retiré de la source froide et la différence est l'équivalent du travail dépensé.

• Dans les pompes à chaleur, la source froide est l'atmosphère où sont puisées les calories qui sont ensuite reversées à un appareil de chauffage (source chaude) où leur température augmentée en permet l'utilisation.

• Dans les machines frigorifiques, la source chaude est l'atmosphère et la source froide est la capacité qu'il s'agit de refroidir par enlèvement de calories.

Conclusion sur la machine de Carnot

Les déductions des travaux initiés par Sadi Carnot, et complétées par Clausius et Kelvin en particulier, sont universelles. Elles s'appliquent aux machines thermiques de nos jours comme les turbines à vapeur, les réacteurs aéronautiques, les moteurs d'automobile, etc, et même les mobylettes. Ces réflexions concernent donc toutes sortes de machines fonctionnant avec des fluides différents (eau, air, ammoniac, fluides frigorigènes, etc.).

On utilise la tendance naturelle des écoulements d'aller du chaud vers le froid pour interposer nos machines et récupérer du travail.

> • Pour des cycles fermés, la transformation d'énergie calorifique en énergie mécanique n'est possible que si l'on dispose de deux sources de chaleur à températures différentes.

> • Cette transformation n'est jamais complète, car la quantité de chaleur prélevée à la source chaude n'est transformée que partiellement en travail, le solde étant renvoyé à la source froide.

On notera que le cycle de Carnot et le cycle de Carnot inverse (décrits dans ce chapitre) utilisent des transformations qui sont réversibles. Et ces transformations, bien qu'elles soient parfaites, conduisent à une irréversibilité dans le cycle en précisant le sens dans lequel se déroulent les phénomènes naturels. La chaleur va du chaud au froid et jamais du froid au chaud naturellement.

Le second principe de thermodynamique est basé sur l'observation de la dissymétrie entre chaleur et travail. Toute machine motrice imaginable doit disposer d'une source froide qui absorbe de l'énergie.

La Nature impose une dissymétrie :

> • La chaleur disponible à la source chaude ne peut pas être transformée intégralement en chaleur.

> • Le travail peut être intégralement transformé en chaleur. Et même tout travail sera intégralement transformé en chaleur.

Puisque la machine de Carnot est basée sur la réversibilité, donc sur la lenteur des transformations au cours du cycle, cette thermodynamique des systèmes réversibles est parfois appelée thermostatique.

Les analogies de la machine de Carnot avec les turbines hydrauliques et les éoliennes sont évidentes et permettent de mieux appréhender le second principe de thermodynamique.

Une turbine hydraulique, par exemple, subtilise de l'énergie sur un fluide s'écoulant du bief amont (analogue à la source chaude) vers le bief aval (analogue à la source froide). Le postulat de Clausius (adapté à ce cas) indique que l'eau dans le bief aval ne remontera jamais d'elle-même au bief amont.

Le paramètre significatif des machines thermiques est la chute de température, pour Sadi Carnot. Ses contemporains semblaient uniquement préoccupés par le travail des forces agissant sur le piston, issu de la mécanique newtonienne ; ils ne comprirent pas le point de vue exposé par Carnot basé sur la notion d'énergie, plus englobante. Ces travaux fondamentaux initiés par Sadi Carnot restèrent longtemps ignorés et demeurent parfois incompris encore de nos jours[4].

---

[4]Sur la frise de la tour Eiffel où ont été gravés en 1889 les noms de 72 savants français, celui de Carnot figure, mais il s'agit de son père Lazare Carnot, grand mathématicien et physicien. Les travaux de Nicolas Sadi Carnot n'étaient donc pas encore reconnus plus de 60 ans après la parution de son immortel ouvrage.

7   Les inéluctables irréversibilités

L'objectif recherché dans les premières machines à vapeur était d'obtenir beaucoup de travail avec le moins de charbon possible. Carnot trouva un résultat surprenant : le rendement d'une machine parfaite, c'est-à-dire sans irréversibilités ni pertes, ne dépend que des températures des sources chaude et froide. Elle ne dépend ni de la pression, ni du fluide utilisé. Pour obtenir la meilleure efficacité, la source chaude doit être à la plus forte température possible et la source froide à la plus faible température disponible, les autres variables n'ayant aucune importance.

Les conclusions de Carnot, tellement contraires à l'idée qu'on se faisait de ces monstres de ferraille bruyants, vibrant et fuyant de partout furent jugées farfelues et rapidement oubliées sauf par quelques penseurs dont Clapeyron qui eut l'élégance de reprendre dix ans après Carnot dans son ” *Mémoire sur la puissance motrice du feu* ” presque au mot près le titre du texte de Sadi Carnot pour attirer l'attention des milieux scientifiques sur l'œuvre de ce dernier.

La machine de Carnot est une machine parfaite sans irréversibilités, car les écoulements y sont supposés suffisamment lents. Il faut maintenant tenir compte ces inévitables irréversibilités pour compléter le chapitre précédent.

Dans une **transformation ouverte réversible** d'un système passant d'un état E à un état F (Figure 6.6), on a montré que l'intégrale (6-11) devient :

$$\int_E^F \frac{dQ_e}{T} = S_F - S_E, \quad ou: \quad \frac{dQ_e}{T} = dS \qquad (7-1)$$

L'accroissement d'entropie du corps, lors du processus réversible, n'est dû qu'aux apports calorifiques extérieurs.

Lors d'une **transformation ouverte irréversible**, on a :

$$\int_E^F \frac{dQ_e}{T} < S_F - S_E, \quad ou: \quad \frac{dQ_e}{T} < dS \qquad (7-2)$$

Par voie irréversible, l'apport calorifique extérieur ne suffit plus pour expliquer l'accroissement d'entropie constatée. Il y a donc eu création d'entropie à l'intérieur même du corps en évolution. Cet accroissement est dû à la dégradation d'énergie mécanique en chaleur qui s'est produite par les irréversibilités. *Tout phénomène irréversible donne lieu à une création d'entropie.*

Production d'entropie

Remplaçons l'inégalité (7-2) par la relation d'égalité suivante :

$$TdS = dQ_e + d\tau_f \qquad (7-3)$$

Le terme $d\tau_f$ est le *travail dégradé* en chaleur.

Adaptons l'expression (7-3) précédente :

$$dS = \frac{dQ_e}{T} + \frac{d\tau_f}{T} \qquad (7-4)$$

Deux types d'apports participent donc à la variation d'entropie :

- Les contributions externes qui résultent des échanges de chaleur entre le système et l'extérieur, à travers l'enveloppe de ce système. dS_e est la variation d'entropie correspondante.

- Les irréversibilités internes. Les faits responsables sont très souvent de nature différente : frottements mécaniques, non-homogénéité de température conduisant à des échanges de chaleur, diffusion avec gradients de concentration, phénomènes de viscosité dans les gaz ou les liquides, etc. Le travail correspondant τ_f est décoordonné en chaleur. Toute irréversibilité interne crée de l'entropie : dS_i

La variation totale d'entropie d'un système est donc faite de la somme de deux termes, l'un dS_e (positif ou négatif) provenant des échanges de chaleur avec l'extérieur, l'autre dS_i (toujours positif) provenant des pertes internes.

$$\boxed{dS = dS_e + dS_i \qquad (7-5)}$$

Cycle réel d'une machine transformatrice d'énergie

Le principe de conservation de l'énergie (6-7) appliqué à une machine réelle (figure 7.1) s'ecrit :

$$\tau_e + Q_e = 0$$

Pour la machine de Carnot réversible (indice R), on écrit :

$$\tau_{eR} + Q_{eR} = 0$$

Alors que pour la machine réelle (Figure 7.1), des irréversibilités de toutes sortes apparaissent, le premier principe tenant compte des irréversibilités (indice I) s'écrit donc :

$$\tau_{eI} + Q_{eI} = 0$$

Pour une quantité de chaleur Q_1 apportée à la source chaude, le travail fourni par le cycle est plus faible compte tenu des irréversibiltés $\tau_{eI} < \tau_{eR}$ et la quantité de chaleur échangée avec l'extérieur est donc plus importante, ce qui entraîne : $Q_{2I} > Q_{2R}$

La quantité de chaleur rejetée à la source froide est plus importante pour la machine irréversible que pour la machine de Carnot réversible de référence. $Q_{2I} > Q_{2R}$

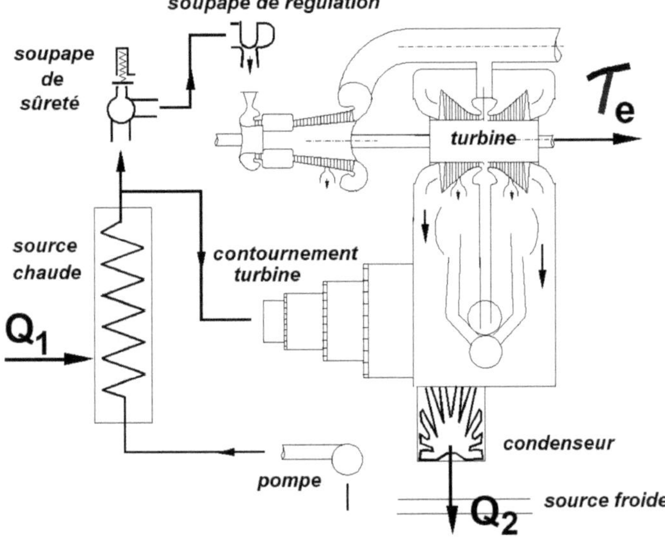

Fig. 7.1 - *Schéma d'une centrale thermique*

Toutes les pertes du cycle se retrouvent globalement sous la forme de la perte à la source froide Q_2. Cette quantité qui regroupe la totalité de l'énergie non convertie en travail, augmente donc chaque fois qu'une modification du cycle, telle que l'introduction d'une irréversibilité supplémentaire, réduit le travail recueilli ; les variations de Q_2 et τ étant en valeur absolue égales.

Les rendements des cycles thermodynamiques sont donc d'abord affectés par l'irréversibilité naturelle due à la dissymétrie entre travail et chaleur. On vient de montrer que les irréversibilités internes affectent aussi notablement les rendements de cycle.

Ces rendements sont maximum dans le cas de la machine de Carnot, puisqu'elle est parfaite. À titre d'information, on a reporté sur la figure 7.2 jointe, le rendement réel de divers cycles. On constate l'influence néfaste des irréversibilités de toutes sortes sur le rendement des centrales de production d'énergie électrique.

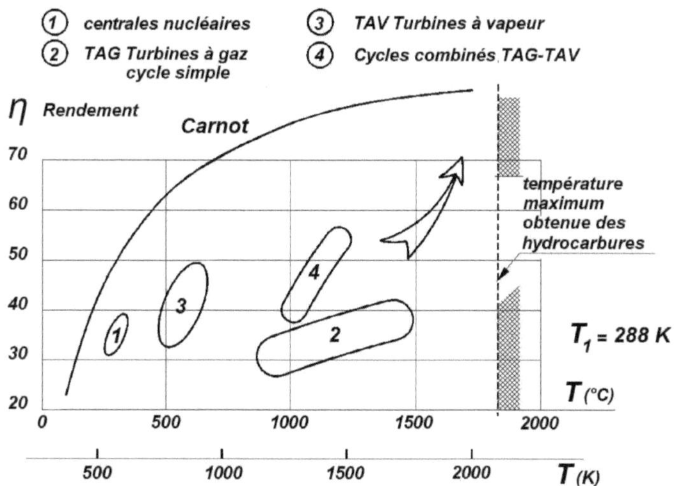

FIG. 7.2 - *Comparaison des cycles de production d'énergie mécanique*

Le mal-aimé second principe de la thermodynamique

Le premier principe de la thermodynamique est basé sur le concept d'énergie : dans toute transformation d'un système isolé, n'échangeant rien avec l'extérieur, l'énergie est conservée. L'énergie est toujours préservée quand elle change de forme. Outre son application aux machines de production d'énergie mécanique, le deuxième principe de la thermodynamique implique aussi les irréversibilités rencontrées partout dans la nature, et fait intervenir une grandeur qui ne se conserve pas : l'entropie S. Le second principe de la thermodynamique stipule que l'énergie ne peut que se dégrader.

Comment est-il possible que l'énergie se conserve et se dégrade ?

Cette apparente contradiction a alimenté une intense controverse chez les scientifiques pendant des dizaines d'années au XIXe siècle. Il n'y a pas d'incompatibilité car c'est la qualité de l'énergie qui se dégrade et non sa quantité globale qui, elle, se conserve.

Avec les dégradations prises en compte par le second principe de thermodynamique, il y a maintenant un passé et un avenir, et aucun retour en arrière probable. Lorsqu'on casse un verre, il n'y a aucun moyen de retourner en arrière. Le verre est cassé ! Le verre est définitivement cassé ! Le temps apparut donc et se dota de sa flèche orientée vers l'avenir. Le second principe fut chargé de prendre en compte le désordre. L'entropie, nouvelle appellation du désordre, mesura la dégradation causée par des irréversibilités de toutes sortes. Dès lors, la symétrie des lois physiques était brisée. Avec l'entropie, on se mit à vieillir.

Les physiciens entretiennent avec le second principe de la thermodynamique des relations équivoques. Tout le monde préfère les charmes de la stationnarité et de la symétrie.

L'idée même de loi s'identifie, en physique, au concept de régularité et non à celui d'évolution. Dès l'Antiquité, les premiers phénomènes étudiés furent le mouvement régulier des étoiles. Les premiers grands principes énoncés par la science expriment la stationnarité : c'est le cas des lois générales de Newton et du principe du moindre action qui font intervenir simultanément le passé et l'avenir.

Le second principe de la thermodynamique, qui proclame l'irréversibilité des processus naturels et brise donc la symétie des lois de conservation, est apparu comme une idée à part fort dérangeante.

Le principe de Carnot allait contre le courant dominant et la loi de la croissance de l'entropie de Clausius, forme moderne du principe de Carnot semaient un grand trouble, y compris dans les consciences.

Les phénomènes de transport

Pour saisir le sens physique du second principe, il faut analyser comment la production d'entropie se rattache aux différents phénomènes irréversibles (diffusion de chaleur, diffusion de matière, effets dus à la viscosité, mais aussi réactions de combustion, etc.). En reliant les irréversibilités aux phénomènes de transport dans les fluides, on construit une passerelle entre le système macroscopique et les phénomènes microscopiques.

Les lois de transport moléculaire étaient connues depuis longtemps, mais c'est Onsager (1930) le premier qui a pensé à les relier à la création d'entropie. Puis De Donder, De Groot, Glandsdorff et Prigogine entre beaucoup d'autres ont prolongé ces travaux, ouvrant de nouveaux champs d'applications à la thermodynamique.

Lorsque deux parties de matière sont contigües, les différences de propriétés susceptibles d'exister entre elles tendent à s'homogénéiser avec le temps. Ceci implique des échanges ou transferts de propriétés mécaniques ou thermiques par l'intermédiaire des molécules. En effet, chaque molécule transporte de l'énergie et de la quantité de mouvement avec elle, dans son déplacement d'un point à un autre avant la collision avec une autre molécule.

• **Transport de matière - diffusion moléculaire**

Soit un mélange de fluide dans lequel la composition varie avec la position. S'il y a une plus grande proportion d'un certain type de molécules dans une partie, le flux principal de molécules ira de la plus grande concentration vers la plus faible. C'est la *diffusion moléculaire*, ou *Loi de Fick*, qui est un processus irréversible : le nouvel équilibre sera atteint à un niveau d'entropie plus élevé.

Lorsqu'on mélange des molécules bleues avec des molécules rouges, on obtiendra un cocktail de ton violet. Le phénomène de transport diffusif provoque ce mélange avec irréversibilités. Le phénomène est bien irréversible, car le retour en arrière est impossible. Allez donc séparer les molécules de lait et de café dans une tasse de café au lait, après les avoir mélangées. Les irréversibilités proviennent du mélange d'un nombre considérable de molécules.

Notons qu'au niveau microscopique, il n'y a eu aucun mélange, les molécules bleues sont restées bleues (idem pour les rouges). Vu depuis notre monde macroscopique, le mélange est bien de couleur mauve-violet, alors que chaque molécule a gardé sa couleur et son entière indépendance dans le milieu microscopique.

Quand on ouvre une bouteille d'eau de Cologne, son parfum se répand quasi-instantanément en toutes parts dans une pièce. La diffusion tend donc à égaliser la distribution moléculaire de la substance diffusante dans tout l'espace jusqu'à ce que l'équilibre statistique soit atteint.

• Transport d'énergie : conduction thermique

Le transport moléculaire d'énergie cinétique engendre l'effet macroscopique appelé *conduction thermique* ; c'est la *loi de Fourier*.

Deux régions fluides à températures différentes sont brutalement mises en contact (Fig. 7.3).

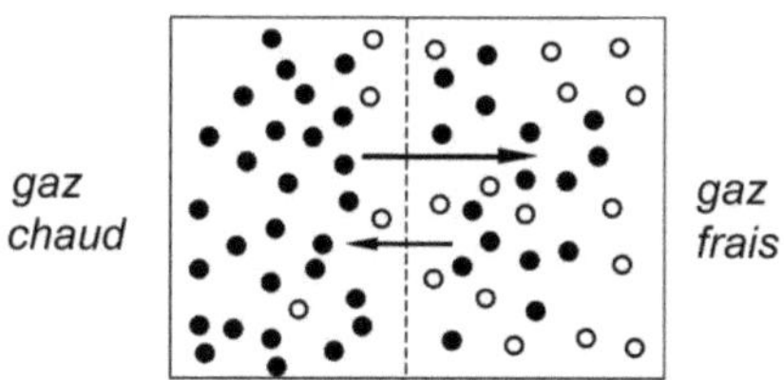

Fig. 7.3 - *Conduction thermique*

On sait, d'après la théorie cinétique des gaz que l'énergie cinétique moyenne d'une molécule est une fonction de la température. Ainsi les molécules qui migrent de manière aléatoire de la région la plus chaude vers la plus froide transportent avec elles beaucoup plus d'énergie cinétique que celles traversant dans la direction opposée.

Un transport d'énergie s'effectue donc du côté chaud vers le côté froid (Figure 7.3). Par l'intermédiaire des collisions moléculaires, les molécules chaudes cèdent de l'énergie aux froides. Le fluide froid se réchauffe et le fluide chaud se refroidit jusqu'à l'obtention de l'état d'équilibre.

Quand les températures sont homogénéisées, ce flux d'énergie cinétique cesse et le système est en équilibre thermique.

Comme tous les processus de mélange, le transport d'énergie cinétique est irréversible, l'entropie du système augmente. Cependant, rien n'interdit qu'il puisse apparaître, fugitivement, des zones dans lesquelles, pendant un court laps de temps, l'entropie stagne ou même diminue si dans d'autres endroits il y a création d'entropie compensatrice de telle sorte que le second principe de thermodynamique soit satisfait.

La loi de Fourier est, comme la loi de Fick précédente, de nature statistique. Par exemple, la loi de la conduction thermique s'écrit (avec q, le flux de chaleur, λ, la conductivité thermique et dT/dx, le gradient de température) :

$$q = -\lambda \frac{dT}{dx}$$

C'est une loi linéaire ; elle n'est applicable que si la température change lentement avec la distance x. Sinon, on entre dans le domaine non-linéaire comme on le verra.

• Transport de quantité de mouvement : viscosité

Le transport moléculaire de quantité de mouvement conduit à l'effet macroscopique appelé *viscosité*. Il se manifeste dans les écoulements de fluide avec frottement interne dû aux variations de vitesse. La théorie cinétique des gaz permet de saisir la nature profonde de la viscosité et de la relier à l'agitation moléculaire.

Énergie et entropie

Oublions un instant que l'entropie est un concept issu des machines à vapeur pour ne retenir qu'elle augmente quand le désordre augmente.   Cette augmentation d'entropie n'est pas due à l'apport de quelque chose ajouté physiquement à l'Univers. Elle signifie un accroissement du désordre dans l'Univers ; c'est-à-dire une diminution de la qualité de l'énergie. La quantité d'énergie demeure constante pendant que cette énergie se dégrade.

L'augmentation d'entropie dans un système correspond à l'accroissement du désordre de l'énergie et de la matière dans ce système. L'entropie, c'est le désordre. Le concept d'entropie est beaucoup plus facile à assimiler que celui d'énergie. Un jeu de cartes neuf est en ordre, son entropie est basse. Un jeu de cartes, après quelques parties est désordonné et son entropie est plus élevée.

D'ailleurs, on a été très longtemps à ne pas savoir ce qu'était l'énergie : il a fallu attendre la relation $E = mc^2$ pour l'entrevoir.

L'entropie, avec les irréversibilités qui la nourissent, abîment les lois de conservation et suppriment la symétrie dans ces lois. Avenir et passé ne sont plus identiques. La preuve : on vieillit !

Les mouvements perpétuels et l'entropie

De tout temps, l'homme a cherché à construire des machines capables de fonctionner indéfiniment sans apport extérieur d'énergie. Ces inventions basées sur le mouvement perpétuel se heurtent aux principes de thermodynamique.

Les mouvements perpétuels de première espèce sont tous ceux qui violent le principe de conservation de l'énergie (premier principe).

Ceux de seconde espèce sont souvent plus intéressants, mais tout aussi saugrenus. Ils violent seulement le second principe, mais pas le premier. Les inévitables frottements de toutes sortes créent de l'entropie et détruisent tout espoir de réalisation.

Un apport d'énergie extérieur est, en effet, toujours nécessaire pour compenser ces irréversibilités internes.

Dans une balançoire pour enfant, il faut toujours un appoint d'énergie venu de l'extérieur pour entretenir le mouvement ; tous les pères de famille savent ça.

8   **Physique statistique**

Tandis que tous les systèmes de la mécanique rationnelle, parmi lesquels la théorie cinétique des gaz, sont symétriques par rapport au temps et donc réversibles ; le second principe de thermodynamique, avec ses irréversibilités, impose l'existence de la flèche du temps.

Clausius, bien qu'il ait contribué au développement de la théorie cinétique du gaz, voulait maintenir les principes de thermodynamique exempts de toute référence moléculaire. Avec Sadi Carnot, ils en ont ainsi fait une discipline purement macroscopique.

Ludwig Boltzmann, peu satisfait par l'aspect abstrait du second principe de la thermodynamique, en chercha une explication basée sur le comportement des molécules.

Il admet que ces molécules suivent les lois de la mécanique classique et se heurtent dans des collisions parfaitement élastiques. Ainsi la réversibilité est assurée, et donc le passé et le futur sont équivalents. Il choisit cette hypothèse pour être en conformité avec la théorie cinétique des gaz d'une part et aussi vraisemblablement pour ne pas être contre le courant dominant en physique de son époque.

Il réussit à montrer que la dégradation de l'énergie, mesurée par l'entropie, est liée au désordre régnant dans le monde moléculaire.

Mettre en évidence qu'un système de molécules évoluant de manière réversible conduit à des irréversibilités dans le monde macroscopique est un exploit qui ne fit pas l'unanimité et qui fut et continue à être abondamment discuté.

Son œuvre est à la base de la physique statistique, laquelle jette un pont qui était devenu indispensable, entre le monde microscopique et notre monde macroscopique, trop souvent et trop longtemps assimilé seulement à un milieu continu.

Éléments de la théorie cinétique des gaz

La théorie cinétique des gaz a été élaborée par Daniel Bernoulli au cours du XVIIIe siècle. Rudolf Clausius, James Maxwell l'ont développé lors de l'étude microscopique du comportement des molécules composant un gaz. Puis Boltzmann, en 1877, pose les fondations de la mécanique statistique, laquelle sera formalisée par Gibbs en 1902.

D'après la théorie cinétique, le gaz est supposé formé de molécules, en mouvements aléatoires incessants, considérées rigides, sphériques et indépendantes dans le cas d'un gaz parfait idéal. Ces molécules ne sont pas en interaction, sauf pendant les collisions.

On suppose que toutes les collisions des particules entre elles ou avec les parois sont parfaitement élastiques. Au cours des chocs, on admet donc qu'il y a conservation de l'énergie cinétique et de la quantité de mouvement, hypothèses qu'il faudrait discuter davantage. Bref, on assimile les molécules à des boules de billard.

Cette théorie est de ce fait un peu grossière, néanmoins les conclusions remarquables qui en seront extraites justifient la poursuite du raisonnement. Elle permet, entre autres, de déterminer le nombre de chocs subis par une molécule pendant un laps de temps à l'intérieur d'un milieu gazeux homogène.

Pression d'un gaz

Quand une molécule heurte une paroi, sa quantité de mouvement mV avant l'impact se conserve après son rebondissement supposé parfaitement élastique sur la paroi. Ce sont ces molécules qui, lors de leur agitation et mouvements incessants, bombardent les parois des récipients en exerçant ainsi des impulsions qui nous apparaissent comme une poussée moyenne : la *pression.*

Plus les molécules sont nombreuses, plus elles s'entrechoquent et plus le nombre de rebonds est grand aux parois ; la pression augmente donc avec la quantité de molécules.

La théorie cinétique des gaz permet d'obtenir, avec les hypothèses retenues, des informations utiles sur le comportement moyen des molécules. On a ainsi accès à leur vitesse, leur énergie cinétique, leur fréquence de collisions, leur libre parcours moyen sans collision, etc. La détermination de ces valeurs montre qu'elles sont intimement liées à la température. Dans l'hypothèse où la température absolue T serait nulle, alors les molécules seraient figées et l'agitation serait donc nulle.

Exemples de valeurs numériques :

(pour les molécules d'oxygène)

- Vitesse moyenne : de l'ordre de 400 m/s,

- Libre parcours moyen entre deux collisions :
$$\simeq 10 \times 10^{-8} \ m$$

- Nombre de collisions (par litre) sous les conditions normales :
3452000000000000000000000000000 collisions/s
soit : $3,452 \times 10^{31}$ collisions/s. Ce qui n'est pas rien !

Passage d'un monde à l'autre

Lorsque depuis notre monde macroscopique, on observe le monde microscopique fourmillant, les notions définies en macroscopique deviennent de plus en plus floues et d'autres se manifestent :

- La pression dans un gaz est identifiée comme la force moyenne exercée par les molécules lors de leurs chocs sur les parois, comme il vient d'être vu,

- La température absolue est la manifestation macroscopique du degré d'agitation désordonnée des molécules,

- etc.

Les deux mondes microscopique et macroscopique sont radicalement différents :

- Le microscopique est discontinu, probabiliste, et généralement supposé réversible (en dehors de tout phénomène de mélange),

- Le monde macroscopique est continu, non-linéaire, irréversible.

Un état thermodynamique caractérisé par la donnée de quelques variables macroscopiques, est très mal connu à l'échelle microscopique. Une quantité gigantesque W de configurations microscopiques est compatible avec les variables thermodynamiques d'un système du monde macroscopique. Chacune des molécules a sa propre vitesse et une position dans une configuration donnée. On est donc en présence d'un nombre immense de variables, en nombre beaucoup plus important encore que le nombre de molécules. Rechercher dans quelle configuration microscopique particulière se trouve un système constitue un problème absolument inaccessible. Puisqu'on ne peut le savoir, il faut tenter de décrire la situation par une approche statistique.

La connaissance de la physique microscopique devrait permettre, en principe, de déduire les propriétés de n'importe quel système macroscopique à partir de la connaissance de ses constituants microscopiques. Mais un système macroscopique typique de la vie courante contient un nombre faramineux de molécules et la résolution d'un tel problème dépasse donc de loin les capacités des plus importants calculateurs actuels.

La détermination des propriétés macroscopiques d'un très grand nombre de molécules de fluide doit nécessairement prendre en compte les caractéristiques des éléments qui le composent, donc doit être d'ordre statistique. Ces théories statistiques, auxquelles il faut associer, outre les noms de Maxwell et Boltzmann, ceux de Bose et Einstein, puis ceux de Fermi et Dirac, ont permis de développer une interprétation probabiliste de l'entropie, qui complète et éclaire le second principe de thermodynamique.

Il suffit de quelques quantités physiques, comme la pression ou la température, pour caractériser les propriétés macroscopiques d'un système, alors qu'un nombre gigantesque de configurations du monde microscopique donne lieu au même état macroscopique.

Quelques molécules dans une boîte

Soit un gaz idéal parfait, pour lequel les molécules sont complètement indépendantes les unes des autres, sauf en période de chocs. Elles se déplacent à grande vitesse de manière aléatoire.

Mettons N molécules dans une boîte. Avec N grand, la situation serait trop complexe. Commençons avec peu de molécules et supposons la boîte divisée en deux parties : la gauche et la droite. Intéressons-nous à la distribution possible de trois molécules entrant en collision les unes avec les autres, et posons-nous la question : De combien de façons différentes les molécules peuvent-elles être distribuées entre les deux parties de la boîte ?

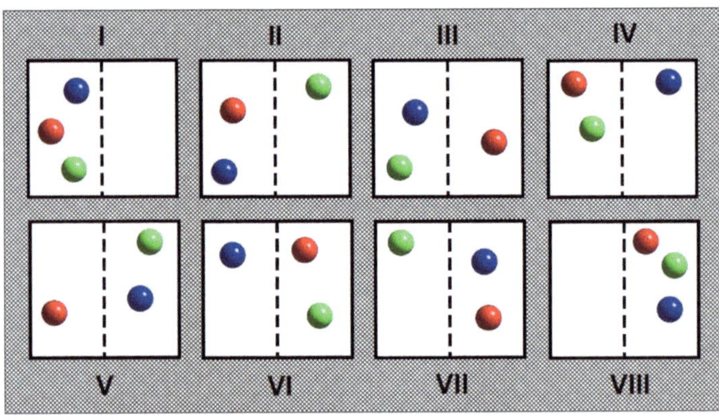

Fig. 8.1 *- Arrangements possibles*
de trois molécules dans une boîte.

Trois molécules conduisent à 8 configurations (2^3). On le vérifie sur la figure 8.1. En moyenne, il est probable que l'on trouvera les 3 molécules dans la partie gauche (ou dans la droite) toutes les 8 configurations représentées. La probabilité correspondante est $1/2^3 = 1/8$.

Dans un enregistrement avec une caméra en 16 images/seconde, une fluctuation de cet ordre apparaîtrait donc toutes les 0,5 seconde, c'est-à-dire relativement fréquemment.

En généralisant, N molécules conduiraient à (2^N) configurations avec une probabilité de $1/2^N$.

On peut donc s'attendre à trouver, en moyenne, une image toutes les (2^N) configurations montrant toutes les molécules dans la partie gauche. La probabilité pour que ces N molécules se trouvent simultanément dans cette partie du réservoir est $1/2^N$. Cette probabilité tend donc rapidement vers zéro quand N croît.

Autrement dit, il n'y a pratiquement aucune chance que cette éventualité se produise quand le nombre de molécules N est grand, mais cette probabilité n'est pas rigoureusement nulle. Montrons-le plus concrètement.

Avec 40 molécules : on trouverait toutes les molécules dans une moitié de la boîte toutes les 2^{40} images du film en moyenne. On devrait filmer pendant plus de 2000 ans avant d'avoir une chance raisonnable d'obtenir une image montrant les 40 molécules dans la moitié gauche.

Avec 80 molécules, il faudrait filmer pendant des milliards d'années, soit un temps d'attente aussi long que l'âge de l'Univers, pour trouver une image montrant les 80 molécules dans une moitié de la boîte.

Finalement, les $2{,}7.10^{16}$ molécules contenues dans un réservoir d'un millimètre cube n'apparaîtront jamais ou presque dans seulement une des moitiés de ce réservoir !

Dans cette dernière phrase, tout est dans le *presque*, on y reviendra.

Nombre de molécules	Probabilité	Temps d'attente
3	1/8	0,5 s
10	1/1024	64 s
40	1/1,1 E12	2179 ans
60	1/1,15 E18	2,28 milliards années

On constate que le nombre de molécules joue un rôle impressionnant dans le résultat. On vérifie ainsi, de manière évidente, les effets de la *loi des grands nombres,* laquelle bouleverse le phénomène physique que l'on étudie.

Ordre et désordre

Dans la situation rarissime où toutes les molécules se massent dans une partie : on dit que les molécules ne sont pas distribuées au hasard, elles sont *ordonnées.*

Par ailleurs, une situation pour laquelle la distribution des molécules est presque uniforme dans le réservoir correspond à un grand nombre de configurations possibles. Une situation de cette espèce, qui peut être obtenue par énormément de manières différentes, est dite *désordonnée.*

Cette définition de l'ordre et du désordre indique que :

- l'*ordre* existe lorsque toutes les molécules sont dans l'une des parties du réservoir,

- le *désordre* est l'état le plus probable, qui est observé lorsque les molécules sont réparties le plus uniformément possible dans tout le réservoir.

Le mélange homogène des molécules : c'est le désordre et ce désordre est l'état le plus probable.

Collision de deux boules de billards

Il est plus commode et plus plaisant de raisonner avec des boules de billard qu'avec des molécules.

Sur une table de billard, faisons entrer deux boules en collision simple (pas d'effets, etc.). Après le choc, les deux boules repartent dans des directions opposées. On suppose le drap en bon état afin de pouvoir négliger les frottements (et être ainsi en conformité avec les hypothèses de la théorie cinétique des gaz). Imaginons que nous ayons filmé la collision et que nous projetions le film à l'envers. Cela équivaut à échanger les rôles respectifs du passé et de l'avenir, c'est-à-dire à inverser le cours du temps. Ce que l'on voit alors à l'écran, c'est un autre choc des deux boules, correspondant à une collision avec toutes les vitesses inversées.

Le point important est qu'un spectateur qui ne verrait que la projection du film inversé serait tout à fait incapable de dire si ce qu'il voit correspond à ce qui s'est réellement passé ou si le film a été effectivement passé à l'envers. La raison de cette ambiguïté est que la collision avec vitesses inversées est régie par les mêmes lois dynamiques que la collision réelle. Elle est donc tout aussi physique, au sens où elle est tout aussi réalisable que la collision originale. Autrement dit, une telle collision est réversible.

Sa dynamique ne dépendant pas de l'orientation du cours du temps, elle ne fait aucune distinction entre le passé et l'avenir. Pour elle, le cours du temps est arbitraire.

Collision d'un nombre gigantesque de molécules

Selon la physique statistique de Boltzmann, tous les

phénomènes ayant lieu au niveau microscopique sont comme ces collisions de boules de billard, c'est-à-dire réversibles. Or à notre échelle, nous n'observons que des phénomènes irréversibles, on vieillit de mamière irréversible ! Dans notre domaine macroscopique, le temps ne se contente pas de passer : c'est l'ennemi, il crée, il use, il nous ennuie.

Admettons que le nombre de molécules soit énorme. La quantité physique qui permet de rendre compte du nombre de complexions aboutissant au même état macroscopique, c'est l'*entropie*. Elle n'a de sens, avec les hypothèses retenues, qu'au niveau macroscopique, et pour cette raison, beaucoup de physiciens refusent de la considérer comme une quantité fondamentale. Beaucoup d'entre eux pensent qu'ils n'ont même pas besoin de savoir qu'elle existe ; ce sont tous ceux qui, de la mécanique rationnelle à la mécanique quantique, opèrent dans les domaines où ne règne, d'après eux, que le principe de moindre action.

Entropie de Boltzmann

Sur la tombe de Ludwig Boltzmann dans le cimetière de Vienne, près de celle de Beethoven et de Schubert, est gravée en épitaphe l'équation :

$$S = k \log W \qquad (8-1)$$

Boltzmann remarque que l'on pouvait interpréter la croissance irréversible de l'entropie comme l'expression de la croissance du désordre moléculaire. Il détermine le nombre de configurations microscopiques W différentes donnant le même état macroscopique. Une entropie élevée signifie qu'il y a énormément de façons de la réaliser et une seule configuration possible conduirait à une entropie nulle.

Cette valeur W relative au désordre mesure la dispersion et la détérioration de l'énergie de plus en plus élevée.

La formule de Boltzmann est remarquable à plus d'un titre. Elle clarifie la nature de l'entropie, grandeur dont la thermodynamique se contentait de postuler empiriquement l'existence. L'entropie émerge en appliquant les lois de la mécanique à un grand nombre de molécules.

Chaque fois que nous rencontrons un désordre accru, nous rencontrons une entropie accrue. C'est pourquoi l'entropie est un concept simple : il nous suffit juste de nous souvenir que c'est une mesure du désordre.
Reprenons en figure 8.2 la figure 3.7 précédente pour la commenter davantage.

Lorsqu'on chauffe un solide, ses molécules vibrent plus fortement, l'entropie augmente elle aussi. Il en va de même pour un liquide dont les molécules s'agitent plus vivement lorsqu'on le chauffe, ce supplément de désordre augmente l'entropie et il en va tout autant pour un gaz ; le mouvement désordonné augmente et l'entropie avec. Le chauffage augmente le désordre et donc l'entropie.

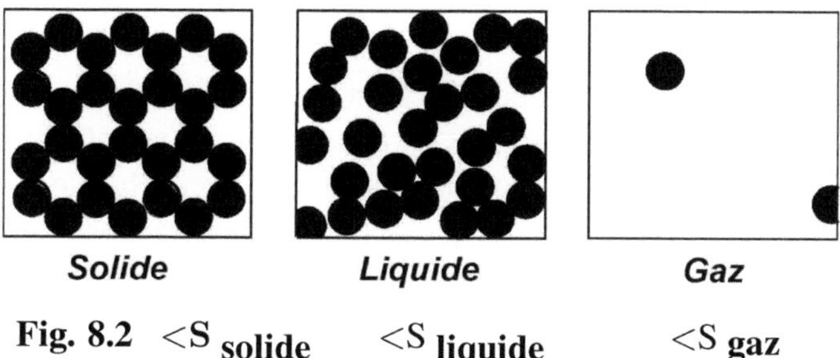

Fig. 8.2 $<S_{\text{solide}}$ $<S_{\text{liquide}}$ $<S_{\text{gaz}}$

Cette application nous permet de vérifier la définition de l'entropie donnée par Clausius. Un apport de chaleur au système ($Q_e > 0$) augmente effectivement l'entropie.

L'entropie des échantillons représentés sur les trois diagrammes précédents augmente progressivement du solide vers le gaz. Le diagramme de gauche représente l'arrangement ordonné des molécules d'un solide, et l'entropie est donc basse. Le diagramme central représente l'arrangement moins ordonné des molécules d'un liquide, et son entropie est plus élevée. Le diagramme de droite représente l'arrangement fortement chaotique d'un gaz où les molécules ont des trajets désordonnés, et son entropie est la plus haute.

Analogie avec un éternuement

La définition de Boltzmann semble bien éloignée de celle de Clausius. Peter Atkins rapproche les deux définitions en utilisant l'analogie avec un éternuement.

L'éternuement ressemble à un apport désordonné d'énergie, semblable à de l'énergie transférée sous forme de chaleur. Il n'est pas difficile d'admettre que plus l'éternuement est sonore et plus le désordre apporté dans une bibliothèque est grand. C'est la raison fondamentale pour laquelle le terme énergie fournie sous forme de chaleur apparaît au numérateur de la définition de Clausius : plus grande est l'énergie fournie sous forme de chaleur, plus grand est le désordre et plus grande l'augmentation d'entropie. La présence de la température au dénominateur s'accorde également avec l'analogie, avec cette conséquence que, pour un apport donné de chaleur, l'entropie augmente davantage si la température est basse que si elle est élevée. Un objet froid, dans lequel il y a peu d'agitation thermique, correspond à une bibliothèque calme. Un éternuement soudain entraînera un grand désordre correspondant à une forte augmentation d'entropie.

Un objet chaud, où se trouve déjà une forte agitation thermique, correspond à une rue animée. Un éternuement aussi sonore que celui dans la bibliothèque aura relativement peu d'effet, et l'accroissement d'entropie sera plus faible.

La direction naturelle du changement pointe vers un désordre toujours plus grand, que ce soit le désordre dans la matière ou le désordre dans l'énergie, le désordre de position ou le désordre thermique. L'ordre se dégrade naturellement en désordre, l'énergie se dégrade et se disperse. Qu'on le veuille ou non, le monde va de mal en pis, nous dit Atkins.

Le concept d'entropie est appliqué à des domaines de plus en plus variés, ci-après dans le désordre : biologie, sciences de l'information et de la communication, sciences sociales et politiques, sciences économiques, finances, astronomie, problèmes d'optimisation, cosmologie, astronomie, médecine, etc. Selon les cas, il a subi diverses métamorphoses.

Les manifestations de l'entropie sont si nombreuses que des mots sensiblement analogues tels que désordre, incertitude, complexité, manque d'information, irréversibilités, etc. pointent dans son sillage.

Le problème de la flèche du temps

Pour nous, passé et futur ne sont pas équivalents ; on se souvient en partie du passé, mais pas du tout de l'avenir. Cette dissymétrie entre passé et futur est la manifestation du cours même du temps.

Comment expliquer l'émergence de cette irréversibilité observée à l'échelle macroscopique à partir de lois physiques qui l'ignorent à l'échelle microscopique ? Ce problème de la flèche du temps est toujours ardemment discuté.

L'irréversibilité du temps est surtout due à notre méconnaissance des détails fins du niveau microscopique. Le temps semble acquérir une flèche lors du passage des lois microscopiques aux lois macroscopiques en raison du changement d'échelle.

D'après Boltzmann, l'agrégation statistique des lois réversibles de la dynamique des particules conduit à une équation macroscopique irréversible. L'irréversibilité surgit au bout des calculs, comme une propriété émergente caractéristique des systèmes complexes. Au niveau des particules, les équations sont réversibles, mais pas au niveau des systèmes complexes.

Le second principe de thermodynamique oriente le temps, lequel s'écoule dans la direction de l'accroissement de l'entropie. Boltzmann réussit à montrer que cet accroissement inévitable de l'entropie est dû à ce que l'on perd de l'information. L'entropie apparaît comme de l'*information perdue*.

La mécanique statistique de Boltzmann semble montrer que la flèche du temps est orientée dans le sens des entropies croissantes. Ceci est manifeste pour un grand nombre de molécules. Dans le cas de quelques molécules, le passage du film à l'envers ne montrerait rien de flagrant.

D'autres 'thermodynamiques'

Il y a autant de 'thermodynamiques' différentes, qu'il y a de statistiques distinctes, soit basées sur des hypothèses différentes, soit s'appliquant à des objets différents, des molécules, des cartes, etc.

Si un enfant ramasse par terre un jouet et le met dans

le coffre ad hoc, il a mis de l'ordre, il a augmenté notre information, et il a diminué l'entropie, ce dont il peut être fier. Mais ce n'est pas la même entropie que celle des thermodynamiciens puisque la statistique ne porte pas sur le même objet. Et cette diminution d'entropie est alors largement compensée par l'énergie dissipée lors du rangement, en accord avec le second principe.

Entropie d'un système en ordre et en désordre

Il n'y a qu'une seule manière de mettre un jeu de 32 cartes en ordre. L'entropie de Boltzmann, appliquée au jeu de cartes, est alors :

$$S = k \ln(1) = 0$$

**Fig. 8.3
Piques seuls
en désordre**

Il y a beaucoup de configurations désordonnées du jeu de cartes, on en dénombre :

$$1 \cdot 2 \cdot 3 \cdot 4 \cdot 5 \cdots 31 \cdot 32 = 32!$$

32! est appelé factorielle de 32, c'est un nombre considérable : $2,6313083693369 \cdot 10^{35}$.

Le jeu de cartes dans le désordre correspond à une configuration de forte entropie $S = k\ln(32!)$. Peu importe la façon dont sont arrangées les cartes, ce qui compte c'est qu'elles soient dans le désordre. Après avoir coupé le jeu initial, celui-ci est déjà dans le désordre. Lorsqu'on bat ensuite les cartes, le nouveau jeu obtenu sera au moins dans un désordre équivalent, a priori.

Évidemment, la configuration du jeu peut modifier le niveau entropique. Si par exemple, on ne mélange que les piques, alors les autres couleurs restent dans l'ordre (Figure 8.3). Le nombre de complexions diminue, il est d'environ factorielle de huit : 8! et le jeu de cartes est donc dans une configuration de moyenne entropie. On a beaucoup plus d'informations sur le système, donc l'entropie est relativement plus faible que lorsque le jeu est complètement battu sur ses quatre couleurs.

Dans le raisonnement statistique , on ne distingue que deux classes de configuration : l'ordre ou le désordre. La première n'a qu'un élément (l'ordre correct des cartes) tandis que la seconde a un nombre énorme d'éléments (tous les arrangements désordonnés possibles ou encore complexions).

Cet exemple illustre deux aspects essentiels de l'entropie :

- l'entropie est une mesure du désordre régnant dans un système physique,

- les systèmes physiques tendent (probablement) à évoluer vers des états de plus haute entropie.

La définition physique donnée à l'entropie par Boltzmann consiste à compter le nombre de réarrangements des molécules qui maintient inchangées les propriétés globales d'un système physique.

Boltzmann et le renversement du temps

On devait donc comprendre le phénomène suivant : si deux molécules se déplacent dans une boîte et se heurtent, leurs trajectoires sont complètement réversibles et on ne peut assigner de direction au temps. Si, par contre, on place des milliards de milliards de molécules dans la même boîte, alors la deuxième loi de la thermodynamique impose une flèche du temps à l'ensemble du système.

Selon Boltzmann, si on essaie de renverser la flèche du temps d'un système (ce qui revient à renverser les vitesses) avec un grand nombre de particules, on va à coup sûr se tromper. Et toute erreur, même infime, dans l'inversion des vitesses empêche le système d'être réversible et l'envoie plutôt vers un état d'entropie maximale. Cette explication paraissait un peu louche, car elle faisait intervenir le hasard dans des équations parfaitement déterministes.

Ce n'est qu'avec la théorie du chaos que l'explication de Boltzmann prit toute sa valeur. Car cette théorie permet de montrer que les trajectoires des molécules, même si elles suivent parfaitement les lois de Newton, divergent sous l'application de la plus faible des perturbations. Pour renverser la flèche du temps et diminuer l'entropie d'un système isolé, il faudrait renverser la vitesse de chacune des molécules avec une précision infinie, ce qui n'est pas possible.

Les explications théoriques qui permettent de comprendre l'irréversibilité d'une transformation appliquée à une multitude d'objets microscopiques en évolution individuelle réversible sont fournies par la physique statistique et la théorie du chaos. L'équation de Boltzmann s'obtient sur la base de l'hypothèse du chaos moléculaire.

Naissance du chaos moléculaire

Si dans un réservoir, toutes les molécules pouvaient avoir la même vitesse et la même direction (Figure 8.4). Il n'y aurait plus de chocs entre les molécules. Le nombre de complexions est égal à 1, l'entropie de Boltzmann est nulle car cet état est parfaitement ordonné. Il n'y a pas de création d'entropie.

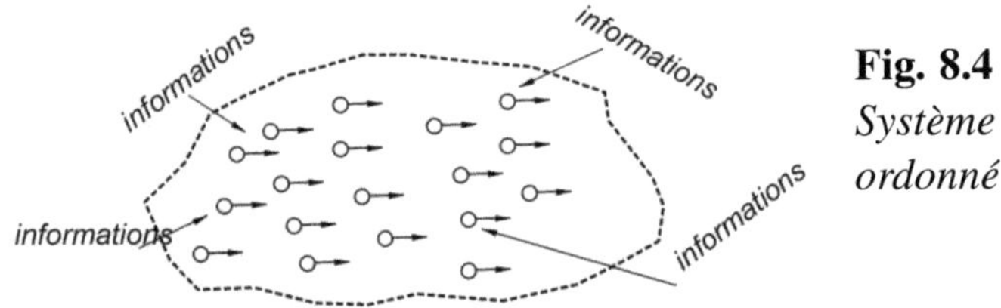

Fig. 8.4
Système ordonné

On notera que la capacité pour cet agencement de référence, de se maintenir dans cet état ne peut se concevoir que si des informations sont transmises à chaque instant aux objets du système. Sans ces informations, la probabilité pour les molécules du système de se retrouver toutes dans le même état est absolument nulle.

L'état ordonné correspond par exemple, à un gaz dont toutes les molécules se déplaceraient dans la même direction.

Un tel système ne peut se maintenir en l'état. Il est instable. Le plus petit aléa, comme le battement d'aile d'un papillon, provoquera une collision entre 2 molécules, et une réaction en chaîne immédiate déstabilisante. Le chaos moléculaire apparaît par une modification infime des conditions initiales.

L'entropie va donc croître et le système va atteindre son état le plus probable à l'équilibre thermodynamique. On atteint l'état désordonné, lequel est réalisé par l'immense majorité des configurations microscopiques.

Sensibilité aux conditions initiales : boules de billard

Utilisons un billard à 15 boules, plus la blanche. Les chocs ainsi que les rebonds sur les bandes suivent les lois de Snell-Descartes de l'optique géométrique.

Au début, prenons seulement 3 boules. Pour un joueur normal, il n'y a pas trop de difficulté, lors du premier coup, à ce que la boule blanche vienne heurter les deux autres boules.

Si on ajoute une quatrième boule au système, il faudra que le joueur soit plus précis pour que la carambole ait lieu.

Si on continue à ajouter des boules, la précision à donner à l'angle de départ du coup devra sans cesse être améliorée.

Le plus petit écart d'angle initial, par rapport à l'optimum calculé entraînera des déviations des angles de réflexions, déviations qui vont s'amplifier après chaque collision. Si bien qu'une boule en aval finira par ne plus être l'objet de la collision prévue et que tout le système de boules va être désorganisé.

- Le système est déterministe : les trajectoires sont aisément calculables.

- Mais le système est imprévisible. Pour espérer faire une prédiction, il faudrait une connaissance très précise des conditions initiales.

Si on essaye, par la pensée, de renverser toutes les vitesses de toutes les boules pour revenir en arrière et ainsi faire diminuer l'entropie, la moindre perturbation l'en empêchera et le système ne pourra plus reparcourir sa trajectoire initiale à l'envers. Le système a oublié d'où il vient. De l'information a été perdue.

Pour quelques boules, le comportement semble réellement réversible. C'est la transition vers les ensembles nombreux d'objets qui fait apparaître le plus souvent les phénomènes irréversibles.

La création d'entropie est due à la perte d'information, liée à la sensibilité aux conditions initiales, lors de collisions multiples d'objets. Ainsi, un système complexe se désorganise progressivement par impossibilité de se souvenir de ses états antérieurs. Lors de l'homogénéité statistique qui constitue l'état d'entropie maximum, notre ignorance sur l'état du système moléculaire est maximum.

> **L'ordre est le plaisir de la raison ;**
> **mais le désordre est le délice**
> **de l'imagination.**
>
> *Paul Claudel*

9   Le chaos déterministe

Le chaos est partout dans la nature, en nous et autour de nous. Il désigne le désordre, la chienlit, la pagaille, la gabegie, le tohu-bohu, etc. Quand les choses sont chaotiques, elles sont aléatoires, imprévisibles, irrégulières, erratiques. L'opposé du chaos est l'ordre, la régularité, la prévisibilité et le déterminisme.

En physique, on distingue deux types de chaos :

• Le chaos généralisé qui concerne des phénomènes complètement désordonnés,

• Le *chaos déterministe* qui s'insère entre le chaos généralisé et l'ordre. Dans ce cas, on accole des mots dont les sens semblent contradictoires. Il concerne des phénomènes dont les comportements sont complexes, confus, désordonnés en apparence mais qui vont s'avérer, contre toute attente, munis d'une certaine structure.

Système linéaire et déterminisme

Un système est linéaire quand les effets sont proportionnels aux causes. C'est un *système déterministe* car on peut prévoir son comportement.

La physique regorge d'équations différentielles, et on peut parfois les approcher par des équations linéaires. Les systèmes linéaires sont souvent utilisés pour décrire un système non-linéaire en minimisant ou en ignorant les non-linéarités.

Au temps de Newton, on observait les phénomènes, on les mettait en équations qu'il "suffisait" de résoudre en utilisant le calcul différentiel. Les mouvements d'une planète, celui d'un point matériel, celui d'une molécule ou d'un virus qui sont régis par les mêmes lois, devenaient prédictibles. Le futur était supposé prévisible et on pensait que l'Univers était réglé comme une horloge. C'était l'époque du déterminisme absolu.

Pierre Simon de Laplace l'annonce ainsi :

> *"Donnez-moi les coordonnées du passé et du présent de n'importe quel système et je vous dirai son futur."*

Mais, si on savait écrire les équations, des difficultés apparaissaient lors de leur résolution. Alors on simplifia ces équations ; c'est-à-dire qu'on les linéarisa. Dans de nombreux cas, on assimile ainsi la courbe d'évolution d'un phénomène à sa tangente en un point, comme savent si bien le faire les mathématiciens lorsqu'ils dérivent une fonction. Les délicats problèmes non-linéaires sont ainsi ramenés à des problèmes linéaires beaucoup plus simples à analyser.

Henri Poincaré et le problème des trois corps

Les mouvements de la Lune autour de la Terre d'une part et de la Terre autour du Soleil d'autre part sont compliqués, car ces mouvements se superposent (Figure 9.1).

Par la pensée, isolons le Soleil et la Terre gravitant autour de lui, et limitons-nous, un instant, à ces deux planètes. Leur mouvement est parfaitement décrit par les lois mathématiques de la gravitation de Newton. C'est une orbite elliptique, en accord avec les lois de Kepler du mouvement planétaire.

Introduisons un troisième corps dans ce système : la Lune, et tout change ! Les équations déterministes, pourtant simples, qui régissent ce système à trois corps sont insolubles. Cette découverte troublante est due au comportement non-linéaire de la gravité. Dans le champ gravitationnel créé par ces trois corps, le chaos apparaît.

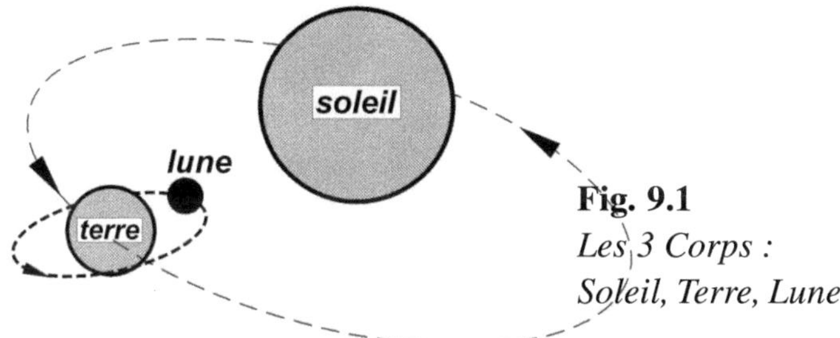

Fig. 9.1
Les 3 Corps :
Soleil, Terre, Lune

Il est impossible de prévoir ce qu'il adviendra de chacun de ces 3 corps au cours du temps, surtout dans un avenir très lointain. Leurs orbites sont imprédictibles. À deux états, très voisins à un instant donné, peuvent correspondre, à plus ou moins long terme, des comportements totalement différents.

"Une cause très petite, qui nous échappe, détermine un effet considérable que nous ne pouvons pas ne pas voir, et alors nous disons que cet effet est dû au hasard....il peut arriver que de petites différences dans les conditions initiales en engendrent de très grandes dans les phénomènes finaux ; une petite erreur sur les premières produirait une erreur énorme sur les derniers."

disait Poincaré, ouvrant ainsi la voie à la théorie du chaos.

C'est la sensibilité aux conditions initiales qui engendre des effets chaotiques dans les systèmes déterministes régis par des équations différentielles non-linéaires. Le mouvement des planètes et corps célestes, même soumis au chaos, n'est pas catastrophique, tout au moins dans un espace de temps réduit de quelques milliers ou millions d'années. L'existence du chaos déterministe avait ainsi été pressentie par Poincaré.

En linéarisant les équations, les mathématiciens du XVIIe siècle estimaient que cela n'influerait pas trop sur le résultat. Le chaos ne pouvait donc pas apparaître dans leur démarche puisqu'ils en supprimaient la cause.

La difficulté de résolution de ces équations non-linéaires a, de plus, conduit Poincaré à rechercher une représentation géométrique pour accéder qualitativement au phénomène ; elle se compose de l'*espace des phases* et de la *section de Poincaré*.

Espace des phases et section de Poincaré

Soit un pendule, cas le plus simple, mais pas le plus judicieux - un pendule double serait préférable mais nous éloignerait trop de notre sujet - pour faire apparaître le chaos dans un système mécanique.

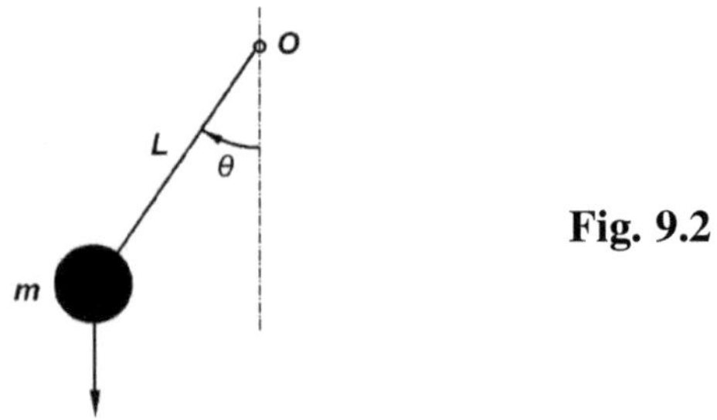

Fig. 9.2

Une masse ponctuelle m oscille dans le champ de

pesanteur à l'extrémité d'un bras de levier L supposé rigide mais sans masse, pivotant autour d'un axe horizontal O (Figure 9.2).

L'équation de ce mouvement, encore appelé oscillateur harmonique, pourrait être obtenue à partir de la loi de conservation de l'énergie, limitée à la mécanique. La somme de l'énergie cinétique et de l'énergie potentielle est constante. Plus généralement, la mise en équation s'effectue par application du principe fondamental de la dynamique. Sans difficulté on trouve, ainsi que dans la plupart des ouvrages de physique et de mécanique, la relation :

$$mL\frac{d^2\theta}{dt^2} + mg \cdot \sin \theta = 0$$

Oh la la, il arrive un sinus ... cette relation n'est pas linéaire ! De toute urgence, dans les manuels, on la linéarise.
Pour θ faible, on pose $\sin \theta = \theta$, approximation qui facilite de beaucoup la résolution du problème, puisque l'on ne retient que le terme linéaire, les termes suivants non-linéaires étant abandonnés dans la suite des développements mathématiques. Ces termes non-linéaires délaissés entachent le résultat, d'une manière que l'on juge négligeable. A-t-on toujours raison ? Sûrement pas !
On traite donc généralement l'équation devenue linéaire, pour le confort des calculateurs.

Puisque l'on n'a pas tenu compte des frottements, le système est dit conservatif : on va vers l'avenir ou l'on retourne au passé avec le même mouvement. On suit le principe de moindre action.

Les lois de la mécanique, comme celle de l'oscillateur

harmonique (par exemple le pendule de la figure 8.2), font intervenir le temps par son carré. Cela veut dire que si on change t en $-t$ on ne modifie pas le mouvement : les vitesses s'inversent et le mouvement reste identique dans des axes inversés. On peut en tracer le diagramme temporel (Figure 9.3).

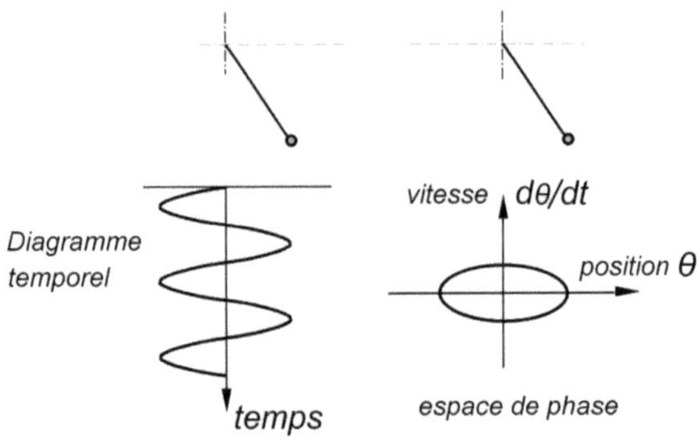

Fig. 9.3

D'autres lois physiques, plus réalistes tenant compte du frottement en particulier, font apparaître le temps sous une forme telle que le système ne peut évoluer que du passé vers le futur.

Après avoir observé, et pour bien comprendre, il est utile d'en avoir une représentation géométrique. C'est Poincaré qui inventa l'espace des phases dans lequel le système est représenté par un point évoluant au cours du temps. Il devient bien plus intéressant de représenter le mouvement dans l'espace des phases, c'est-à-dire dans un autre repère cartésien avec comme coordonnées la position θ et la vitesse de déplacement $d\theta/dt$. Cette représentation simplifie beaucoup l'étude de ce qui va ressembler à un cafouillis de courbes lorsque le système deviendra chaotique. Dans cet espace des phases, le mouvement du pendule suit ce qu'on appelle une trajectoire de phases qui est une ellipse (Figure 9.3).

- Le pendule amorti non-linéarisé.   L'expression de mouvement du pendule doit naturellement tenir compte d'un certain amortissement qui, en limitant la durée du mouvement, l'empêche d'être éternel. L'introduction du frottement, dû au fluide ambiant en particulier, introduit une dissipation qui rend le système non réversible.

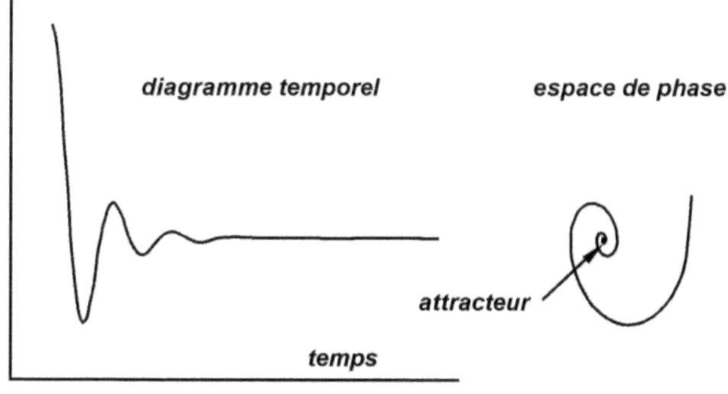

Fig. 9.4 - *Pendule amorti*

L'expression du pendule simple sans amortissement est invariante lors du renversement du temps.   La prise en compte maintenant du frottement, en atténuant les oscillations détruit cette symétrie.   La trajectoire dans l'espace des phases, représentant le mouvement du pendule, est alors une courbe qui tend toujours vers l'origine, point d'équilibre où le système est en situation de repos. Quelles que soient les conditions initiales, les spirales aboutissent toutes à l'origine, point particulier appelé *attracteur* (Figure 9.4).

Le système n'est plus *conservatif* ; il devient *dissipatif*.

- Le pendule entretenu et amorti. Le cas le plus général du pendule prend en compte une force extérieure f qui apporte de l'énergie au système en entretenant le mouvement, en le modifiant, et parfois en le perturbant.

On peut choisir une valeur de f modérée juste pour contrebalancer l'énergie dissipée par les frottements. Après un régime transitoire, on observe des oscillations régulières à la période de la force extérieure d'excitation du système. Dans le mouvement entretenu du pendule, l'attracteur est une courbe de forme elliptique.

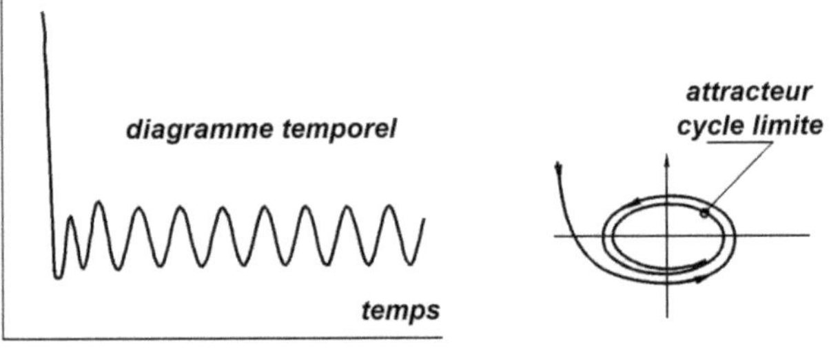

Fig. 9.5 - *Pendule entretenu et amorti*

Quelles que soient les conditions initiales (l'endroit où il débute par exemple), le mouvement est représenté, dans le diagramme de phases, par une courbe qui finit par atteindre cette oscillation stationnaire : son attracteur, appelé encore son *cycle limite* (Figure 9.5).

Continuons d'augmenter la force d'excitation f ; peu à peu le mouvement régulier va devenir chaotique. Il continue alors à osciller de manière très bizarre. Sa trajectoire ne se referme jamais dans l'espace des phases. On montre ainsi que pour certaines valeurs de la force excitatrice f, de la fréquence d'excitation ou de l'amortissement a, le mouvement n'est plus périodique et devient très irrégulier ou chaotique.

- Le mouvement périodique est clairement reconnaissable par les orbites fermées dans l'espace de phases (Figure 9.5).

- Le mouvement chaotique est identifié par des trajectoires un peu folles dans l'espace de phases (Figure 9.6).

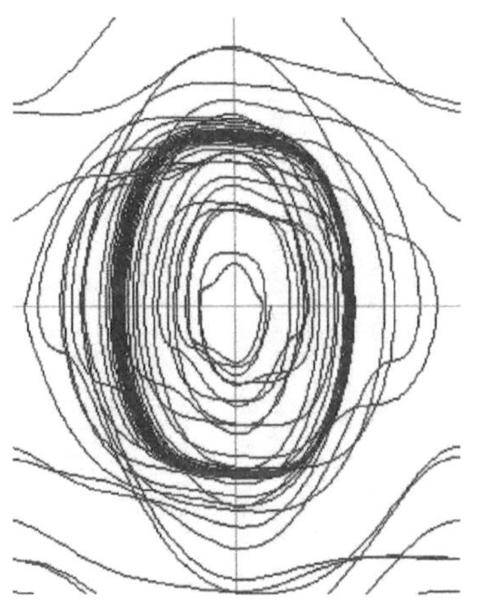

Fig. 9.6
*Pendule entretenu
en régime chaotique
(espace des phases)*

- Allure du chaos dans la section de Poincaré.

Il n'est pas aisé dans le méli-mélo de courbes qui finissent par encombrer l'espace des phases de s'y retrouver. Comment mieux apprécier le mouvement du pendule ?   Une solution à ce problème est d'utiliser la section de Poincaré.   C'est une surface plane fictive disposée perpendiculairement aux trajectoires du système dynamique. On observe, dans la démarche schématisée ici, les points d'intersection de la trajectoire avec le plan. (Section de Poincaré Figure 9.7)

Pour le mouvement régulier et périodique, par exemple celui d'un corps tournant autour d'un axe horizonal, un point d'intersection unique, quelque soit le nombre de cycles, apparaît sur la section de Poincaré (Figure 9.7).

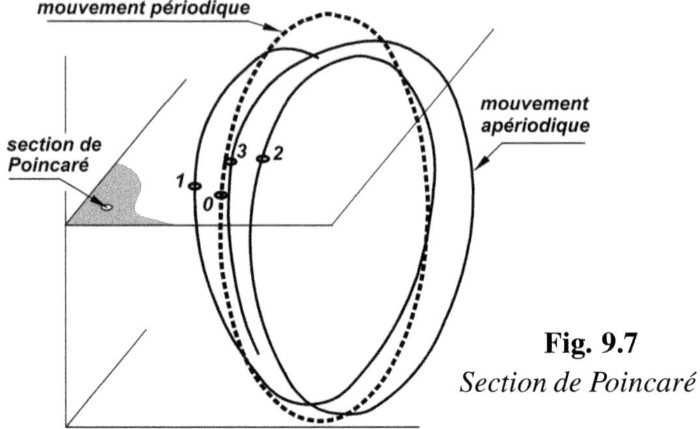

Fig. 9.7
Section de Poincaré

Le mobile passera toujours par le même point 0 au cours de sa rotation autour de l'axe.

Fig. 9.8
Attracteur étrange

Pour un mouvement chaotique, les points d'intersections 1, 2, 3, ... s'alignent et dessinent de longs filaments de points distincts. Tout comme le font des épis de blé dans un champ, sous l'action du vent. Le système passe par de nombreux états qui ne se répètent pas (Figure 9.8). Cet attracteur dynamique particulier a été appelé un *attracteur étrange* par David Ruelle.

C'est le signe d'un *chaos déterministe.*

Le chaos en météorologie

Edward Lorenz, dans les années 1965, s'intéressait à la convection atmosphérique. C'est-à-dire aux mouvements naturels dus aux différences de température entre le sol et les zones nuageuses en altitude, pouvant provoquer des orages lorsque les conditions d'humidité et de chaleur le permettent.

Le système d'équations obtenu comporte des non-linéarités. Lorenz possédait un ordinateur, permettant des itérations rapides et nombreuses, alors que Poincaré, dans les années 1900, n'en possédait pas ; là est toute la différence.

Avec son ordinateur, Lorenz représenta graphiquement la solution de son système d'équations et put observer la figure qui apparaissait lentement. Les points représentant les états successifs du système décrivirent une sorte de boucle vers la droite, puis repartirent vers la gauche décrire une autre boucle. La suite des points allait d'une boucle à l'autre un peu au hasard en dessinant une figure ressemblant aux ailes d'un papillon. Il eut beau recommencer l'expérience, il obtenait toujours le même résultat, les points étaient attirés par les deux boucles des ailes déployées du papillon, en effectuant plusieurs tours le long d'une aile, puis basculant brusquement vers l'autre aile et ainsi de suite. Ainsi, lorsque Lorenz s'éloignait du régime stationnaire, les oscillations calculées devenaient incompréhensibles. Dans la section de Poincaré du système apparaissait cette figure exceptionnelle : l'attracteur de Lorenz (Figure 9.9) ; c'est-à-dire une image du chaos déterministe. Cet attracteur dynamique particulier est un *attracteur étrange*.

Fig. 9.9 - *Attracteur étrange de Lorenz*

C'est une figure due à la sensibilité du phénomène aux conditions initiales, sensibilité révélée par l'instabilité de son calcul itératif. Dans cette sensibilité se cache un peu de hasard, en appelant ainsi ce qu'on ne comprend pas.

L'attracteur étrange, signature du chaos déterministe

Les **systèmes déterministes** sont représentés dans l'espace des phases par des trajectoires nettes sur lesquelles ces systèmes se situent et évoluent sans les quitter.

Les **systèmes aléatoires** évoluent au hasard dans tout l'espace.

Les **systèmes du chaos déterministe**, ont un comportement complexe. Ils sont irrésistiblement attirés par un attracteur étrange sur lequel ils errent au hasard, mais sans jamais le quitter, ni repasser deux fois par le même point ! Les attracteurs étranges semblent inclure à la fois des lois déterministes et des lois aléatoires.

La découverte des attracteurs étranges a ouvert la voie aux fractales de Benoît Mandelbrot, c'est-à-dire à des objets de dimensions fractionnaires ; ce ne sont plus des lignes, des surfaces ou des volumes. Un nuage par exemple est un objet fractal caractérisé par une dimension comprise entre 2 et 3. Un attracteur étrange a une structure extraordinairement subtile.

Avec la théorie du chaos, on entre dans le domaine de la complexité ! En 1972, Lorenz tient une conférence à l'American Association for the Advancement of Science intitulée : *Prédictibilité : le battement d'ailes d'un papillon au Brésil provoque-t-il une tornade au Texas ?* C'était une provocation pour attirer l'attention des milieux scientifiques sur un fait nouveau : les conditions sont réunies pour qu'il y ait une tornade, et une petite perturbation initiale est susceptible de la provoquer.

Le chaos dans un étang

La fonction logistique fut introduite vers 1840 par Verhulst comme modèle d'évolution démographique. Reprise et popularisée en 1976 par Robert May, elle est importante dans la mesure où elle conduit simplement au chaos de manière étonnante. May étudiait l'évolution, dans le temps, de la population d'une espèce animale.

Dans un espace fermé, un étang par exemple, le peuplement de certaines espèces de poissons semble évoluer de façon aléatoire. Dans un espace infini, cette population pourrait s'accroître indéfiniment de manière exponentielle selon une loi du type : $x_{n+1} = kx_n$ dans laquelle :

- x_n représente la population à la période n, généralement une année.

- k étant le taux de reproduction.

- x_{n+1} étant la population l'année suivante $n+1$.

Avec $k = 3$ par exemple, la population de l'année n+1 est 3 fois plus importante que celle de l'année précédente n.

Ce modèle n'est absolument pas satisfaisant, car dans un espace fini comme un étang, la terre ou les océans, des contraintes prévisibles se manifestent au cours des années. Comment nourrir cette population ?

Ces difficultés sont très sérieuses : les ressources sont limitées, des famines surviennent, des pandémies ne sont pas exclues, etc. La population augmente jusqu'à une saturation à partir de laquelle elle décroît quelle que soit l'espèce étudiée. Robert May essaye de tenir compte de ces évènements en introduisant un effet rétroactif corrigeant l'expression précédente.

Finalement, sa fonction logistique devient un phénomène itératif qui correspond au système dynamique combinant reproduction et limitation de la population :
$$x_{n+1} = k \cdot x_n - k \cdot x_n^2$$

- Le terme x_n^2 rend cette fonction non-linéaire.

- k est un paramètre représentant le taux de croissance d'une période à la suivante,

- n est un pas de temps discret : une année.

Pour normer cette relation, on étudie la population relativement à son maximum possible. x varie donc de 0 à 1. On choisit ici de démarrer le calcul à $x_n = 0,2$ pour éviter de se demander pourquoi il existait un couple, ou plusieurs couples de poissons au départ, dans cet étang. Cette question, un peu éloignée de nos préoccupations actuelles, représente un problème philosophique, dans lequel on risque de s'abîmer.

Laissons les populations animales évoluer selon leur propre rythme naturel, et découplons maintenant la fonction logistique de l'évolution naturelle de ces espèces. Étudions donc cette fonction logistique seule indépendamment des poissons, des oiseaux ou des hommes.

- Diagramme de bifurcation

L'application logistique peut être calculée par variation progressive du paramètre k.   On découvre une figure surprenante (Figure 9.10) appelée *diagramme de bifurcation* ou *diagramme de Feigenbaum*.

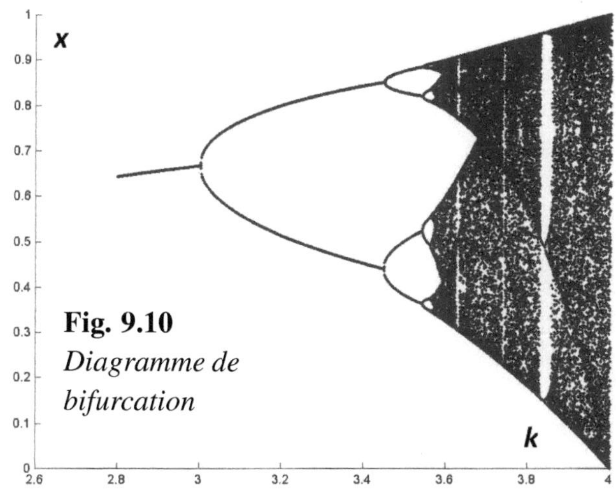

Fig. 9.10

Diagramme de bifurcation

Lorsque le paramètre k est inférieur à 3, le système tend vers un état final stable unique, mais à partir de $k > 3$, les complications vont s'accentuer : les points se mettent à osciller entre 2, 4, 8 puis 16 valeurs ... par doublement de période.

Les bifurcations se multiplient ainsi jusqu'à $k = 3,57$ environ ; au delà on entre dans le chaos généralisé. Seuls, les blasés resteront indifférents devant de tels phénomènes issus de cette simple fonction logistique, si anodine en apparence. Et nous n'avons pas fini d'être surpris !

- Les fractales dans l'application logistique. Dilatons la zone encadrée (1) du diagramme initial (Figure 9.11). La figure suivante renvoie une image analogue à la première. Recommençons en agrandissant le rectangle (2), et voilà encore une image fort semblable. Encore une fois pour nous en persuader ; zoomons le petit rectangle (3) pour toujours retrouver cette même figure sur la dernière représentation de la figure 9.11. Et ainsi de suite ... Fascinant !

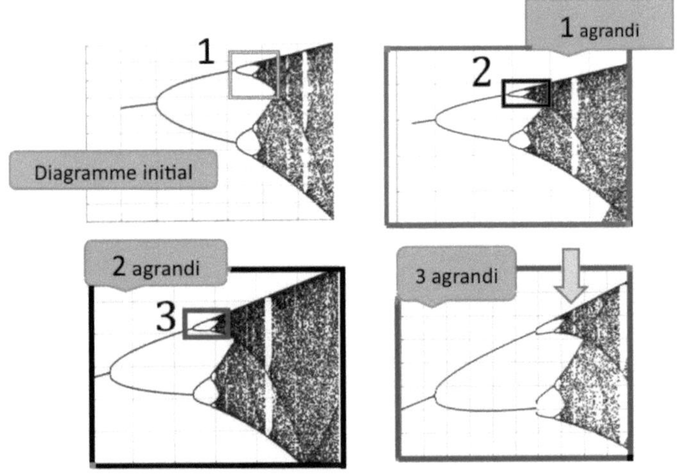

Fig. 9.11 - *Auto-similarité*

C'est Mandelbrot qui est à l'origine de cette découverte déconcertante : l'*auto-similarité* qui joue un rôle majeur dans la théorie du chaos. Il a appelé *fractales* les objets qui se répètent ainsi sans cesse. A l'intérieur de la forme initiale se trouvent des motifs de plus en plus petits, structurellement identiques à la forme initiale. Ce dessin répétitif met en évidence un certain ordre structurel dans le chaos.

Il existe de l'*ordre, caché dans le chaos*.

- Sensibilité aux conditions initiales.

Une des propriétés essentielles du chaos est la sensibilité aux conditions initiales qui est caractérisée par les taux de divergence des trajectoires.

La sensibilité aux conditions initiales indique qu'un système chaotique déclenché avec deux situations initiales très proches verra ces trajectoires diverger l'une de l'autre de manière exponentielle avec le temps.

Ainsi, pour $k = 3.6$, près de la porte du chaos, si l'on part de deux conditions initiales très proches $x = 0,2$ et $x = 0,2001$ dans l'exemple, on obtient des évolutions qui divergent à partir de $n = 23$. Toute prédiction devient impossible. Le chaos s'est installé dans le système. Cela veut dire que, dans le modèle élémentaire de la population d'une espèce animale (pour y revenir un instant), une simple erreur de comptage d'un animal sur 2000 conduit à une évaluation complètement fausse après 23 ans. Plus on va s'enfoncer dans la zone chaotique, plus la divergence des trajectoires sera importante. Dans la partie précédant le chaos, par contre, aucune sensibilité aux conditions initiales n'est observée.

La sensibilité aux conditions initiales est la *signature du chaos.* On dit que l'*horizon de prédictibilité*, appelé aussi *temps de Poincaré* de la fonction logistique est de 23 ans dans les conditions du calcul.

Une connaissance imprécise des conditions initiales (ou une perturbation infinitésimale) conduit rapidement à une erreur importante sur l'estimation de la dynamique du système. Il est donc illusoire de chercher à prédire celle-ci en détail.

Une petite perturbation, comme le battement d'aile d'un papillon, introduit une imprécision dans la connaissance de l'état initial. Dans les systèmes chaotiques, cette imprécision s'amplifie exponentiellement et rend impossible toute prédiction sur l'état final. La prédictibilité est de quelques jours en météorologie. Il faudrait une connaissance infiniment précise des conditions initiales pour pouvoir prétendre améliorer ces prédictions.

Caractéristiques du chaos déterministe

Le chaos déterministe ne signifie pas désordre complet. De l'ordre est décelé dans l'attracteur étrange, ce qui rend le système déterministe.

Les comportements chaotiques déterministes se caractérisent par des représentations fractales, c'est-à-dire des figures mathématiques qui ne se modifient pas, ou peu, lorsqu'on change l'échelle, à l'image des poupées russes. Des faits semblant complètement aléatoires cachent souvent un chaos déterministe.

Ces phénomènes, déjà entrevus par Jacques Hadamard et Poincaré au début du 20e siècle, ont été mis en évidence depuis 1960, grâce aux ordinateurs, par de nombreux scientifiques dans divers secteurs : c'est le domaine des *systèmes dynamiques*.

10   Le chaos en littérature

Peu de choses autour de nous, et pendant peu de temps, sont linéaires. Parmi les nombreuses, et même quasi-inévitables non-linéarités par exemple en littérature, citons Maître François Rabelais dans son roman Gargantua.

Dans la guerre picrocholine qui oppose Picrochole à Grandgousier, père de Gargantua, on pénètre dans un chaos aux péripéties burlesques entre les habitants de Lerné et ceux de Seuillé (village natal de Rabelais, aujourd'hui Seuilly). Ces deux villages du département d'Indre-et-Loire éloignés de 4 kilomètres vont voir naître, dans l'esprit de Rabelais, un conflit absurde entre Pichrocole, prêt à déclencher une guerre pour quelques galettes de froment, et Gargantua avec son père Grandgousier. Picrochole, très énervé entend mener le conflit jusqu'au bord de l'Euphrate (aujourd'hui l'Irak)

Le motif de cette guerre, insignifiant et ridicule, porte en lui les germes du chaos. De nos temps en physique, c'est un papillon qui est capable de déclencher un phénomène chaotique sous la forme d'un cyclone au Texas.

Les protagonistes, par ordre d'entrée en scène

- Ceux de Lerné : les fouaciers, Marquet, Picrochole, Toucquedillon, duc de Menuail, comte Spadassin, Capitaine Merdaille, Echephron,

- Ceux de Seuilly : les bergers, les métayers gaulant des noix, Frogier, Grandgousier, Gargantua,

Une calme journée d'automne

En cestui temps, qui fut la saison de vendanges, les bergers de la contrée étaient à garder les vignes, et empêcher que les étourneaux ne mangeassent les raisins. En quel temps les fouaciers de Lerné passaient le grand carrefour, menant douze charges de fouaces[1] à la ville...

..les dits bergers les requirent courtoisement leur en bailler pour leur argent, au prix du marché. Car notez que c'est viande céleste, manger à déjeuner des raisins avecq la fouace fraîche, ...

Les conditions initiales

A leur requête ne furent aucunement enclinés les fouaciers, mais (que pis est) les outragèrent grandement en les appelant :
Trop diteulx, ..., Chienlits, ..., Bustarins, Talvassiers, ..., Bergers de merde, et autres tels épithètes diffamatoires. Ajoutant que point à eux n'appartenait manger de ces belles fouaces, mais qu'ils se devaient contenter de gros pain ballé, et de tourte.

Les effets ne sont plus proportionnels aux causes

Auquel outrage, un d'entre eux, nommé Frogier, bien honnête homme de sa personne, et notable bachelier, répondit : Depuis quand avez-vous pris les cornes, qu'êtes tant rogues devenus ? .... Adoncq Marquet, grand bâtonnier de la confrarie des fouaciers, lui dit :... Viens, je te donnerai de ma fouace.

---

[1]galettes de blé cuites

... Marquet lui bailla de son fouet à travers les jambes ..... Forgier s'écria : Au meurtre, et à la force, tant qu'il put ; ensemble lui jeta un gros tribard ... en sorte que Marquet tomba de dessus sa jument, mieux semblant un homme mort que vif.

Des métayers, qui là auprès challaient les noix, accoururent avec leurs grandes gaules et frappèrent sus ces fouaciers comme sus du seigle vert. ..... Finablement les aconpçurent, et houstèrent de leurs fouaces environ quatre ou cinq douzaines. Toutefois ils les payèrent au prix accoutumé, ... Puis les fouaciers .. retournèrent à Lerné ... menaçant fort et ferme les bouviers, bergers et métayers de Seuillé.

Les fouaciers retournés à Lerné, davant boire ni manger, se transportèrent au capitoly, et là, davant leur roi nommé Picrochole, proposèrent leur complainte, montrant leurs paniers rompus, leurs bonnets foupis, leurs robes dessirées, leurs fouaces détroussées, ..., disant le tout avoir été fait par les bergers de Grandgousier....

Picrochole entra en courroux furieux, et sans plus outre se interroger quoi ne comment, fit crier par son pays ban et arrière ban, et que un chacun sur peine de la hart, convint en armes en la grand place, devant le château, à heure de midi.

....

Dans le chaos

Picrochole commanda qu'un chacun marchât sous son enseigne hâtivement. Adoncques, sans ordre et mesure prirent les champs les uns parmi les autres, gâtant et dissipant tout par où ils passaient, sans épargner ni pauvre ni riche, ni lieu sacré, ni profane..... Emmenaient bœufs, *vaches, taureaux,..., truies, gorets; abattant les noix, vendangeant les vignes, emportant les ceps, croulant tous les fruits des arbres. C'était un **désordre** incomparable de ce qu'ils faisaient... ils leur voulaient apprendre à manger de la fouace.*

Des zones protégées loin des non-linéarités

Or laissons-les là, et retournons à Gargantua qui est à Paris bien instant à l'étude de bonnes lettres et exercitations athlétiques, et le vieux bon homme Grandgousier son père, qui après souper se chauffe les couilles à un beau clair et grand feu, et attendant graisler des châtaignes, écrit on foyer avecq un bâton brûlé d'un bout, dont on écharbotte le feu, faisant à sa femme et famille de beaux contes du temps jadis.

Holos! Holos! dit Grandgousier, qu'est ceci, bonnes gens? Songé-je, ou si vrai est ce qu'on me dit? Picrochole, mon ami ancien, de tout temps, de toute race et alliance, me vient-il assaillir? Qui le meut? Qui le point? Qui le conduit? Qui l'a conseillé?

Ce nonobstant, dit Grangousier, puis qu'il n'est question que de quelques fouaces, je essayerai le contenter, car il me déplaît par trop de lever guerre....Adoncques s'enquêta combien on avait pris de fouaces et, entendant quatre ou cinq douzaines, commanda qu'on en fit cinq charretées en icelle nuit,......

Dans le chaos : extension du conflit vers l'Asie Mineure

Toucquedillon raconta le tout à Picrochole, et de plus en plus envenima son courage, lui disant : Ces rustres ont belle peur....Je suis d'opinion que retenons ces fouaces et l'argent, et au reste nous hâtons de remparer ici pour suivre notre fortune.

.....   Comparurent davant Picrochole les ducs de Menuail, comte Spadassin, et capitaine Merdaille, et lui dirent : Cyre, aujourd'hui nous vous rendons le plus heureux et plus chevaleureux prince qui oncques fut depuis la mort d'Alexandre le Grand. Cyre, le moyen est tel : vous laisserez ici quelque capitaine en garnison avec petite bande de gens, pour garder la place... Votre armée partirez en deux, comme trop mieux l'entendez. L'une partie ira ruer sur ce Grandgousier et ses gens. Par icelle sera de prime abordée facilement déconfit. Là recouvrerez argent à tas.... L'autre partie, cependant, tirera vers ...Saintonge, ..Gascogne..... Sans résistance prendront villes, châteaux, et forteresses. A Bayonne, ...saisirez toutes les naufs, et côtoyant vers Portugal, pillerez tous les lieux maritimes jusques à Ulisbonne, où aurez renfort de tout équipage requis à un conquérant.... Et oppugnerez les royaumes de Tunis...en passant outre retiendrez en votre main ..., Florence ...seas Rome! Le pauvre monsieur du pape meurt déjà de peur. Prise italie, voilà Naples..et Sicile toutes à sac. ... Il vous convient premièrement avoir l'Asie mineure, ...jusques à Euphrate[2].

Le chaos s'essouffle, même en littérature

Là présent était un vieux gentilhomme éprouvé en divers hasards, et vrai routier de guerre, nommé Echephron, lequel, oyant ces propos, dit : J'ai grand peur que toute cette entreprise sera semblable à la farce du pot au lait, duquel un cordouannier se faisait riche par rêverie ; puis le pot cassé n'eut de quoi dîner. Que prétendez-vous par

---

[2]L'Euphrate est, avec le Tigre, l'un des deux grands fleuves d'Irak.

ces belles conquêtes ? Quelle sera la fin de tant de travaux et traverses ? Ce sera, dit Picrochole, que nous retournés reposerons à nos aises.

Dont dit Echephron :   Et si par cas jamais n'en retournez ? Car le voyage est long et périlleux. N'est-ce mieux que dès maintenant nous reposons, sans nous mettre en ces hasards ?

Ignorance est mère de tous les maux.

François Rabelais

11 Expérience pour comprendre

Reprenons une expérience fondamentale d'Henri Bénard.

Chauffons d'abord de l'eau dans un récipient. La chaleur du fond se transmet par conduction dans toute la masse d'eau. Puis à partir d'un certain moment, de petites bulles de vapeur se forment en tous points et s'élèvent, puis le chauffage continuant, ces bulles grossissent et éclatent à la surface en entraînant des remous et un chahut généralisé.

Observons maintenant plus finement en reprenant, en laboratoire, cette expérience qui se rapproche de phénomènes que la nature construit en mer.

À l'équilibre

Un liquide stagne entre deux plaques parallèles dans la démonstration de Bénard. Les deux plaques sont à la même température, et le liquide est en équilibre thermodynamique. Rien d'apparent ne se passe, tout semble calme.

Au début de l'expérience, on est dans cet état d'équilibre thermodynamique, lequel correspond au point 0 de la figure 11.4 suivante.

Proche de l'équilibre

Éloignons-nous légèrement de l'équilibre en chauffant la paroi inférieure. Un paramètre CP, fonction de la différence de température entre les deux parois permet de contrôler le processus. Les plaques sont maintenues respectivement à la température T_1 et T_2, avec $T_1 > T_2$. Le système est donc entretenu par un apport extérieur d'énergie. Cette quantité de chaleur externe augmente l'entropie du système, relation (6-12).

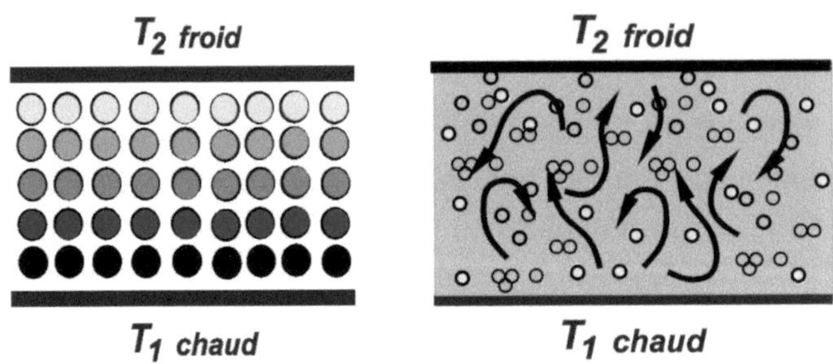

Fig. 11.1 *Conduction*   **Fig. 11.2** *Convection*

Après l'application de cette contrainte, le système s'écarte de l'état d'équilibre, il est en déséquilibre permanent (point **1** en figure 11.4).

Pour T_1 proche de T_2, donc *près de l'équilibre*, le gradient de température est faible. C'est la conduction thermique régie par la loi linéaire de Fourier, qui est un phénomène irréversible. De l'énergie thermique est transférée, par collisions, des molécules les plus chaudes aux plus froides. Cet écoulement stationnaire d'énergie, s'effectue sans transport de matière.

La conduction thermique, phénomène de transport, s'effectue dans la direction des températures décroissantes (Figure 11.3).

Un apport constant d'énergie externe maintient

le processus, tout en le gardant près de l'équilibre. Les phénomènes microscopiques provoqués par les interactions moléculaires n'induisent aucun effet macroscopique perceptible.

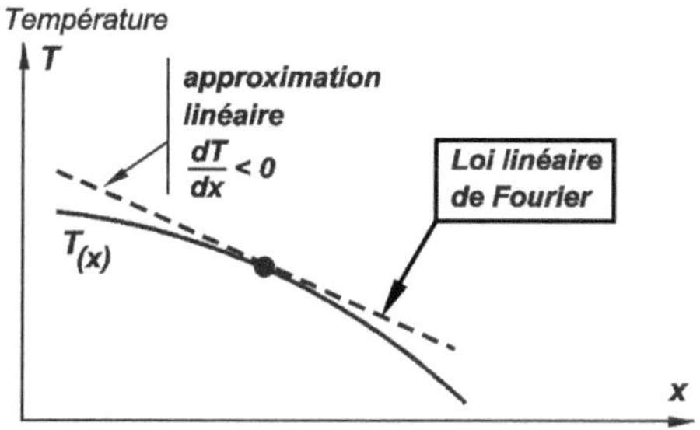

Fig. 11.3 : *Direction de la conduction*

Plus loin de l'équilibre initial

Près de l'équilibre, la chaleur est d'abord transportée par conduction, mais à partir d'un gradient critique, un transport par convection se crée. La loi linéaire de Fourier, utilisée précédemment en conduction n'est plus valable. On sort du déterminisme des lois linéaires pour pénétrer dans le monde non-linéaire. Le flux de chaleur orienté de bas en haut rend le système instable et complexe. Le système devient sensible à la gravité qui n'avait pas d'effet sur le système en équilibre lors de la conduction.

Dès que l'on sort du domaine proche de l'équilibre en augmentant suffisamment le gradient de température, la conduction invisible laisse ainsi la place au phénomène de convection, lequel surgit devant nos yeux. Les deux moyens de transport de l'énergie s'affrontent : la conduction et la convection. La conduction n'est plus assez efficace pour transporter l'énergie ; la convection l'emporte. Le moyen de transport le plus efficace domine toujours l'autre.

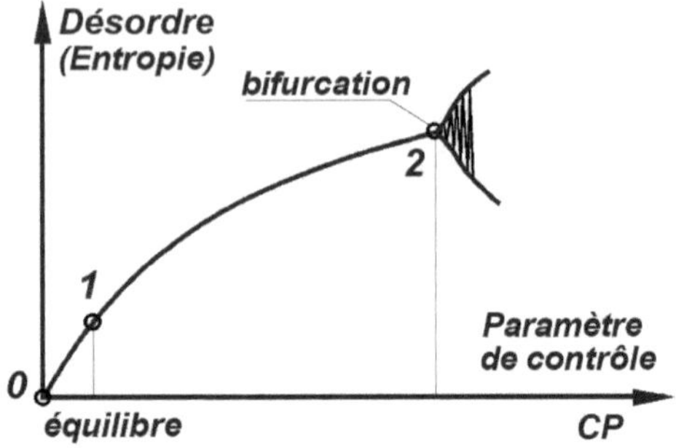

Fig. 11.4 - *Diagramme d'évolution*

Les particules chaudes près du plancher ayant une densité plus faible ont tendance à s'élever tandis que les particules froides, moins énergiques, ne rechignent pas à descendre.

En poussant le système *plus loin de l'équilibre* par augmentation du gradient de température défini par :

$$(T_1 - T_2)/h$$

où h est la distance séparant les deux parois, on atteint une bifurcation. Le transport par convection naît lorsque le système atteint ce seuil critique (point 2 en figure 11.4).

Une très légère fluctuation de température peut être amplifiée par une suite d'itérations et atteindre une taille suffisante pour que cet embranchement - une bifurcation dira Prigogine - se créé.   Le système tout entier peut alors adopter une nouvelle direction après des oscillations chaotiques.

À partir du seuil critique, lieu d'une bifurcation, naît donc un transport par convection. En aval de la bifurcation, on peut observer un mouvement complexe irrégulier, turbulent.

Des zones assez troubles souvent chaotiques, parfois fugaces peuvent apparaître ; elles précèdent l'état convectif auto-organisé stationnaire où les molécules elles-mêmes participent à un mouvement collectif.

Un mouvement en masse s'établit. Les particules fluides chaudes, plus dynamiques, arrivent à déblayer un chemin et s'y engouffrent pour parvenir à la paroi supérieure, entraînant dans leur mouvement et en repoussant vers le bas les particules froides plus dolentes dans un tourbillon convectif. Un mouvement d'ensemble se crée.

Le monde microscopique s'ordonne ainsi spontanément et devient observable depuis notre monde macroscopique. Le fluide s'organise de manière spectaculaire en formant des rouleaux dans l'écoulement ; lesquels tournent alternativement dans un sens ou dans l'autre par engrènement afin ne pas se nuire (Fig. 11.5).

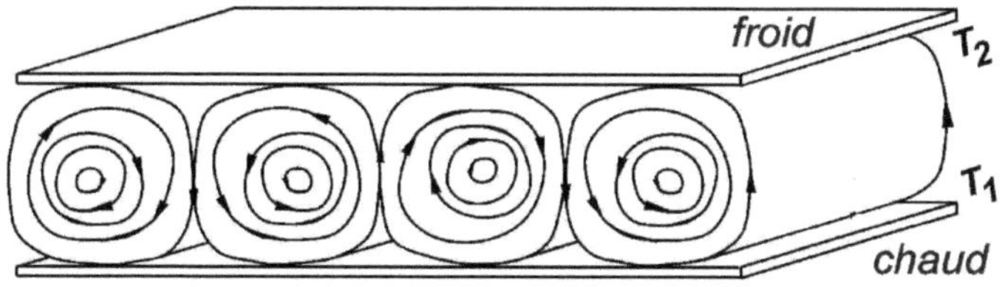

Fig. 11.5   *Cellules de convection de Bénard*

En outre, le passage du régime laminaire au régime turbulent interfère avec les phénomènes et accélère les échanges de propriétés entre couches voisines du fluide et en particulier la diffusion de la chaleur au sein de celui-ci. Il devient extrêmement difficile d'analyser en détail ce processus de transport car la turbulence est une manifestation du mouvement chaotique dans les fluides.

Ce mouvement d'ensemble répétitif forme ce qu'on appelle les cellules de Bénard (Fig. 11.5).

Dans cette organisation du fluide, des cellules tournent alternativement dans le sens horaire et dans le sens contraire en raison de l'effet d'entraînement. Chaque cellule tourne dans une direction particulière, qui alterne d'une cellule à l'autre. Le mouvement de convection qui s'établit constitue une organisation spatiale complètement nouvelle du système. C'est un cas typique de restructuration moléculaire. Des milliards de milliards de molécules se déplacent avec cohérence, formant ces cellules macroscopiques de convection.

Nota : Il est fort probable que de nombreux personnages, agissant de leur propre volonté, et soumis à une différence d'ensoleillement entre deux trottoirs d'une rue résoudraient de la même manière le problème posé par l'expérience de Bénard. Ceux en plein cagnard chercheraient une situation plus enviable, et ceux à l'ombre, plus dolents, seraient entraînés dans un mouvement convectif analogue à celui démontré par Bénard.

Spencer Tunick, qui avec une grande originalité sait organiser des scènes de ce type pourrait nous le démontrer dans un nouveau scénario de son **monde à nu**. Ce serait une manifestation édifiante montrant l'auto-organisation des sociétés humaines soumises à un déséquilibre, source de création.

12   **Les structures dissipatives**

Les rouleaux convectifs de Bénard sont un exemple de *structure dissipative,* terme obtenu en accolant deux mots à la signification contradictoire puisque *structure* évoque l'ordre alors que *dissipative* suggère la désorganisation.

Suivons un système thermodynamique en évolution. Reprenons l'expérience de Bénard, exemple simple et significatif qui nous servira de guide (Figure 12.1).

Système à l'équilibre (Point 0 en figure 12.1)

La thermodynamique macroscopique, issue des travaux de Carnot et de Clausius, est plutôt statique : on l'appelle aussi *thermostatique,* elle concerne des situations en équilibre. Lors d'une évolution, on passe d'un équilibre à un autre théoriquement à vitesse presque nulle. Cette thermodynamique prévoit certaines manifestations d'irréversibilités. Elle en précise les conséquences sur les cycles des machines thermiques en montrant ainsi l'obligation de réduire les pertes pour améliorer les rendements, mais elle ne va pas au-delà.

Système proche de l'équilibre (Point 1 en figure 12.1)

Dans le traitement des phénomènes de transport, on suppose que les variations (ou gradients) de concentration, de température ou de quantité de mouvement sont faibles. Le fluide est supposé proche de l'équilibre durant le processus. Les lois de Fick ou de Fourier sont des approximations linéaires dans ces conditions. Autrement dit, les phénomènes de transport sont principalement dus à l'agitation moléculaire, plutôt qu'au mouvement en masse de la matière.

Système plus éloigné de l'équilibre

Lorsque les gradients des paramètres physiques dans un fluide deviennent importants, on sort du domaine linéaire et le mouvement du fluide devient beaucoup plus complexe. On atteint une bifurcation (Point 2 en figure 12.1)

Le fluide dans son ensemble s'éloigne de l'équilibre et chaque volume de fluide est soumis à des forces qui le conduisent à des mouvements irréguliers. Un tel processus est appelé convectif. Lorsque le gradient est encore plus important, le système est entraîné plus loin de l'équilibre, de sorte qu'il en résulte des mouvements plus violents. Les phénomènes de transport deviennent alors extrêmement difficiles à analyser.

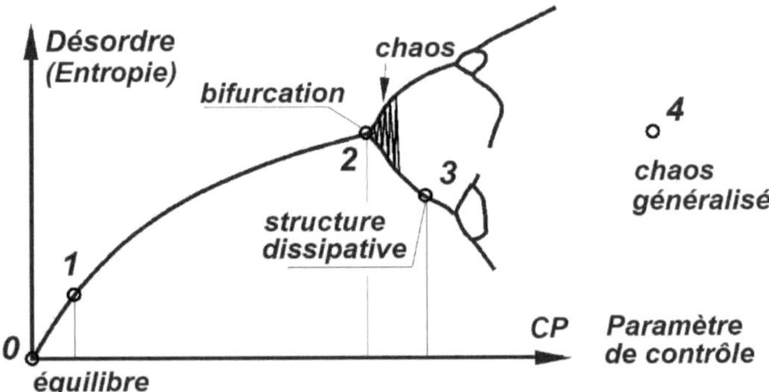

Fig. 12.1   *Diagramme d'évolution et structure dissipative*

Structure dissipative (Point 3 en figure 12.1)

Les cellules de convection de Bénard sont un exemple spectaculaire d'une structure dissipative ; nom qui reflète la combinaison des deux notions d'ordre et de gaspillage. Alors que les dégradations d'énergie sont généralement liées aux idées de perte d'efficacité et de désordre, elles deviennent une source d'ordre quand on s'écarte beaucoup de l'équilibre. Alors une nouvelle construction macroscopique auto-organisée peut émerger. Elle peut se maintenir sous l'effet d'une contrainte extérieure : le gradient de température dans l'expérience de Bénard.

Dans les années 1970, les études en thermodynamique non linéaire ont mis en évidence ces phénomènes nouveaux et remarquables. Au fur et à mesure qu'on s'éloigne de l'équilibre, les régimes simples prédits par les lois linéaires deviennent instables avant que des structures spatiales apparaissent. Lorsque le transport de chaleur se fait par conduction, les molécules du fluide situées près de la surface chaude ne reçoivent aucune information sur ce qui se passe près de la surface froide. Elles se contentent de transmettre de proche en proche, par collisions, de l'énergie cinétique aux molécules voisines jusqu'à la surface froide. Lorsque la convection s'établit, les molécules qui se sont refroidies près de la surface froide redescendent vers la surface chaude. Elles y apportent donc une information sur la température de la surface froide. Une communication s'établit et une régulation se met en place. Quand un système devient une structure dissipative, son entropie diminue parce qu'un certain ordre se crée à côté du désordre. L'augmentation des corrélations aussi bien que la diminution de l'entropie caractérisent ainsi l'auto-organisation d'un système.

Dans une cellule convective, il existe des corrélations de courte portée dues à l'interaction entre les molécules voisines. Il y a également une corrélation de longue portée entre une molécule d'un courant ascendant et une molécule située sur un courant descendant. L'augmentation des corrélations ainsi que la baisse du niveau entropique caractérisent l'apparition d'ordre, tout au moins localement. En théorie de l'information, Claude E. Shannon montre que l'entropie mesure la perte d'information par un système, ce qui donne un nouvel éclairage du second principe de la thermodynamique. Dans les cellules convectives de Bénard, des informations sont transmises par les molécules confirmant ainsi que l'entropie diminue par rapport à la conduction qui n'apportait aucune information au système.

S'écartant de l'équilibre et de sa structure uniforme, les systèmes ouverts dans lesquels l'entropie peut décroître par échange de matière-énergie avec l'extérieur ouvrent la voie à l'apparition des *structures dissipatives*.

Paramètre de contrôle

Choisissons un paramètre de contrôle *CP* identique au nombre de Rayleigh utilisé par les thermiciens. Il est surtout fonction des différences de températures. À partir du nombre de Rayleigh critique (point 2 en figure 9), où une bifurcation est atteinte, la convection peut apparaître. Après la bifurcation, des zones plutôt instables précèdent l'état de convection auto-organisée stationnaire repérée en 3 sur la figure 12.1.

Pour les systèmes thermodynamiques hors-équilibre, il apparaît donc des situations observables, organisées, et souvent imprévisibles.

On peut montrer que cette nouvelle structure prend naissance par suite d'une instabilité du système près de l'équilibre thermodynamique. Car de petites fluctuations pouvant entraîner un transport par convection apparaissent continuellement mais elles régressent et sont anéanties en dessous de la valeur critique.

Si on augmentait encore plus le paramètre de contrôle par action sur la température T_1 de la paroi chaude, la disposition organisée se détruirait complètement :   on sortirait du chaos déterministe (point 3) pour entrer dans le chaos généralisé (point 4 en figure 12.1).

Une structure dissipative dissipe de l'énergie donc produit de l'entropie qu'elle évacue au fur et à mesure qu'elle la produit, nous rappelle François Roddier. Évacuer de l'entropie signifie importer de l'information.   Une structure dissipative importe sans cesse de l'information de son environnement. Lorsqu'elle s'auto-organise, une structure dissipative diminue son entropie interne, donc augmente son contenu en information en la mémorisant.

Une pause s'impose ! Reprenons ça tranquillement

Ici commence en fait ce livre.

Systèmes thermodynamiques fermé et ouvert

La variation dS globale d'entropie d'un système comporte deux termes (voir 7-5) :

$$dS = dS_e + dS_i$$

- dS_e est le flux entropique dû aux échanges d'énergie et de matière avec l'extérieur,

- dS_i correspond aux variations d'entropie dues aux processus irréversibles internes du système.

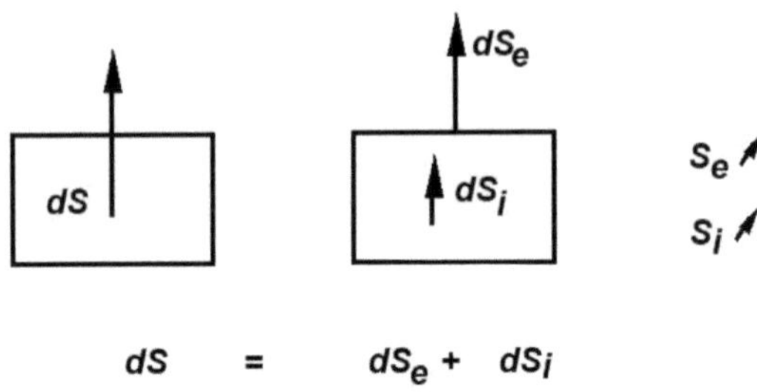

Fig. 12.2 - *Variation d'entropie d'un système*

- Pour les systèmes fermés, donc sans échanges avec l'extérieur : $dS_e = 0$, l'entropie dS_i croît pour atteindre l'équilibre thermodynamique, Il vient alors :

$$dS = dS_i > 0$$

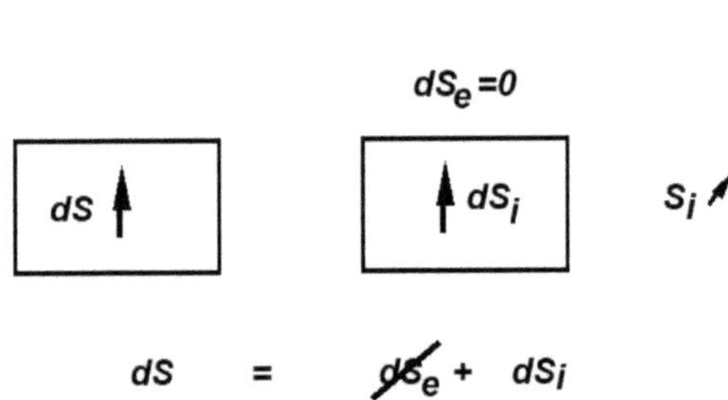

Fig. 12.3 - *Variation d'entropie d'un système fermé*

Les frottements et la viscosité font que l'énergie mécanique se dégrade en chaleur. Dans les systèmes fermés, l'entropie augmente donc pour atteindre sa valeur maximale à l'équilibre final.

- Pour les systèmes ouverts hors équilibre, l'entropie interne de chaque particule macroscopique est toujours croissante : $dS_i > 0$.

Cependant l'entropie d'échange dS_e peut varier dans les deux sens.

Lorsque l'entropie d'échange décroît suffisamment $dS_e < 0$ pour l'emporter sur l'accroissement inévitable de l'entropie interne $dS_i > 0$, alors le niveau entropique du système baisse $dS < 0$.

Ce dernier cas conduit à des situations tout à fait inédites. L'échange de matière et d'énergie avec le milieu extérieur permet à ces systèmes d'évoluer vers des états éloignés de l'équilibre. L'ordre dans un système ouvert ne peut être maintenu qu'avec la condition de non-équilibre.

La complexité de ces systèmes est provoquée par une augmentation du déséquilibre entre l'entropie interne et externe poussant le système vers des entropies encore plus faibles. Ces systèmes s'éloignent donc de plus en plus de l'équilibre et de l'homogénéité (Fig. 12.4).

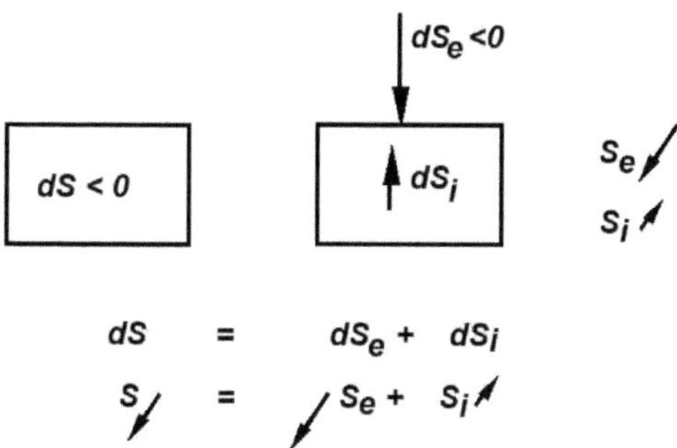

Fig. 12.4 - *Système ouvert s'éloignant de l'équilibre*

Structure dissipative de Prigogine

Dans une structure dissipative, les irréversibilités (dS_i) sont compensées par un apport permanent d'énergie et de matière (dS_e), le système ouvert est maintenu en régime permanent $(dS = 0)$.

La production d'entropie interne et l'entropie échangée avec l'environnement sont égales (Fig. 12-5).

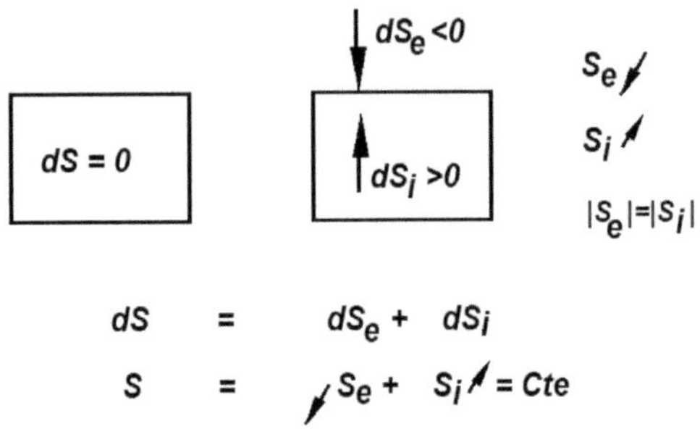

Fig. 12.5 - *Variation d'entropie dans une structure dissipative*

On peut en donner une représentation très simplifiée en séparant par la pensée une structure dissipative en deux sous-systèmes ouverts, comme montré en figure 12.6. L'un accumule les désordres (S_i augmente) alors que de l'ordre apparaît dans l'autre (S_e diminue).

> (Le premier correspond au jardin du voisin et le second est celui du jardinier indélicat qui se débarrasse de ses pierres et autres détritus en les envoyant chez son voisin.)

Le système moléculaire en s'auto-organisant apporte de l'ordre. L'entropie diminue quelque part dans le système.   Arbitrairement, on considère ici que c'est le sous-système A qui s'organise. Le sous-système B, est la poubelle qui récupère l'entropie exportée par le sous-système A. L'entropie globale de la structure dissipative restant constante lors du processus, par définition d'une structure dissipative.

- Le sous-système A reçoit de l'information, de l'ordre apparaît, son entropie décroît.

  (L'information est apportée par le système moléculaire en train de s'organiser dans l'expérience de Bénard)

- L'entropie exportée par le sous-système A augmente le désordre dans le sous-système B ; l'entropie du sous-système B augmente.

Pour la structure dissipative, donc en régime stationnaire, comprenant les sous-systèmes A et B, l'entropie reste constante (dS=0).

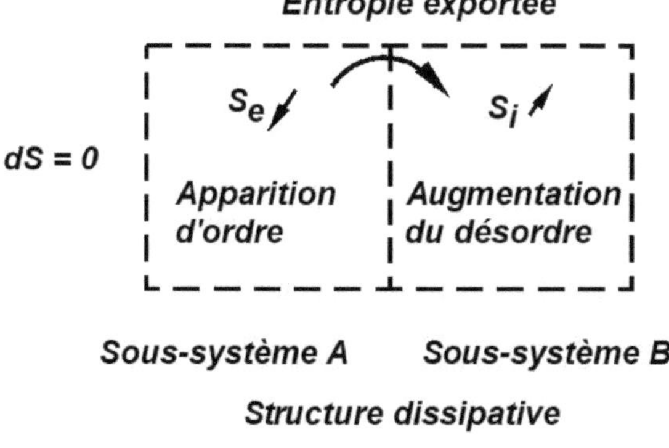

Fig. 12.6 - *Représentation simplifiée d'une structure dissipative*

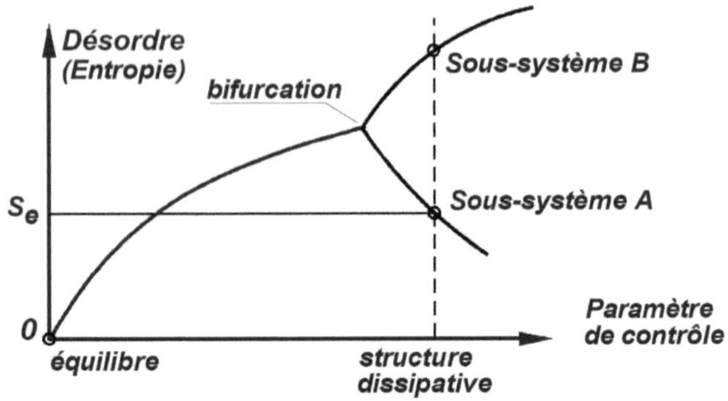

Fig. 12.7 - *Diagramme de bifurcation
d'une structure dissipative*

Règle générale de Prigogine

" Alors qu'à l'équilibre et près de l'équilibre, les lois de la nature sont universelles, loin de l'équilibre, elles deviennent spécifiques, elles dépendent du type de processus irréversible. Cette observation est conforme à la variété des comportements de la matière que nous observons autour de nous. Loin de l'équilibre, la matière acquiert de nouvelles propriétés où les fluctuations, les instabilités jouent un rôle essentiel : la matière devient plus active."

> **Loin de l'équilibre,
> la nature s'anime.**

13   Le Principe de Double Action

Du Principe de Moindre Action au Principe de Double Action

Principe de moindre action

Le principe de moindre action, objet d'un chapitre précédent, est basé sur l'assertion suivante : "La Nature n'aime pas trop se fatiguer " (Maupertuis, 1746 et plus proche de nous Max Planck, 1915). Il couvre de nombreux domaines de la physique comme la mécanique quantique, la mécanique analytique et bien entendu la mécanique classique. Les frottements y sont méconnus. Dans ces conditions, tous les phénomènes naturels peuvent être réduits à une loi de conservation et sont réversibles. La première loi de thermodynamique qui déclare que l'énergie est conservée peut donc être intégrée dans le principe de moindre action.

Thermodynamique hors équilibre

Un enseignement profond de la thermodynamique non-linéaire est, contre toute attente, la création d'ordre loin de l'équilibre initial. Des structures ordonnées sont ainsi obtenues après le passage par des zones chaotiques.

L'exemple le plus frappant, car le plus naturel, est

l'ouragan chargé de dégrader de l'énergie accumulée pendant la saison chaude. Aucune manifestation humaine n'est à l'origine de son apparition. Un ouragan est dû à la différence de température devenue trop importante entre l'eau de surface des mers tropicales et la haute atmosphère. On verra dans un chapitre ultérieur qu'une dépression tropicale peut se transformer en tempête tropicale puis devenir un ouragan, structure caractérisée par un oeil entouré d'un mur de nuages visible depuis l'espace. Cette structure est très ordonnée, tellement ordonnée qu'elle devient un moteur thermique qui se déplace à la surface des océans en puisant de l'énergie dans les eaux chaudes de surface. Un ouragan s'éteint lorsqu'il est privé de sa source d'énergie, donc en pénétrant dans les terres après y avoir commis ses désastreux méfaits.

Principe de double action : pire et meilleure action

> **Nota :   Le principe de double action comprend le principe de pire action, lequel se charge de détruire l'ordre apparu dans une structure dissipative ; dans le même temps, le principe de meilleure action supprime le chaos dans notre monde macroscopique. Dans les premiers textes sur le sujet, j'ai peut-être trop insisté sur la nécessaire pire action mais il est clair que le but final (meilleure action) est d'éviter le chaos dans certains systèmes devenus trop dangereux.**

Les notions nouvelles ne vont pas sans quelques hésitations et confusions dans les mots. C'est ainsi que "vistemboir" n'est pas le terme le mieux adapté pour désigner l'objet chargé d'appliquer le principe de pire action puisque les dictionnaires insistent sur l'inutilité d'un tel objet. Il vaudrait mieux utiliser un autre mot ; on a proposé d'adopter ventôse, terme qui correspond bien aux actions à mener en aérodynamique. Comme le mot est bien moins important que l'objet, cherchons encore !

Les théoriciens du chaos, dont l'authentique chef de file fut Henri Poincaré, puis Lorenz et plus récemment Ilya Prigogine, René Thom et beaucoup d'autres (Gilmore, Gleick, Manneville, Mandelbrot ...),   ont élargi la physique en remettant en cause le déterminisme dans les lois du mouvement. Prigogine (Prix Nobel de chimie 1977), en particulier, dans les années 1970, avait attiré l'attention sur ces structures auto-organisées qui naissent loin de l'équilibre. Il les appela structures dissipatives.

Ce sont des créations ordonnées que l'on peut observer partout autour de nous.   Elles font l'admiration des hommes.

Mais les physiciens du chaos et les thermodynamiciens ne semblent pas avoir poussé leurs réflexions au-delà de l'observation et de la description des phénomènes. Or, il faut absolument tenter d'éviter ces structures auto-organisées qui envahissent certains équipements, car les instabilités qui les accompagnent excitent les structures, les fatiguent et les affaiblissent. Peu à peu, les fissures apparaissent ; de la corrosion n'est pas à exclure.

• Boltzmann nous enseigne que l'entropie est une mesure du désordre qui règne dans le monde moléculaire.   À l'état d'équilibre final, après dégradation de l'énergie cinétique, l'entropie atteint sa valeur maximum.

• Pour Prigogine : avant d'atteindre le désordre maximal de Boltzmann, il faut d'abord franchir des structures dissipatives qui, en échangeant de la matière et de l'énergie avec leur environnement, entravent le retour à l'équilibre. C'est pourquoi les planètes, les arbres, etc., bénéficient d'une durée de vie avant de s'éteindre.

Peut-on rejoindre rapidement le désordre maximum de Boltzmann en évitant les zones fluctuantes et les structures dissipatives de Prigogine ? Ou plus simplement : peut-on éviter le chaos dans ces équipements ?

La réponse est nettement : Oui, à condition d'utiliser le principe de double action.

Les expérimentateurs ont observé et mis en évidence les structures dissipatives dans lesquelles de l'ordre apparaît au milieu du désordre. Or, dans certains cas, comme dans les soupapes de sécurité, ces structures sont accompagnées de phénomènes violents, parfois dévastateurs.

Certaines de ces structures auto-organisées qui naissent loin de l'équilibre sont parfois inacceptables car l'ordre qui s'introduit dans un tel système l'empêche parfois de rejoindre rapidement son point d'équilibre final et prolonge ainsi la vie de phénomènes dangereux. C'est le cas des ouragans. L'ordre qui apparaît dans certaines de ces structures dissipatives doit donc être éliminé.

Sous sa forme classique, le second principe de la thermodynamique s'exprime par : **l'énergie se dégrade.** Dans son application aux structures dissipatives à anéantir, nous devons l'écrire : **l'énergie doit être dégradée.** montrant ainsi notre détermination à agir.

Pourquoi dégrader volontairement de l'énergie ?

Dans les soupapes de sûreté, comme dans celle de Papin par exemple, il y a dégradation d'énergie, donc création d'entropie. Ceci vaut pour tous les robinets y compris ceux installés dans les habitations.

L'énergie se conserve mais l'énergie se dégrade, et en se dégradant selon son bon plaisir, elle risque de créer incidents et accidents. Puisque les puissances motrices dans de tels dispositifs atteignent industriellement des valeurs exprimées en mégawatts, associées à des capacités notables de nuisance de toutes sortes, cette dégradation doit être maîtrisée.

Lorsque ces systèmes thermodynamiques hors équilibre et fluctuants par endroits sont mis en relation avec des systèmes mécaniques qu'ils fragilisent, la situation devient périlleuse. Lorsque l'énergie à dissiper atteint des valeurs considérables, dont une partie d'entre elle se transforme en énergie vibratoire et acoustique mettant en danger des hommes et des machines, ce n'est plus l'heure d'observer. Il convient de tenter de s'échapper rapidement de ces dispositifs menaçants. La solution proactive décrite ci-après consiste à dégrader cette énergie au plus vite, par des dispositifs adéquats : les *vistemboirs*, bras armés de la partie pire action du principe de double action.

Cette méthode qui peut paraître répréhensible à première vue va se montrer fort utile et nécessaire. Le principe de pire action est particulièrement efficace dans cette branche de la physique, délaissée par les physiciens, où de l'énergie doit être volontairement dégradée.

Ce principe permet d'échapper à ces structures

dissipatives devenues nuisibles ; il permet de supprimer l'ordre apparu dans des domaines où l'on doit, au contraire, dégrader rapidement et massivement de l'énergie. Ce principe s'oppose donc frontalement au principe de moindre action de la mécanique classique, d'où son nom.

> *Le principe de double action a pour objet, en supprimant de l'ordre, de créer un grand désordre dans le monde microscopique (pire action) afin d'éviter le chaos dans notre monde macroscopique (meilleure action). Il doit être appliqué dans des circonstances, certes peu nombreuses, mais cruciales pour le genre humain.*

Parmi les structures dissipatives très dangereuses, on peut citer, entre autres :

- les soupapes dites de contrôle et de sécurité des centrales énergétiques dans lesquelles, par inadvertance, on a laissé le chaos s'installer, alors qu'elles sont chargées d'assurer notre protection et de protéger les installations et l'environnement.

- les ouragans qui se débarrassent de leur puissance motrice en semant la désolation sur les terres habitées et nous ruinent.

Dans n'importe quel système, un ingénieur traque les sources principales d'irréversibilités et essaye de les supprimer, ou au moins de les réduire pour améliorer l'efficacité des installations.

La démarche ci-après est radicalement différente car elle s'attache à créer beaucoup d'irréversibilités, d'entropie, de désordre en utilisant le principe de pire action, lequel se propose de détruire tout ordre dans certains écoulements devenus néfastes lorsqu'ils deviennent des structures dissipatives dangereuses, car étant poussées trop loin de leur équilibre initial.

Le second principe de thermodynamique n'est plus adapté, car il s'est laissé piégé dans les mailles du chaos et est donc limité pour dégrader plus d'énergie. Le principe de pire action en supprimant l'ordre dans certaines structures dissipatives va permettre des dégradations d'énergie plus importantes, plus rapides dans des conditions de stabilité d'écoulement optimales.

Confrontation entre les principes de moindre et de double action

Ces deux principes cohabitent parfois dans la complicité lorsque l'un s'efface devant l'autre, souvent dans le conflit lorsque l'un n'est plus négligeable devant l'autre. Ils prennent tout leur sens dans la complexité qui naît lorsque l'on change l'échelle d'observation en passant du monde moléculaire à notre monde macroscopique.

Ces deux mondes coexistent en nous et autour de nous. Indépendants en apparence, mais en fait profondément enchevêtrés, ils ne cessent d'interférer, de se chicaner et de s'affronter. L'un d'eux est à l'échelle humaine, tandis que l'autre infiniment plus petit est capable de s'organiser et peut devenir redoutable.

Les mondes microscopique et macroscopique sont radicalement différents :

- Le monde microscopique est discontinu, linéaire et réversible, il est sous l'influence du principe de moindre action.

- Le monde macroscopique est continu, non-linéaire et irréversible, c'est le domaine où intervient le second principe de la thermodynamique. Lorsque celui-ci, limité par les phénomènes chaotiques qui introduisent de l'ordre, n'est plus en mesure de dégrader correctement de l'énergie, c'est le principe de double action qui doit prévaloir.

S'échapper du chaos et des structures dissipatives !

Lorsqu'on pousse un système très loin de l'équilibre, deux aspects néfastes pour la dissipation de l'énergie cinétique se manifestent :

- d'abord le chaos spatio-temporel qui déstabilise l'écoulement,

- puis les structures dissipatives qui introduisent de l'ordre, lequel perturbe le système en cours de désorganisation.

Le dégradeur d'énergie cinétique ou vistemboir

Puisqu'il apparaît une part d'ordre dans une structure dissipative, celle-ci ne dégrade pas suffisamment d'énergie cinétique. Il fallait donc inventer une autre structure : je l'ai appelée dégradeur d'énergie cinétique ou plus brièvement : vistemboir. Il fallait en effet se démarquer de termes comme dissipateur d'énergie à connotation trop faible. Structure dissipative a été utilisée par Prigogine mais n'est pas suffisamment dissipative ; on doit dégrader beaucoup plus d'énergie dans les cas précités. Ce procédé vistemboir qui prend plusieurs formes selon le dispositif auquel on veut l'appliquer est le bras armé du principe de double action.

Les structures dissipatives, qui suivent les zones chaotiques, sont encombrantes et entravent l'accès à l'équilibre final. Elles sont incapables de dégrader de l'énergie cinétique rapidement et dans le minimum de place. Par la part d'ordre qu'elles contiennent, ces structures dissipatives sont néfastes. Il faut donc les détruire.

Mais comment faire ?

Nota : Les soupapes de sécurité fonctionnent le plus souvent en régime supersonique, c'est-à-dire avec un rapport de pression entre l'amont et l'aval de l'ordre de 2 et parfois moins ; il en va de même des soupapes de régulation des centrales énergétiques lors des charges partielles de fonctionnement.

Quand on résoud les équations qui décrivent les écoulements supersoniques, on tombe sur une curiosité. Ces équations conduisent à des caractéristiques réelles en chaque point du champ étudié. Chacun des points, à l'intérieur des réseaux d'ondes représentés en figures 13.1 et 13.2, possède une pression, une vitesse, une direction de la vitesse, etc. différente de sa voisine. Ce réseau peut être obtenue par la méthode dite des caractéristiques.

Dans le régime subsonique qui nous est bien plus familier, les équations des écoulements de fluide compressible conduisent à des caractéristiques imaginaires. Que le régime supersonique soit d'un accès relativement plus facile que le régime subsonique est une agréable surprise que nous offre la nature.

Principe de double action - Exemples

EXEMPLE 1 Le vistemboir le plus efficace en vue d'applications aux soupapes de régulation

Soient les deux tuyères A et B ci-dessous :

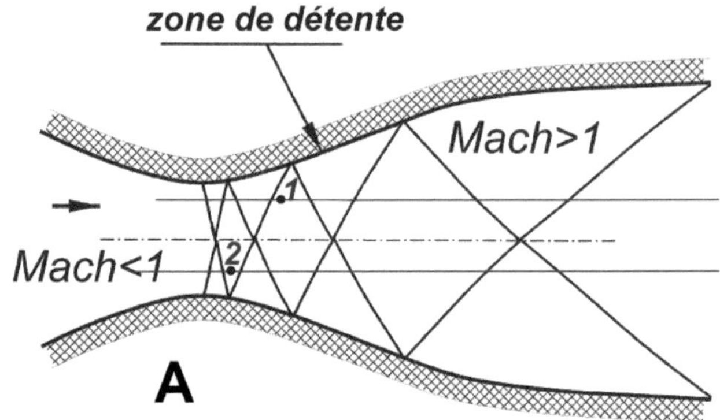

Fig. 13.1 *Tuyère supersonique classique*

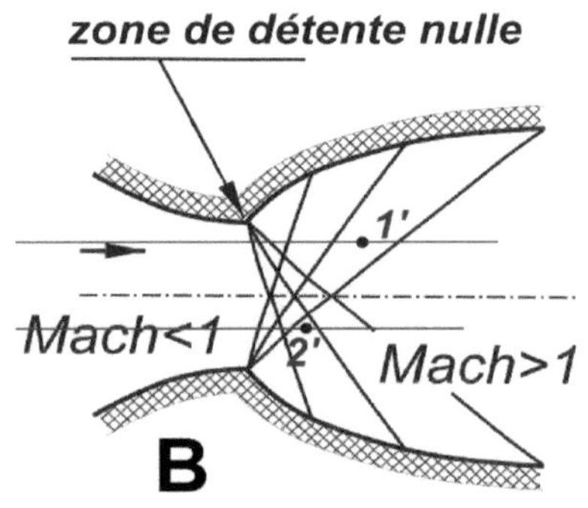

Fig. 13.2 *Tuyère supersonique en coquetier*

Utilisons une tuyère A fonctionnant en régime supersonique (Fig. 13.1) ; la méthode des caractéristiques permet de définir l'état du gaz en chaque point. Le nombre des caractéristiques peut être grand, et donc le réseau beaucoup plus fin que celui présenté. Dans la zone de détente, les propriétés de l'écoulement (vitesse, direction de la vitesse, température statique, etc.) sont notablement différentes entre des points quelconques 1 et 2.

Prenons une autre tuyère B (Fig. 13.2) dans laquelle l'écoulement se situe aussi dans le domaine supersonique analogue aux tuyères propulsives des fusées spatiales, fonctionnant entre les mêmes nombres de Mach que la précédente.

Entre les points 1 et 1' (ou 2 et 2') correspondants des deux tuyères, les diverses propriétés du fluide sont évidemment différentes.

Construisons maintenant une structure sandwich, dotée d'une certaine épaisseur, en utilisant ces deux tuyères.

On peut imaginer des parois fictives brutalement amovibles qui sépareraient les diverses couches. Dans chacune de ces couches, on suppose que les écoulements sont parfaits, c'est-à-dire sans dissipation d'énergie, ce qui est une hypothèse raisonnable dans cet écoulement accéléré. On connaît donc toutes les caractéristiques de l'écoulement en chaque point. Notre information sur le système est complète, l'entropie est nulle.

Escamotons subitement les parois fictives qui isolaient les différentes couches.

Avec la stratification proposée ci-dessus, tout change.

L'écoulement se morcelle en un nombre immense de complexions W, selon Boltzmann. Chacune des innombrables particules est entourée de particules dont les vitesses, directions des vitesses, etc. sont différentes de la sienne.

Dans cette singulière utilisation des écoulements supersoniques, deux écoulements initialement presque réversibles conduisent quasi-instantanément à une augmentation abondante d'entropie.

L'écoulement dans le convergent d'entrée est identique dans toutes les couches, on suit le principe de moindre action : l'entropie est constante.

Dès le passage du col, le principe de pire action qui détruit tout ordre dans l'écoulement prend le relais pour créer brutalement de l'entropie et détruire la puissance utilisable du fluide en écoulement, en transformant l'énergie cinétique contenue en énergie thermique.

Le point d'équilibre final de désordre généralisé de Boltzmann est atteint quasi-instantanément.

La structure stratifiée imposée à l'écoulement l'oblige à abandonner immédiatement le principe de moindre action et à activer le principe de pire action, provoquant ainsi un mélange profond dans l'ensemble de la masse fluide. Aucune particule n'est identique à sa voisine, ni en amont ni en aval, ni à sa gauche, ni à sa droite. Des phénomènes de transport non-linéaires sauvages et inconnus de nos jours entament leur activité irréversible de dégradation.

Une occasion offerte par la nature a été saisie, car il a été possible de diversifier les écoulements supersoniques avant de les mettre brutalement côte à côte, créant un chahut indescriptible dans le monde des très petites particules.

Le système moléculaire est déstabilisé et des phénomènes complexes de transport doivent agir soudainement pour augmenter rapidement la création d'entropie.

Cette application permet d'imager la formule de Boltzmann : $S = k.\ln W$ qui montre que l'entropie, c'est-à-dire le désordre, augmente avec le nombre de complexions dans le monde microscopique.

Ce procédé sera appliqué dans les soupapes, au chapitre suivant.

EXEMPLE 2 Application du principe de double action pour les orifices des plaques perforées - et les dispositifs de contournement des turbines

Quand Borda conduisait des expériences avec de l'eau pour ses démonstrations avec des vitesses semblables à celles de l'écoulement tranquille d'une rivière, il n'avait aucun risque d'exciter les structures de son installation. La façon avec laquelle l'énergie cinétique dans le fluide était détruite n'était pas le sujet des études de Borda, mais c'est le nôtre ici et maintenant. De nos jours, les dispositifs comme les plaques perforées, les descendants modernes de l'évasement brusque de Borda, doivent dégrader de l'énergie cinétique dans un fluide possédant une puissance motrice considérable. Pour donner un ordre de grandeur, des puissances de dix mégawatts peuvent être rencontrées. Les fluctuations brusques dans la pression du fluide peuvent alors fragiliser les structures.

Peu à peu, des fissures apparaissent même dans des parties lointaines de la zone excitée.

Puisque leur énergie cinétique n'a pas été détruite, les fluides la dégradent eux-mêmes à leur guise, c'est-à-dire de manière qui peut perturber sévèrement les installations. Est-il sage de permettre aux écoulements de se comporter d'une manière incontrôlée, menant au chaos spatio-temporel quand on sait que la puissance motrice qui doit être dégradée peut atteindre de si grandes valeurs ?

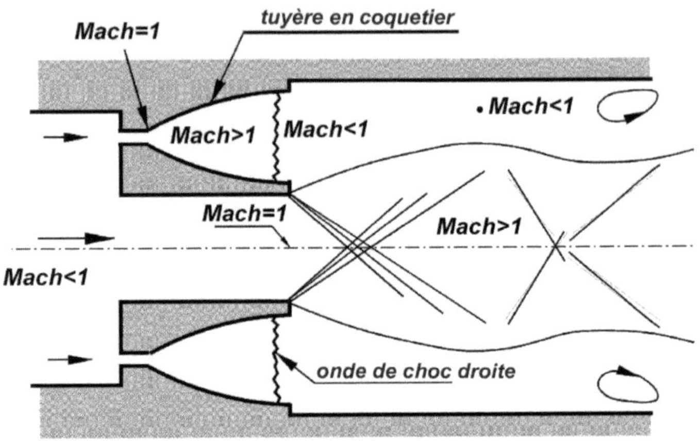

Fig. 13.3   Le vistemboir le plus simple

Le vistemboir le plus simple, décrit ci-après, consiste en un détendeur supersonique bidimensionnel capable de produire un mélange intense. Des tuyères supersoniques à zone de détente réduite sont disposées de part et d'autre du jet supersonique central. Elles sont alimentées dans les mêmes conditions que le jet central et construites de telle manière qu'une onde de choc de recompression existe avant l'extrémité de chaque tuyère ainsi formée. Derrière cette onde de choc, l'écoulement est donc subsonique (Fig. 13.3).

Dans la zone de mélange, des différences considérables de vitesses sont ainsi créées entre un écoulement supersonique central et des écoulements subsoniques périphériques.

Puisque cette différence de vitesses est plus importante que la vitesse moyenne des molécules, le mouvement de celles-ci doit en être très affecté et les échanges de quantité de mouvement sont très intenses. Le système fluide peut ainsi être stabilisé avec une rapide dissipation d'énergie cinétique plus significative que dans un évasement brusque simple. Le rendement d'un tel appareil est épouvantable. C'était le but recherché.

Le vistemboir va à l'encontre de la mécanique des fluides traditionnelle, il va se révéler très utile pour maîtriser certains écoulements.

Le dégradeur d'énergie cinétique ou vistemboir présenté ci-dessus est un instrument spécifique qui applique le principe de double action. Il permet d'éviter les zones chaotiques (meilleure action) et dégrade rapidement et massivement l'énergie cinétique contenue dans un fluide (pire action). Celui-ci atteint beaucoup plus rapidement et sans instabilités son équilibre final.

Depuis notre monde macroscopique, il devient donc possible d'imposer un certain comportement au monde microscopique.

Les deux exemples ci-dessus seront utilisés dans des applications aux centrales de production d'énergie mécaniques (thermique classique, nucléaire ou solaire).

L'application du principe de pire action pour calmer les ouragans sera traité dans le chapitre ad'hoc.

Visualisation du chaos par strioscopie

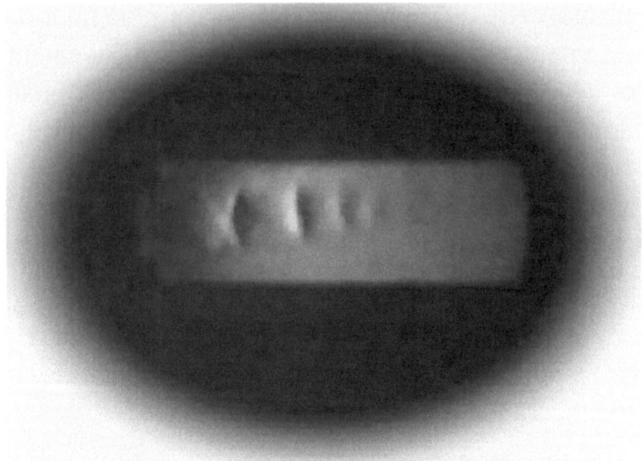

1 - Dans un évasement brusque

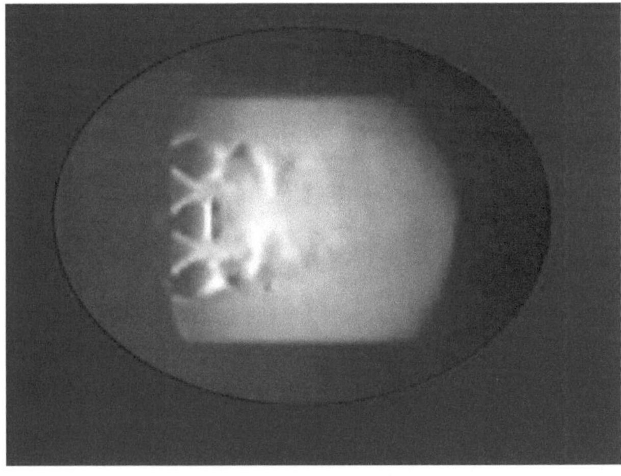

2 - Dans une plaque perforée (3 trous)

https://physics3worlds.com/fr/documentation

14   Soupapes apaisées

Les soupapes sont des organes qui laminent un fluide pour en régler le débit. Lors de l'ouverture d'une soupape de sûreté, la masse de fluide libérée possède une énergie cinétique importante qui se dégrade de manière complexe dans la tuyauterie en aval.

Le fort rapport de pression existant lors de l'ouverture d'une soupape entraîne le système fluide loin de son équilibre initial. Après avoir franchi des bifurcations et traversé des zones fluctuantes, ce système fluide atteint des structures auto-organisées. Les écoulements ainsi confrontés aux dissipations d'énergie et aux instabilités sont dangereux pour les installations.

Les règles de l'art actuelles consistent à installer des dispositifs internes qui limitent les perturbations à des valeurs acceptables, en affaiblissant les phénomènes chaotiques sans les supprimer.

La puissance motrice embarquée dans les écoulements, qui atteint parfois des dizaines de mégawatts, peut devenir dangereuse pour les installations. Selon la seconde loi de la thermodynamique, l'énergie cinétique contenue dans le fluide se dissipe de manière irréversible avec une augmentation du désordre, celui-ci étant mesuré par l'entropie. Les phénomènes dissipatifs anéantissent l'énergie cinétique en la transformant de manière complexe et souvent brutale en énergie vibratoire, en énergie sonore, etc., puis enfin en énergie thermique. C'est la qualité de l'énergie qui se dégrade et non pas sa quantité globale qui, elle, se conserve d'après la première loi de la thermodynamique.

Dans les années 1970, les constructeurs français de turbines à vapeur lancèrent une recherche d'intérêt général sur les causes des instabilités d'écoulement observées dans les soupapes de régulation de leurs installations de production d'énergie. Électricité de France s'associa à cette recherche confiée à l'ATTAG (Association Technique pour les turbomachines et Turbines à Gaz). L'étude fut conduite, sous ma responsabilité, dans le cadre des activités du CETIM (Centre Technique des Industries Mécaniques).

Les accidents de soupapes sont nombreux et désastreux car ils sont tous soumis à la sentence :

> **Un robinet n'est simple que lorsqu'il est fermé.**

Dans le domaine des grandes centrales de production d'énergie électrique, les difficultés rencontrées liées au fonctionnement des robinets étaient encore considérées, dans les années 1980, comme des maux inévitables. Il était même enseigné que la dissipation de quelques dizaines de mégawatts dans un robinet à soupape réglant la pression d'admission aux turbines était impossible sans vibrations et bruit. Les soupapes vibraient et le seul problème à résoudre consistait à trouver des moyens pour que ces vibrations demeurent acceptables.

Les difficultés s'accentuèrent avec la mise en service de centrales nucléaires utilisant des machines de forte puissance unitaire. D'énormes robinets adaptés pour des débits en volume considérables doivent, aux charges partielles de la machine, dissiper rapidement des dizaines de mégawatts.

Les statistiques publiées sur les immobilisations de centrales montraient l'importance de ces robinets. Constructeurs et utilisateurs éprouvèrent de graves difficultés, notamment par rupture de tiges et d'équipage de commande. D'autres industries qui utilisaient des soupapes connurent des désagréments ou des accidents majeurs. On connaît un porte-avions qui dût rebrousser chemin pour de longues et coûteuses réparations d'une soupape de sécurité.

Il n'était donc pas possible de supprimer les fonctionnements aléatoires dangereux des soupapes. Et pourtant ce fut fait mais il fallut attendre 1984 pour faire émerger une solution spectaculaire. Elle consistait en un procédé innovant pour dégrader l'énergie cinétique dans les fluides. Le problème était résolu de manière efficace, mais les bases profondes en restaient mystérieuses.[1]

Aujourd'hui, après de longues réflexions, la situation est suffisamment éclaircie pour que les robinetiers, mais surtout le grand public, soient informés d'une possibilité

---

[1]Travaux réalisés au LTG (Laboratoire de la Turbine à Gaz - ATTAG) du CETIM (Centre Technique des Industries Mécaniques) sous l'impulsion de Maurice Roy et Robert Legendre, Membres de l'Académie des sciences et dirigeants de l'ONERA (Office National d'Etudes et de Recherches Aéronautiques) et à la demande des constructeurs français de turbines à vapeur avec le soutien d'EDF (Électricité de France).

nouvelle en physique : à savoir l'opportunité de pénétrer dans le monde microscopique pour y semer un grand désordre afin d'éviter le chaos dans notre monde macroscopique.

Les soupapes de sécurité

En 1675, entraîné par l'humeur vagabonde qui l'a fait surnommer par ses contemporains : *le philosophe cosmopolite*, Papin arrive en Angleterre et se présente à Robert Boyle, le fondateur de la Société Royale de Londres et l'assiste dans ses recherches relatives à la vapeur d'eau bouillante. Il invente en 1681 son *new digester*, l'appareil qui a reçu le nom de *digesteur* ou *marmite de Papin.*

Le digesteur, selon Papin, permettait de cuire les viandes en peu de temps et à peu de frais, tout en améliorant leur goût. Denis Papin avait connaissance des dangers dus à des pressions trop fortes exercées à l'intérieur d'un récipient clos plein d'eau et fortement chauffé. Son digesteur était pourvu d'une soupape réglable qui permettait d'y maintenir la pression souhaitée. Papin, initialement, n'avait imaginé sa soupape que pour savoir ce qui se passait dans le pot, et pour veiller à l'exacte cuisson des viandes.

Le feu sous la marmite de Papin entraîne une augmentation de la pression intérieure. Lorsque cette pression atteint une certaine valeur, imposée au départ par un contrepoids, la soupape de sûreté s'ouvre. C'est le principe utilisé depuis, dans un autocuiseur ménager (dit cocotte-minute). Le jet de vapeur sortant de la marmite se dissipe dans l'atmosphère ambiante.

En 1823, la Commission d'étude des machines à vapeur à haute pression qui avait comme Membres : Gay-Lussac, Ampère et Laplace entre autres, recommande l'utilisation de soupapes sur les chaudières.

E.M.Bataille écrit en 1847 : *Les nombreuses explosions de chaudières, que l'on signale dans tous les pays où l'usage des machines à vapeur est répandu, n'arrivent que trop souvent par suite des défauts et des irrégularités dans l'action de la soupape de sûreté, et cette observation démontre d'une manière sérieuse toute l'importance qu'il faut attribuer à cette soupape, et tout le soin que l'on doit mettre à l'établir d'après les meilleures données de l'expérience et de la théorie.*

On ne compte plus les incidents et accidents de soupapes ; certains sont répertoriés dans des sites web[2] qu'il n'est pas possible de mettre à jour tellement les incidents sont fréquents sur ces matériels.

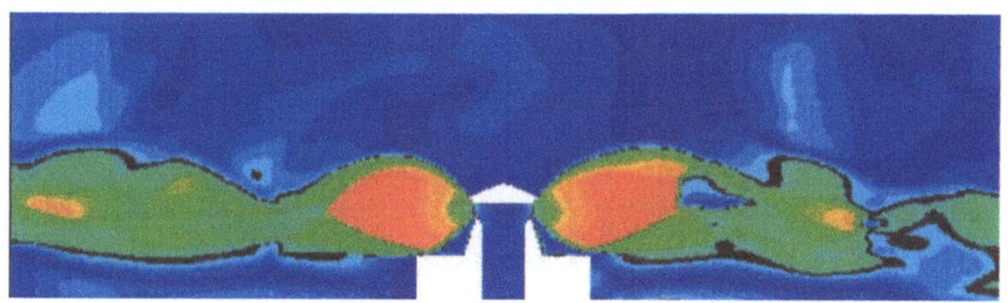

Fig. 14.1   *Jet libre à l'échappement de la soupape de sécurité de Denis Papin.   Résolution des équations de l'écoulement en fluide parfait (sans frottement) avec méthode de capture des ondes de choc. (Calculs effectués à la Direction des Études et Recherches d'Electricité de France (EDF) pour le bicentenaire du CNAM.)*

L'étude soignée de cas d'incidents, nécessitant parfois le flair d'un détective pour en découvrir les causes profondes, est passionnante. Elle est en tout cas fructueuse au plus

---

[2]www.physics3worlds.com

haut degré, car elle permet d'assurer un fonctionnement plus calme et beaucoup moins dangereux des dispositifs de contrôle et de régulation.

Les écoulements dans les soupapes de sûreté sont un exemple d'application remarquable des lois de la thermodynamique. L'énergie cinétique de la vapeur s'échappant de la soupape de Papin se dissipe par frottement dans l'atmosphère ambiante. La puissance motrice disponible est mécaniquement perdue.

Sur la figure 14.1, on constate l'épanouissement du jet libre supersonique à l'échappement. Des nombres de Mach de 5 apparaissent localement à l'échappement de la soupape de sûreté de Papin, soit des vitesses d'écoulement de l'ordre de 700 m/s.

Dans les années 1990, on savait que certains problèmes sérieux posés par le fonctionnement des soupapes de sécurité pour protéger les chaudières n'étaient toujours pas résolus. Une recherche d'intérêt général conduite au CETIM (Centre Technique des Industries Mécaniques) a alors été entreprise à la demande des constructeurs et du principal utilisateur EDF.

Les soupapes, depuis Papin jusqu'à nos jours, ont subi des modifications notables par leurs effets induits sur les écoulements. Un changement crucial par rapport à la soupape de Papin, a été, au cours du temps, la mise en place d'un collecteur permettant la récupération du fluide expulsé. Toute la puissance motrice contenue dans le fluide, qui se libérait auparavant à l'atmosphère, est maintenant obligée de se dissiper dans l'espace réduit d'une canalisation (Figure 14.2). Au vu de l'amplitude du jet libre qui s'échappe de la soupape de sécurité de Papin (Figure 14.1), il est clair que l'écoulement est fortement gêné par le confinement réduit qui lui est proposé pour se détendre en aval. Le système moléculaire, du fluide s'échappant, s'organise pour dégrader l'énergie cinétique selon sa propre logique. Les parois qui lui sont offertes sont incompatibles avec la nature supersonique de l'écoulement. Un conflit s'engage. Les phénomènes sont si compliqués qu'on ne peut avoir la prétention de les décrire en détail. L'écoulement va se débrouiller pour dégrader sa puissance motrice au mieux de ses intérêts, de ses caprices, sans se préoccuper le moins du monde de garantir notre sécurité, d'où la survenue de nombreux accidents.

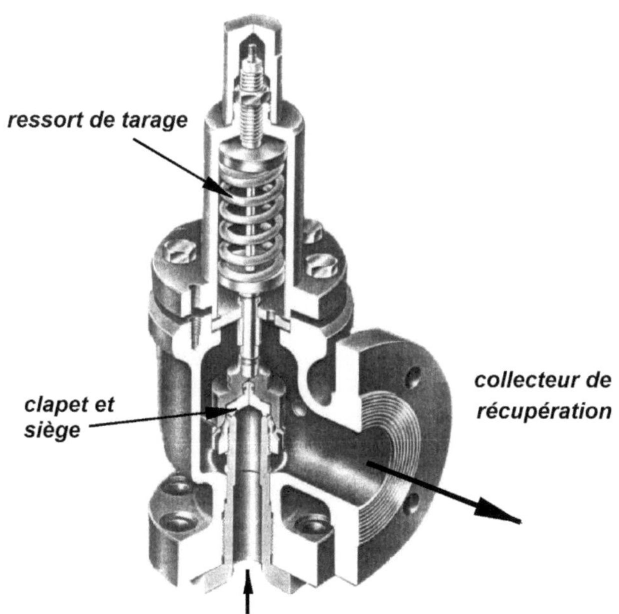

Fig. 14.2 - *Soupape de sécurité actuelle*

Ce collecteur disposé à l'aval, dont la géométrie n'est pas compatible avec les écoulements supersoniques en aval du clapet, entache le fonctionnement des soupapes de sûreté, dont la conception est à revoir. La soupape de Papin était dépourvue de ce collecteur à sa naissance ; il ne s'agit donc pas d'une tare congénitale, mais d'une erreur de conception.

Les surprises désagréables, dans ces équipements, proviennent en partie de cols soniques en série, cohabitant aux levées intermédiaires, et qui perturbent l'écoulement, lequel hésite entre deux positions pour s'ancrer. Il s'ensuit souvent des instabilités, des interactions ainsi que des oscillations acoustiques qui mettent en danger le matériel, même si ces zones délicates sont souvent franchies assez rapidement.

Une autre difficulté provient du fait que ces matériels ne fonctionnent que rarement. Ils constituent donc un piège dangereux, parfois fatal. Toutes les soupapes sont malades mais toutes n'en meurent pas. Une soupape de sûreté qui a fonctionné a subi des déformations telles qu'elle n'est souvent plus étanche à la fermeture : on la remplace !

Errare humanum es, perseverare diabolicum

Un échec est pardonnable si nul ne pouvait le prévoir, mais il faut lutter contre le sentiment que l'écoulement supersonique n'intéresse que l'aéronautique. Toutes les machines à fluide compressible fonctionnant à haute pression, y compris le marteau pneumatique utilisé sur le chantier au coin de la rue, sont exposées à des difficultés provenant de réactions violentes entre la structure et les écoulements supersoniques qui ne sont jamais parfaitement stables.

Une soupape de sûreté doit s'ouvrir lorsque les conditions l'exigent, mais elle doit être ensuite en état de se refermer. Tout le chahut interne dû à la transformation de l'énergie cinétique du fluide en d'autre formes (calorifique, vibratoire et sonore en particulier) attaque la structure mécanique en la déformant parfois. On aura compris que ces soupapes de sûreté ne sont pas sûres, il suffit de lire la presse pour s'en convaincre.

L'accident de Three Mile Island (28 Mars 1979)

L'accident TMI débuta par une suite d'incidents d'exploitation fâcheux mais mineurs. Les opérateurs mirent plusieurs minutes pour rétablir la situation. Pendant ce laps de temps, la pression du circuit primaire augmenta jusqu'à déclencher l'ouverture d'une vanne de décharge (PORV).

Lorsque cette vanne de décharge reçut l'ordre de se fermer, elle resta coincée en position ouverte alors que les opérateurs voyaient sur les écrans " vanne fermée " : cette information était fausse. Des incidents en chaîne se poursuivirent jusqu'à la fusion partielle du coeur d'un réacteur. Ce fut le plus grave accident technologique sur le sol des Etats-Unis d'Amérique.

La cause initiale du désastre : une vanne restée coincée en position ouverte.

Extrait du Rapport du Président de la Commission (Octobre 1979), page 43

```
        Nine times before the TMI accident, PORVs stuck open
at B&W plants. B&W did not inform its customers of these failures,
nor did it highlight them in its own training program so that
operators would be aware that such a failure causes a small-break
LOCA.
```

Lors de l'ouverture d'une soupape de sécurité, les perturbations provoquées par la puissance motrice se dégradant peuvent déformer les structures et rendre inapte la fermeture ultérieure du clapet. Dans d'autres situations où la soupape se referme, elle n'est généralement plus étanche à la fermeture. Les effets mécaniques de tels écoulements chaotiques sur les structures sont très mal connus. Dans un écoulement supersonique soumis à de si mauvais traitements, le moindre détail géométrique peut conduire au désastre.

Jimmy Carter, qui fut spécialiste en énergie nucléaire avant son élection à la présidence des USA, eut à gérer la catastrophe de TMi. L'utilisation des vistemboirs dans les soupapes ayant permis de maîtriser les écoulements chaotiques et violents qui perturbaient leur fonctionnement, cette nouveauté en physique a été portée à sa connaissance.

Un ingénieur ne peut pas accepter de tels écoulements qui permettent au chaos d'envahir, au risque de les détruire, des organes de sécurité, sensés nous préserver d'accidents technologiques majeurs. Un comble !

Excuses collectives

La soupape de Denis Papin fonctionnait correctement. (nous l'avons testé dans un laboratoire du CNAM).

Nous devrions collectivement nous excuser d'avoir, longtemps après lui, introduit un collecteur de récupération du fluide issu des soupapes, sans proposer de dispositif pour atténuer le rôle déterminant et néfaste de cet ajout sur les écoulements.

Soupapes de régulation calmées[3]

Appliquons le principe de double action à une maquette de soupape de régulation, en y implantant des vistemboirs (Fig. 14.3).

En première approximation, les écoulements dans chacune des tuyères (Figures 13.1 et 13.2) suivent le principe de moindre action. Les pertes par frottement y sont pratiquement nulles. En rapprochant ces tuyères l'une de l'autre, tout va changer.

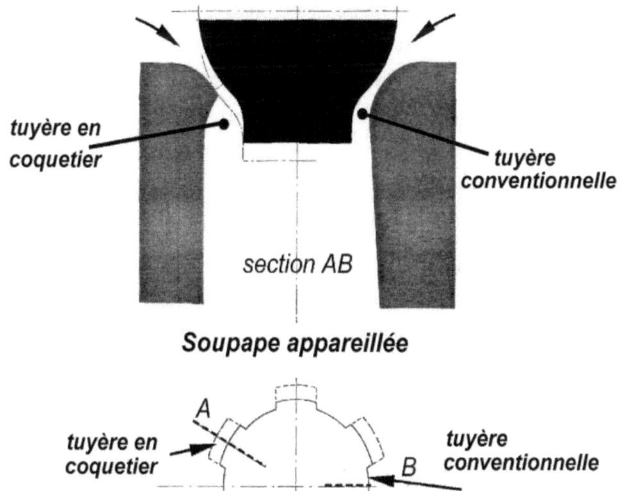

Fig. 14.3 - *Soupape de régulation munie de vistemboirs.*

En effet, prenons ces deux tuyères et empilons-les une couche après l'autre, dans un dispositif multi-structures dans lequel chaque tuyère a une épaisseur

---

[3]Brevet FRANCE n⁰ 84 03 206 du 1er mars 1984, Europe, USA, Japon, URSS, Canada, etc. Brevets cédés par le CETIM à Framatome, Alstom et EDF en 1985

donnée. Dans une telle structure en sandwich, toutes les pressions, vitesses, etc, sont très différentes en chaque point correspondant dans chacune des couches.

Les alvéoles dessinées comme des tuyères en forme de coquetier sont creusées dans la tuyère de la soupape de régulation (Figure 14.3). Ces alvéoles sont réparties dans la tuyère et séparées les unes des autres par des tuyères conventionnelles. Des écoulements différents sont ainsi engendrés selon la pénétration azimutale dans la soupape.

Tandis que le fluide est homogène en amont, il est forcé de se détendre soudainement depuis le col dans une tuyère en forme de coquetier ou dans un tuyère conventionnelle. La structure stratifiée imposée à l'écoulement l'oblige à abandonner immédiatement le principe de moindre action et à activer le principe de pire action, provoquant ainsi un mélange profond dans l'ensemble de la masse fluide. Aucune particule n'est identique à sa voisine. Des phénomènes de transport non-linéaires et sauvages entament leur activité irréversible de dégradation.

Les forces non-stationnaires enregistrées sur la tige d'une soupape permettent une comparaison entre la nouvelle géométrie équipée de vistemboirs et la géométrie conventionnelle de référence (issue d'un consensus entre les industriels français et EDF).

Les résultats d'essais bruts sont obtenus pendant une rafale. Toute la gamme de rapport de pression est alors explorée pour une levée donnée.

La confrontation entre la version de référence A et la version B munie de vistemboirs donne des résultats remarquables, et ceci dès le premier essai.

Le résultat est spectaculaire (Figure 14.4) : Le signal délivré par le capteur de la soupape avec vistemboirs (B) est extrêmement faible, quasiment nul, comparé au signal obtenu avec la géométrie initiale (A). Quand le vistemboir est utilisé, il cause une réduction immédiate de toutes les caractéristiques fluctuantes du système fluide. Le résultat le plus significatif est le suivant : l'amélioration décisive a été obtenue dès la première tentative, qui est sans aucun doute la meilleure preuve de l'efficacité de cette solution. Un expérimentateur qui tombe (pour l'unique fois de sa carrière) sur un résultat aussi flagrant en reste interloqué et marqué à vie.

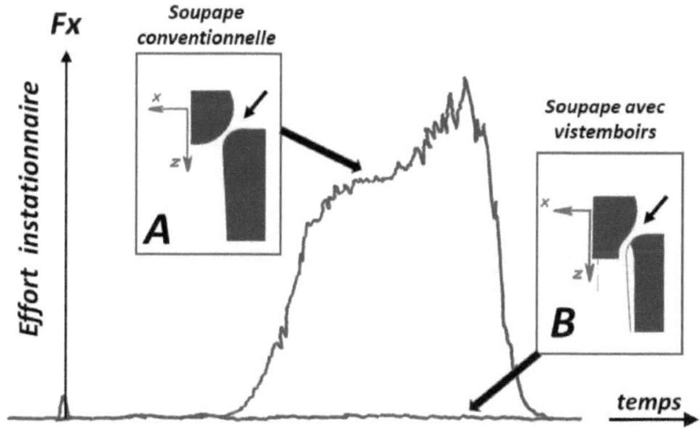

Fig. 14.4 - *Les vistemboirs calment les écoulements dans les soupapes de régulation des centrales thermiques classiques et nucléaires.*

• Dans le premier cas A, le fluide a toute la liberté pour dissiper lui-même son énergie cinétique. Alors on pénètre dans le chaos, puis apparaissent les structures dissipatives de Prigogine qui, par manque de stabilité, peuvent devenir très dangereuses dans les soupapes et dans d'autres applications en énergétique.

• Dans le second cas B, on impose au système moléculaire de suivre l'équation de Boltzmann, grâce à la géométrie utilisée. Des phénomènes de transport non-linéaires créent une intense dégradation de l'énergie. Le nombre faramineux de complexions engendre énormément d'entropie et épuise la puissance cinétique contenue dans le fluide. Les caractéristiques instationnaires de l'écoulement sont réduites à néant ou peu s'en faut.

Cette physique, qui apporte le calme dans notre monde macroscopique permet d'échapper aux structures dissipatives de Prigogine et de rejoindre très rapidement le désordre maximum prévu par Boltzmann. La production d'entropie est considérable. Dans cette aventure, du désordre a été organisé dans le monde microscopique pour éviter le chaos dans notre monde macroscopique.

Le principe de double (pire et meilleure) action n'est actif que durant le fonctionnement aux charges partielles des centrales thermiques classiques ou nucléaires, c'est-à-dire lorsqu'une énergie considérable se dégrade. Lors des fonctionnements à pleine charge, où les soupapes sont grandes ouvertes, les dégradations d'énergie doivent être les plus faibles possibles. Les écoulements sont alors subsoniques dans chacune des tuyères, et il a bien entendu été vérifié que la géométrie proposée n'entraîne aucune perturbation supplémentaire, bien au contraire semble-t-il.

La solution proactive proposée modifie profondément le système moléculaire en intensifiant les phénomènes de transport, de telle sorte que l'énergie cinétique est transformée directement en énergie désordonnée d'agitation thermique. En évitant ainsi le chaos et en créant massivement de l'entropie.

Alors que chacun doit éviter les gaspillages d'énergie, il est essentiel d'admettre que dans de certaines situations, de l'énergie doit être dégradée. Parmi ces nécessaires irréversibilités, on trouve par exemple le jet d'eau s'écoulant d'un robinet, dont la faible puissance n'incite pas à en dire plus. Ou les jets supersoniques dans les soupapes, disposant d'une telle puissance, qu'ils peuvent être le siège d'incidents et d'accidents de portée mondiale.

Le principe de moindre action est très utile dans des domaines proches de l'équilibre ; on en est loin. Les structures dissipatives, par l'ordre qu'elles contiennent, et malgré leur nom, ne sont pas très dissipatives. Elles entraîneraient l'écoulement global vers des fluctuations de pression accompagnées de vibrations dangereuses, prémices de fissures dans l'installation à moyen terme, et probablement de corrosion à plus long terme. Le seul principe à imposer est le principe de pire action.

Il faut imposer une structure très complexe au monde microscopique afin qu'il suive plutôt l'ordre de Boltzmann que l'ordre par fluctuations de Prigogine.

Les vistemboirs permettent non seulement une massive et quasi instantanée dégradation de l'énergie cinétique, ils assurent aussi une remarquable stabilisation des écoulements dans tous les cas de fonctionnement.

Ces dégradeurs d'énergie cinétique forcent les milliards de milliards de molécules du monde microscopique à auto-détruire leur énergie cinétique globale. Alors le monde macroscopique reprend le contrôle de l'installation et les parois guidant le fluide retrouvent leur sérénité.

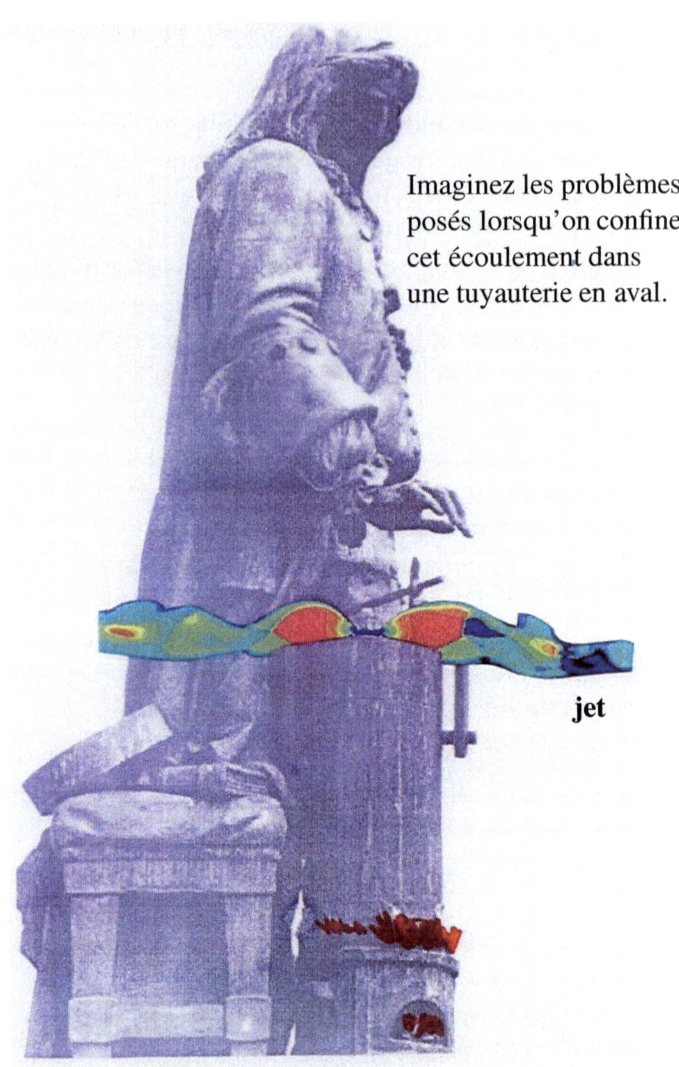

**Fig. 14.5 Stèle de Denis Papin
Cour d'Honneur du Cnam**
(Conservatoire national des Arts et Métiers)

*Le jet supersonique qui s'échappait de sa soupape de
sécurité a été ajouté sur ce montage photographique*

Pourquoi observons-nous encore tant d'incidents et d'accidents sur les soupapes ?

Puisque la solution existe, le lecteur peut se demander pourquoi la presse relate encore tant d'accidents de soupapes ? La réponse pourrait être :

> **"** ***Il faut laisser du temps au temps, en physique !* "**

Donnons-en quelques exemples :

- Le général Lazare Carnot, "l'Organisateur de la victoire", physicien et mathématicien de renom, a son nom inscrit sur la frise du premier étage de la tour Eiffel. Cette frise honore 72 scientifiques, ingénieurs ou industriels qui se sont distingués dans le siècle précédent 1889. Peut-être était-il délicat d'y mentionner deux fois le nom Carnot, toujours est-il que le fils de Lazare Carnot : Sadi Carnot, fondateur de la thermodynamique n'y figure pas, preuve que ses découvertes ne sont pas encore reconnues 75 ans après la publication de son ouvrage.

- Dans son autobiographie scientifique, Max Planck suggère une autre hypothèse : *"J'ai eu l'occasion d'apprendre un fait que je tiens pour très remarquable : une vérité nouvelle en science n'arrive jamais à triompher en convainquant les adversaires et en les amenant à voir la lumière, mais plutôt parce que finalement ces adversaires meurent et qu'une nouvelle génération grandit, à qui cette vérité est familière. "*

- Pour Arthur Schopenhauer :*"Toute vérité franchit trois étapes. D'abord, elle est ridiculisée. Ensuite, elle subit une forte opposition. Puis, elle est considérée comme ayant toujours été une évidence."*

- En 1986, James Lightill, président de "International Union of Theoretical and Applied Mechanics" déclara publiquement et solennellement :

"Ici, il me faut m'arrêter et parler au nom de la grande fraternité des praticiens de la mécanique. Nous sommes très conscients, aujourd'hui, de ce que l'enthousiasme que nourrissaient nos prédécesseurs pour la réussite merveilleuse de la mécanique newtonienne les a menés à des généralisations, dans le domaine de la prédictibilité ... que nous savons désormais fausses. Nous voulons collectivement présenter nos excuses pour avoir induit en erreur le public cultivé en répandant, à propos du déterminisme des systèmes, des idées qui se sont, après 1960, révélées incorrectes. "

Cela fait donc une quarantaine d'années que l'on connaît mieux le chaos et pourtant les milieux industriels, trop ancrés dans le déterminisme préfèrent encore l'ignorer. Allez dire à des robinettiers français qu'il y a du chaos dans leurs réalisations ; chez les autres certainement, mais pas chez eux ! Cependant, certains ont compris l'intérêt d'utiliser le principe de double action, et il est appliqué outre-atlantique pour le plus grand profit d'industriels plus réactifs et moins scrupuleux que d'autres à l'égard des brevets.[4]

---

[4]Sur le Web : Tribulations d'un brevet français au pays du Far West.

15   Accident de Three Mile Island

Dans les années 1970, les constructeurs français de turbines à vapeur lancèrent une recherche d'intérêt général sur les causes des instabilités d'écoulement observées dans les soupapes de régulation et de sécurité de leurs installations de production d'énergie. Électricité de France s'associa à cette recherche confiée à l'ATTAG (Association Technique pour les turbomachines et Turbines à Gaz). L'étude fut conduite, sous la responsabilité de l'auteur, dans le cadre des activités du CETIM (Centre Technique des Industries Mécaniques).

Il fallut attendre 1984 pour faire émerger une solution spectaculaire[1]. Elle consistait en un procédé innovant pour dégrader l'énergie cinétique dans les fluides. Le problème était résolu de manière efficace, mais les bases profondes en restaient mystérieuses. En effet, les physiciens du chaos n'avaient pas encore publié l'essentiel de leurs travaux.

Et la méthode proposée consistait, en utilisant les propriétés des écoulements supersoniques, à s'échapper de tout chaos.

Pour partager cette physique cachée derrière le chaos, on peut l'illustrer dans divers domaines scientifiques. Personne n'a oublié, par exemple, la pire catastrophe technologique survenue sur le sol des USA : L'accident à

---

[1]Brevet cédé par le CETIM à FRAMATOME et ALSTOM en 1985. Licence accordée à EDF.

Three Mile Island. On ne se souvient peut-être pas que ce désastre se produisit durant la mandature du président Jimmy Carter, et que celui-ci fut, avant son élection, un expert en physique nucléaire. Il a donc été informé de ce morceau de physique resté dans l'ombre, et qui pourrait se montrer redoutable dans d'autres applications où des énergies considérables doivent être dégradées.

Nous publions ici, pour information et examen, la lettre ouverte adressée au président Carter, ainsi que sa réponse.

Lettre ouverte à M. Jimmy Carter, ancien Président des États-Unis d'Amérique

M. le Président,

Une série récente d'incidents laisse à penser que toute la lumière n'a pas été faite sur l'accident de Three Mile Island (TMI). Le rapport établi en Octobre 1979, à votre demande, pointait du doigt la maintenance du matériel et le manque de compétence des opérateurs.

Un fait essentiel, insuffisamment relevé, est que neuf fois avant que l'accident ne survienne, la pilot-operated relief valve (PORV) a été retrouvée coincée en position ouverte. Or, selon les normes internationales, une soupape de sécurité doit s'ouvrir lorsque les conditions l'exigent, et se refermer lorsque la pression dans le réservoir est revenue à sa valeur normale. La PORV ne suivait donc pas les normes, elle ne fonctionnait pas correctement. La cause de ces défaillances est à rechercher dans une partie inexplorée de la physique : celle où l'on doit dégrader massivement et rapidement de l'énergie.

Parce qu'au moment de l'accident, la physique du chaos était encore dans l'enfance, il n'était pas possible de déceler la cause initiale de cette catastrophe : le fonctionnement en régime chaotique de la PORV. Étant personnellement impliqué depuis longtemps dans le fonctionnement des soupapes, il m'appartient de souligner l'implication de cette soupape de sécurité dans le désastre et de proposer une solution salutaire.

Il serait inutile de revenir sur cet accident tragique, si mon propos n'était pas élargi à toutes les soupapes, et surtout à celles qui vibrent actuellement partout dans le monde.

Dans les incidents en centrale, on remarque que les soupapes de réglage ou de sûreté sont assez souvent mises en cause. Depuis des siècles, on cherche à en comprendre le fonctionnement.

Revenons donc un instant sur les phénomènes observés dans un simple robinet. Lors de l'ouverture, le fluide est mis en vitesse et possède donc une énergie cinétique qui se dégrade en aval. La puissance motrice contenue dans ce jet se dissipe dans l'atmosphère où elle est définitivement perdue. Les fluctuations observées, lorsque l'écoulement saute du régime laminaire au régime turbulent, suivent les lois du hasard et nous invitent à envisager l'écoulement turbulent comme une manifestation du chaos. De ces deux observations à la portée de tous, on note que la dissipation d'énergie et les instabilités sont des phénomènes qui accompagnent tous les écoulements.

Dans la plupart des installations, le fluide est confiné en aval dans une tuyauterie, il devient encore plus difficile de saisir la nature physique profonde des processus car d'autres phénomènes chaotiques apparaissent.

Les grandes différences de pression, existant entre les réservoirs en amont et en aval lors de l'ouverture d'une soupape de sécurité, mettent violemment le fluide en mouvement. Celui-ci possède une énergie cinétique considérable et donc une puissance motrice qui s'exprime en dizaines de mégawatts. Les écoulements traversent des zones chaotiques très dangereuses puis des structures supersoniques plus ou moins stables se forment. Le fluide dégrade l'énergie cinétique à sa guise en énergie thermique, mais aussi sous d'autres formes néfastes : énergie vibratoire, sonore, etc. L'installation peut en être sérieusement troublée.

Les structures supersoniques formées par des milliards de milliards de molécules auto-organisées sont appelées structures dissipatives, pour associer les deux idées d'ordre et de désordre. Ces structures ordonnées se nourrissent d'échanges d'énergie et de matière avec leur environnement, ce qui leur permet d'exister un certain temps avant de disparaître. Dans les soupapes, ces structures dissipatives ne sont pas les bienvenues ; on doit absolument éviter qu'elles se forment.

À TMI, les perturbations causées par le fluide se débarrassant de sa puissance motrice ont dû tellement secouer le clapet lors de son ouverture qu'il lui devenait mécaniquement impossible de se fermer. Dans d'autres situations où le clapet se referme, la soupape n'est souvent plus étanche à la fermeture.

Sans y prêter garde, on a laissé le chaos s'installer dans des dispositifs de sécurité dont le but est de protéger les populations, les installations et l'environnement. La dangerosité des écoulements incontrôlés dans les soupapes reste un sujet de préoccupation. Par exemple, l'agence de presse AFP signalait le fonctionnement aléatoire d'une vanne de vapeur sur une centrale nucléaire en France, en décembre 2012.

Une solution proactive consiste à déstructurer volontairement les écoulements supersoniques, dès leur apparition, afin que les molécules ne puissent pas s'agréger en structures dissipatives. Un désordre intense dans le monde microscopique peut ainsi être créé, on évite alors le chaos dans notre monde macroscopique. Le principe de pire action utilisé s'applique lorsque des puissances énormes sont à dégrader. Son instrument est le dégradateur d'énergie cinétique ou plus brièvement un Vistemboir.

À Three Mile Island, la physique a été cruelle envers le genre humain. Elle avait tenté de nous alerter mais nous n'écoutions pas. Aujourd'hui, la leçon a été entendue.

Sincères salutations.

Michel Pluviose
Professeur honoraire du CNAM

(Préventique-N⁰131-Septembre-Octobre 2013)

"Ceci est intéressant et de grande valeur. J'espère que vous partagerez cette expertise avec des techniciens toujours en activité. ***Jimmy Carter****"*

Ordre et Désordre

Le bureau d'Albert Einstein (1955)

(Crédit photo Ralph Morse pour LIFE)

16   L'effet Coriolis

> **Influence de la rotation de la terre sur le déplacement des corps**

Gaspard-Gustave de Coriolis publia en 1832, dans le Journal de l'École polytechnique, l'article : *Mémoire sur le principe des forces vives dans les mouvements relatifs des machines.*

L'effet Coriolis affecte le mouvement de tous les corps dans un système en rotation. Puisque la terre est en rotation sur son axe, comme tournent les machines et manèges,[1] nous sommes vous et moi, soumis à l'effet Coriolis lors de nos déplacements.

Parmi les autres travaux en mécanique, notons sa *Théorie mathématique du jeu de billard.* Le choc des billes, comme celui des molécules a vivement intéressé les scientifiques de tous temps.

Son nom figure en lettres d'or sur la frise du premier étage de la tour Eiffel, parmi 72 autres savants, dont certains sont cités dans ce livre. Un cratère de la Lune a été officiellement dénommé Coriolis, car tous les déplacements de masses - de poussières ou autre - autour de la Lune sont évidemment sujets aussi à l'effet Coriolis.

---

[1]Ceux qui pensent que la terre est plate et fixe devront s'informer davantage avant de pénétrer dans ce chapitre.

Système galiléen

Les lois fondamentales de la physique sont identiques dans les systèmes de référence qui se déplacent linéairement les uns par rapport aux autres, ou systèmes galiléens. Cette constatation expérimentale de Galilée a été reprise par Newton pour établir sa seconde loi ou principe fondamental de la dynamique. Cette loi n'est donc valable que dans des repères galiléens (appelés aussi référentiels d'inertie).

Elle stipule que la somme des forces appliquées $\vec{F}$ sur un point matériel est égale au produit de la masse m de ce point par l'accélération $\vec{\gamma}$:

$$\Sigma\vec{F} = m\vec{\gamma} \qquad\qquad (16-1)$$

Système non galiléen

On a longtemps pensé que le Soleil tournait autour de la terre supposée fixe. On sait aujourd'hui que la Terre n'est pas un système galiléen puisque c'est elle qui tourne autour du Soleil.

Léon Foucault le montra magistralement par une expérience menée à l'aide d'un pendule, sur laquelle on reviendra en fin de chapitre.

Mouvement circulaire uniforme

Un mouvement circulaire uniforme est, par exemple, celui de n'importe quel point d'un disque tournant à vitesse constante, c'est aussi le cas pour les aiguilles d'une horloge. On montre dans les traités élémentaires de mécanique que, dans un tel mouvement circulaire, la vitesse U est directement proportionnelle au rayon r pour une vitesse angulaire donnée ω. Puisque les quantités en présence ont un sens sur leur ligne d'action, la relation $U = \omega \cdot r$ peut être avantageusement écrite sous forme vectorielle

$$\vec{U} = \vec{\omega} \wedge \vec{r} \qquad (16-2)$$

La vitesse $\vec{U}$ peut être représentée par une quantité vectorielle dont la direction est perpendiculaire au plan formé à partir de $\vec{\omega}$ et $\vec{r}$ et dirigé dans le sens donné, de manière figurative, par la règle de la main droite (Fig. 16.1).

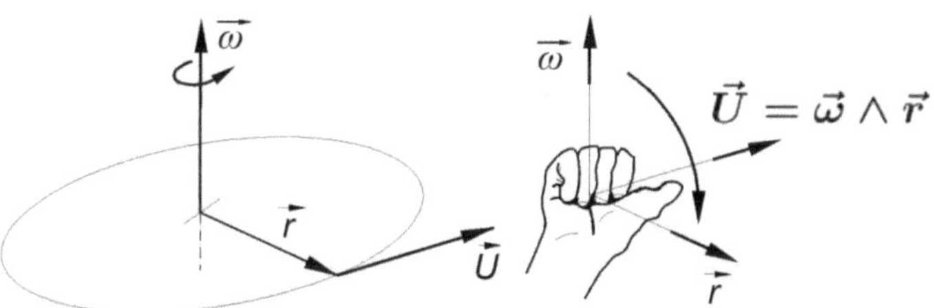

Fig. 16.1 *Relation vectorielle entre la vitesse angulaire $\vec{\omega}$, le vecteur position $\vec{r}$ et la vitesse circonférentielle $\vec{U}$ dans un mouvement circulaire uniforme - règle de la main droite*

L'effet Coriolis dans les machines

Les lois de l'écoulement permanent dans un canal mobile de turbomachine ont pu être établies à partir des travaux de Coriolis.

Une particule fluide dans une roue en rotation, (ou un enfant sur un manège,) ne se déplace évidemment pas linéairement. Le système en mouvement n'est pas galiléen.

Le repère naturel à utiliser pour décrire l'écoulement dans une roue de turbomachine est un repère en rotation par rapport au repère galiléen utilisé pour les parties fixes de la machine. Pour écrire les relations générales dans le repère en rotation, on doit tenir compte d'autres termes : l'accélération d'entraînement et l'accélération de Coriolis. Multipliées par la masse, ces dernières contributions apparaissent comme des forces additionnelles. On les appelle aussi forces fictives, forces d'inertie, forces complémentaires ou encore pseudo-forces parce qu'elles sont des quantités issues seulement de la cinématique.

Soyons plus clair. Il nous est arrivé à tous de nous tenir debout dans un bus roulant à vitesse constante dans une longue avenue droite (le repère est donc galiléen).... un chat traverse .... le chauffeur fait un écart pour l'éviter .... et nous envoie valdinguer dans des mouvements spectaculaires parmi les autres passagers (nous ne sommes plus dans un repère galiléen). Mais quelle est donc la force qui nous éjecte de notre emplacement initial ? Aucune !

Nulle force ne s'est appliquée sur nous. C'est notre seule inertie, liée à notre masse, qui nous fait poursuivre notre trajectoire à vitesse constante, alors que le bus a dévié de sa trajectoire.

Il n'y eu aucune force, mais il y eu un effet réel et une accélération de notre mouvement. C'est pourquoi, on parle de force fictive, de pseudo-force ou encore d'effet comme dans ce texte. On va, par exemple, montrer que l'effet Coriolis dévie les masses de vent se déplaçant dans l'atmosphère terrestre.

Newton énonce sa première loi, appelée aussi "principe d'inertie", de la manière suivante : *Tout corps persévère dans l'état de repos ou de mouvement uniforme en ligne droite dans lequel il se trouve, à moins que quelque force n'agisse sur lui, et le contraigne à changer d'état.*

Dans *quelque force*, Newton entend toute sorte de forces, y compris la force d'inertie de Coriolis que l'on appelle ici effet Coriolis.

Mouvement relatif uniforme de rotation

Considérons deux observateurs O et O'. L'observateur O dans le repère fixe XYZ (Fig. 16.2a) voit le repère X'Y'Z' de l'observateur O' tourner avec une vitesse angulaire ω constante.

La vitesse $\vec{V}$ d'une particule P vue par l'observateur O, ou vitesse absolue, est :

$$\vec{V} = \frac{d\vec{r}}{dt}$$

Si la particule P est au repos pour l'observateur O' (Fig. 16.2a), elle apparaît se déplacer sur un cercle avec la vitesse angulaire $\vec{\omega}$ pour l'observateur O. Elle a donc, pour l'observateur O, une vitesse donnée : $\vec{U} = \vec{\omega} \wedge \vec{r}$.

Composition des vitesses

Si maintenant, au lieu d'être fixe, la particule se déplace dans le repère O'X'Y'Z' (Fig. 16.2b) avec une vitesse $\vec{W}$, alors la vitesse de cette particule pour l'observateur O est :

$$\vec{V} = \vec{W} + \vec{\omega} \wedge \vec{r} \qquad (16-3a)$$

C'est la loi de composition des vitesses :

$$\vec{V} = \vec{W} + \vec{U} \qquad (16-3b)$$

Cette relation lie $\vec{V}$ et $\vec{W}$, vues par les observateurs O et O', de la même particule P en mouvement relatif uniforme de rotation avec la vitesse angulaire $\vec{\omega}$.

L'exemple le plus simple est certainement celui du manège pour enfants. L'enfant en P tourne avec le manège alors que ses parents en O le regardent depuis l'extérieur du manège ; l'enfant et ses parents ont le centre du manège comme origine des coordonnées.

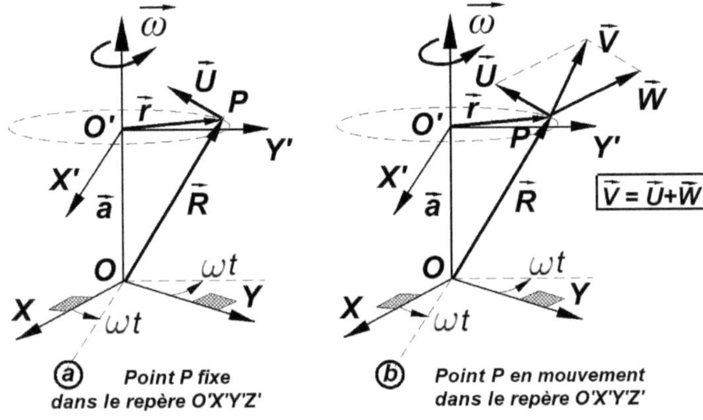

Fig. 16.2 - *Composition des vitesses*

Composition des accélérations

La relation entre les accélérations de la particule P mesurées par les observateurs O et O' est un peu plus compliquée. La dérivation de la loi de composition des vitesses (éq. 15-3b) qui ne comprend que deux termes conduit maintenant à trois termes pour les accélérations, dont l'un d'eux est l'étonnante accélération de Coriolis. Pour éviter de transformer ce texte en un livre plus rigoureux mais trop encombrant, on se limite ici à donner le résultat ;

le développement des calculs figure dans les traités de mécanique et d'analyse vectorielle cités en bibliographie.

$$\vec{\gamma}_a = \vec{\gamma}_r + \vec{\gamma}_u + \vec{\gamma}_c \qquad (16-4)$$

Cette équation donne la relation entre les accélérations absolu $\vec{\gamma}_a$ et relative $\vec{\gamma}_r$ de P mesurées par des observateurs O et O' en mouvement relatif uniforme de rotation.

- $\vec{\gamma}_u$ est l'accélération d'entraînement.

- $\vec{\gamma}_c$ est l'accélération de Coriolis : $\vec{\gamma}_c = 2\vec{\omega} \wedge \vec{W}$.

L'accélération de Coriolis $\vec{\gamma}_c$ et celle d'entraînement $\vec{\gamma}_u$ résultent toutes deux du mouvement relatif de rotation des deux observateurs.

Cherchant maintenant une relation analogue à la loi fondamentale de la dynamique (16-1) pour le mouvement relatif d'une particule, on trouve :

$$\Sigma \vec{F} + \vec{F_u} + \vec{F_c} = m\vec{\gamma_r} \qquad (16-5)$$

Cette relation (16-5) est la loi fondamentale de la dynamique pour le mouvement relatif d'une particule.

La force d'inertie de Coriolis ou effet Coriolis dans l'expression ci-dessus est :

$$\vec{F_c} = -2m(\vec{\omega} \wedge \vec{W}) \qquad (16-6)$$

L'effet Coriolis est une force fictive qui n'agit sur une particule que si celle-ci est en mouvement par rapport au référentiel tournant.

En comparant les relations $(16-1)$ et $(16-5)$, on arrive à la conclusion que l'équation fondamentale de la mécanique pour le mouvement relatif d'une particule est formée de la même façon que l'équation correspondante du mouvement absolu, à condition d'ajouter la force d'inertie de Coriolis et la force d'inertie d'entraînement aux forces d'interaction avec les autres particules agissant sur la particule étudiée.

L'addition des forces : $\overrightarrow{F_u}$ et $\overrightarrow{F_c}$ a pour effet de tenir compte de l'influence du déplacement des axes mobiles sur le mouvement relatif du point.

L'effet Coriolis dans la nature

Coriolis étudiait le fonctionnement des machines, mais ses travaux dépassent aujourd'hui largement ce cadre initial. L'effet Coriolis se manifeste dans les mouvements accompagnant les corps en rotation, c'est-à-dire dans les nombreux référentiels qui ne sont pas galiléens. C'est ainsi que les déplacements divers (vents, courants marins, etc .) sur la Terre, planète tournant autour d'un axe, sont soumis aux effets de Coriolis.

L'étude du mouvement d'un corps par rapport à la terre est devenue l'une des applications particulièrement intéressantes de l'Eq. (16-5).

Léon Foucault et la rotation de la Terre

Si la Terre était fixe, un pendule oscillerait dans un plan passant par l'axe, déterminé par son lancement initial.

Les travaux de Léon Foucault[2], en 1851 sur les oscillations d'un pendule sont spectaculaires car ce fut la première fois que l'on mettait en évidence la rotation de la Terre par rapport à un référentiel galiléen.

Foucault le démontra clairement par une expérience menée d'abord dans sa cave, puis à l'Observatoire de

---

[2]Son nom est gravé sur la frise de la tour Eiffel

Paris, à l'aide d'un pendule de 67 mètres de haut. Les déplacements du pendule prouvaient de façon manifeste que la planète Terre était en rotation (Fig. 16-3).

Fig. 16-3   *Pendule de Foucault*
Chapelle du Musée des Arts et Métiers (1994)

Le mouvement du pendule est continuellement dévié de sa trajectoire par l'effet Coriolis. On en déduit que la terre n'est pas un système galiléen, donc qu'elle tourne autour d'un autre repère : un repère lié au Soleil ? ou un autre repère quelque part aux confins de l'espace-temps.

La seconde loi de Newton ne s'applique donc sur la terre que lorsque l'effet Coriolis peut être considéré comme négligeable, c'est-à-dire, en particulier, lorsque les mouvements sont d'amplitude modérée. Dans les écoulements de grande taille, tels les ouragans, l'effet Coriolis se manifeste alors intensément.

Vitesse et accélération d'un point à la surface de la Terre

Notre planète tourne autour du soleil, en un an, sur une orbite presque circulaire à une vitesse de l'ordre de 30 km/s. De plus, la Terre tourne, en un jour, autour d'un axe dont l'inclinaison est d'environ 23^0 $30'$. C'est cette inclinaison qui provoque les saisons (Fig. 16-4).

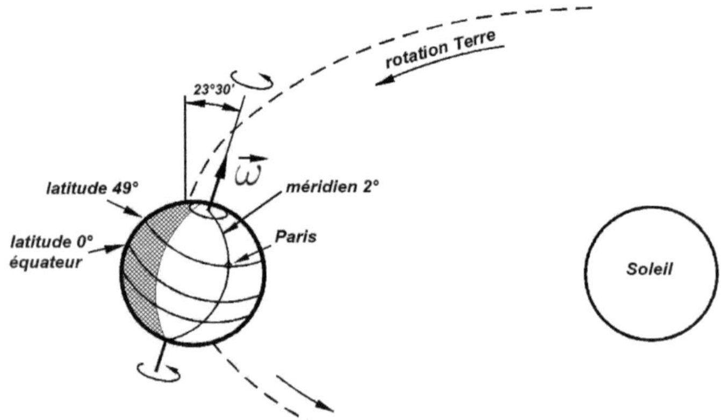

Fig. 16-4 - *Position de la Terre par rapport au Soleil le jour de l'arrivée de l'été (21 Juin)*

En raison de la rotation quotidienne de la Terre, tous les corps sur sa surface ont un mouvement circulaire par rapport à son axe de rotation.

Tous les points sur la Terre se déplacent avec la même

vitesse angulaire ω, laquelle a pour direction celle de son axe de rotation.

La latitude de Paris, par exemple, est définie comme l'angle λ entre le rayon r de la Terre menant à Paris et le plan équatorial (Fig. 16.5a). La Terre tournant autour de son axe, Paris (et tous ses habitants y compris les chiens et les chats) décrivent un cercle de rayon $R = r \cos \lambda$.

La vitesse de chaque point à la surface de la Terre est tangentielle à un cercle parallèle à l'équateur. Elle a pour valeur : $v = \omega R = \omega r \cos \lambda$.

Connaissant pour la Terre :

- la vitesse angulaire : $\omega = \mathbf{7.292 \cdot 10^{-5}}$ radians/s

- son rayon : $r = \mathbf{6.35 \cdot 10^6}$ m. en considérant que la terre est une sphère parfaite (en première approximation en négligeant les aplatissements aux pôles)
On obtient pour Paris (latitude : $\lambda = \mathbf{48,8534^o}$) :
$v = \mathbf{302}$ m/s ou 1087 km/h.

La vitesse maximum se trouve à l'équateur ($\lambda = \mathbf{0^0}$), où elle atteint $v = \mathbf{459}$ m/s ou 1652 km/h.

Nous ne percevons pas les effets de la rotation de la Terre parce que nous y sommes habitués, comme l'est un passager en vol de croisière à 700 km/h.

L'accélération centripète due au mouvement de rotation de la Terre n'est que de 0,3% de l'accélération gravitationnelle g, si bien que nous ne sentons aucun changement significatif lorsque nous nous déplaçons à la surface de la Terre.

Effet Coriolis sur les mouvements verticaux

L'accélération de Coriolis $\mathbf{2\vec{\omega}} \wedge \vec{W}$ est perpendiculaire à la vitesse $\vec{W}$. L'effet Coriolis dévie toute particule dans une direction perpendiculaire à $\vec{W}$. Par exemple, on voit sur la figure 16.5b que l'effet Coriolis sur un corps lancé en l'air le déviera légèrement vers l'ouest.

Inversement, un corps en chute libre ne tombe pas rigoureusement vers le centre de la Terre ; il est dévié vers l'Est par l'effet Coriolis.

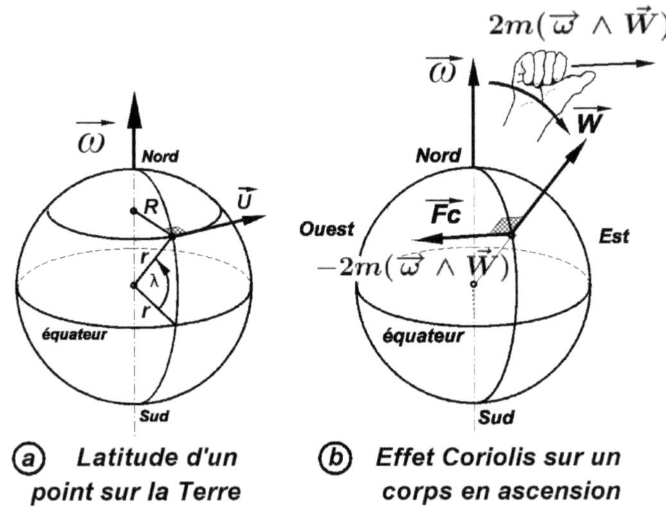

Fig. 16.5 - *Latitude et Effet Coriolis*

Effet Coriolis sur les mouvements plans par rapport à la terre

Lorsqu'une particule se déplace horizontalement, les relations vectorielles précédentes conduisentt à un système d'équations différentielles couplées dont la résolution, après simplifications, permet d'écrire la composante horizontale de la force de Coriolis sous la forme suivante :

$$\vec{F}_c = -2m \sin \lambda (\vec{\omega} \wedge \vec{W}) \qquad (16-7)$$

Cette expression montre le rôle fondamental joué par la latitude. Dans l'hémisphère nord où $\sin \lambda > 0$, la force de Coriolis est dirigée à droite du vent et le dévie donc vers la droite (Fig. 16.6). Cette force de Coriolis étant orthogonale à la vitesse relative W, elle n'effectue aucun travail ; elle dévie le mouvement relatif mais ne modifie pas la vitesse du vent.

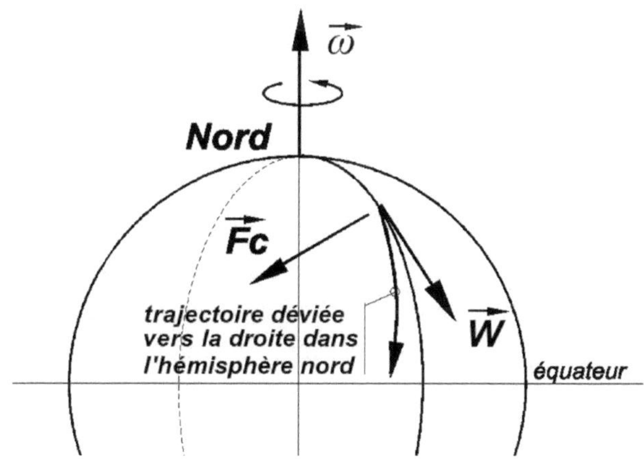

Fig. 16.6 - *Déviation des corps en mouvement par effet Coriolis (Cas de l'hémisphère Nord)*

Comme l'intensité de la force de Coriolis est proportionnelle à la masse en mouvement, cette force est nulle pour les masses au repos par rapport à la Terre. L'effet Coriolis ne se manifeste que lorsque des masses sont en mouvement. Tous les objets se déplaçant rapidement tels que les avions ou les lanceurs de satellites sont évidemment influencés par l'effet Coriolis.

Lorsque la vitesse $\vec{W}$ est parallèle à l'axe de rotation $\vec{\omega}$, l'accélération de Coriolis est nulle. Cette situation se produit sur Terre, lorsqu'un corps franchit l'Équateur en se déplaçant vers le Nord ou le Sud. Aux pôles, où la latitude est égale à $\pm 90^0$, la force de Coriolis est maximale. Les pilotes d'avions prennent en compte ces influences dues à la rotation de la terre lors des vols sur de longues distances. C'est pourquoi la plupart des avions ne volent pas en ligne droite d'un point à un autre. Un pilote volant le long de l'Équateur ne serait pas trop perturbé par l'effet Coriolis. Cependant un peu au nord ou au sud de l'Équateur, l'avion serait dévié. Lorsque l'on se rapproche des pôles, la déviation est maximale.

La Terre tourne plutôt lentement par rapport aux autres planètes. Sa lente rotation relative fait que les petits mouvements ne sont guère influencés par l'effet Coriolis. Souvent, on cite l'eau qui s'écoule d'une baignoire pour expliquer l'effet Coriolis. Lors d'une démonstration, on a une chance sur deux de se tromper dans le sens de rotation du tourbillon formé car les petits décrochements de paroi, les formes proposées au fluide ou d'autres effets locaux prennent beaucoup plus d'importance que l'effet Coriolis. Il n'en demeure pas moins vrai que l'effet Coriolis joue aussi un rôle dans ce cas, mais il n'est pas prépondérant.

17   L'ouragan issu du chaos

> **Une remarquable utilisation de la thermodynamique par la nature.**

Les cyclones tropicaux, qui se forment durant la saison chaude, agissent comme des soupapes libérant la chaleur accumulée sous les tropiques. Ces phénomènes naturels, que l'on appelle aussi ouragans ou typhons, selon les bassins océaniques dans lesquels ils se produisent, désespèrent les populations et saccagent l'environnement.

Or, les soupapes de sécurité évacuent, elles aussi, de l'énergie et conduisent parfois à des accidents désastreux de portée souvent mondiale. Un même processus physique pouvant produire des phénomènes similaires à des échelles extrêmement différentes, on est conduit à penser que le chaos serait susceptible de se manifester aussi lors de la formation d'un ouragan.

Il existe de nombreuses autres analogies entre les écoulements confinés dans les centrales thermiques et les phénomènes naturels à ciel ouvert analysés par les spécialistes des sciences de la terre et des océans. Les phénomènes, dans les deux cas, sont soumis aux lois de la thermodynamique hors équilibre.

À partir du domaine de l'énergétique, ce texte va tenter de montrer, en particulier, qu'une tempête tropicale, soumise à des contraintes trop importantes, peut effectivement pénétrer dans le chaos avant de devenir un cyclone tropical tant redouté, qui se débarrasse de sa puissance motrice en semant la désolation sur les terres habitées.

La quantité d'énergie reçue du soleil n'est pas uniformément répartie sur la surface du globe terrestre. Il s'ensuit des déséquilibres qui forcent l'eau et l'air atmosphérique à se mettre en mouvement. Comme le notent les météorologues, l'élévation excessive de la température de surface des mers tropicales est la cause principale des agitations atmosphériques qui se produisent durant la saison chaude. Ce sont les lois de la thermodynamique que la nature exploite pour construire ces phénomènes qui se développent sur les océans.

La thermodynamique à l'équilibre est basée essentiellement sur les travaux de Sadi Carnot et de Rudolph Clausius, qui en ont établi les fondements.

La thermodynamique linéaire qui concerne les phénomènes près de l'équilibre s'applique pour les faibles vitesses du vent. Les phénomènes de transport transfèrent surtout de la chaleur, de la matière et de la quantité de mouvement. Le transport souvent sollicité en premier est la conduction thermique qui transfère de la chaleur, liée à l'agitation moléculaire, d'un endroit à un autre. On utilise des approximations linéaires dans ce domaine. Ces phénomènes de transport sont dissipatifs : l'entropie augmente. Puisqu'ils concernent les agitations dans le monde moléculaire, les lois qui les gèrent sont celles de la mécanique statistique.

Quand la différence de température devient un peu plus

grande entre deux endroits, les mouvements de fluide deviennent très complexes. Le processus de transport est alors extrêmement difficile à analyser en détail. L'écoulement laminaire devenant assez brusquement turbulent complique encore davantage les analyses.

En s'écartant de l'équilibre, on pénètre de plus en plus dans la thermodynamique non-linéaire où des structures ordonnées apparaissent après le passage par des zones parfois chaotiques. Les théoriciens du chaos, dont le chef de file fut Henri Poincaré, et plus récemment Ilya Prigogine, ont remué la physique en mettant en cause le déterminisme dans les lois du mouvement. Ces structures auto-organisées souvent visibles qui naissent loin de l'équilibre sont les structures dissipatives de Prigogine, lesquelles associent les deux notions d'ordre et de gaspillage. Les rouleaux convectifs d'Henri Bénard en sont la démonstration la plus célèbre. Cette expérience de Bénard ouvre la voie, en particulier, aux cellules convectives de Hadley qui se développent autour du globe.

Dans cette zone éloignée de l'équilibre, des structures beaucoup plus dynamiques et stables émergent après passage par des bifurcations et des zones chaotiques : ce sont les ouragans. L'ordre dans la structure dissipative ouragan apparaît sous la forme d'un moteur thermique gigantesque qui utilise sa très forte puissance pour enfler démesurément. Cette puissance est issue de la libération de chaleur latente lors de la condensation de la vapeur d'eau en eau liquide. Ce monstre auto-organisé entrave la nécessaire dissipation d'énergie. L'ordre créé par la thermodynamique loin de l'équilibre devient alors beaucoup trop néfaste pour le genre humain.

La thermodynamique hors équilibre produit des phénomènes scientifiquement remarquables, mais humainement redoutables dans deux applications apparemment très éloignées mais pourtant proches : les ouragans et les soupapes.

On va tenter ici de rapprocher ces deux aspects d'un problème identique. Depuis l'énergétique, on émet un avis extérieur, sur la transformation d'une faible perturbation sur l'océan en un ouragan dévastateur. Les sciences, en particulier ici la météorologie et l'énergétique sont tellement imbriquées les unes dans les autres que l'énergétique doit à un météorologue : Edward Lorenz d'avoir mis en évidence une des premières manifestations du chaos dans l'atmosphère, avec son fameux effet papillon.effet papillon

Thermodynamique à l'équilibre : la centrale solaire et la machine idéale de Carnot

Un moyen pour convertir le rayonnement solaire en énergie mécanique est d'utiliser un cycle thermodynamique (Fig. 17.1) en recueillant l'énergie solaire par des capteurs à faible concentration pour alimenter la source chaude.

Le circuit principal étanche est parcouru en circuit fermé par de l'eau (ou un fluide organique). À l'état liquide, le fluide est mis en pression par une pompe. Il change d'état dans l'évaporateur constituant la source chaude et se détend en phase gazeuse dans la turbine avant de se retrouver en phase liquide à la sortie du condenseur, source froide du cycle.

Un circuit primaire (non représenté), comprenant les

capteurs solaires, apporte la chaleur nécessaire pour l'évaporation de l'eau du circuit principal. Un autre circuit évacue les calories de la source froide.

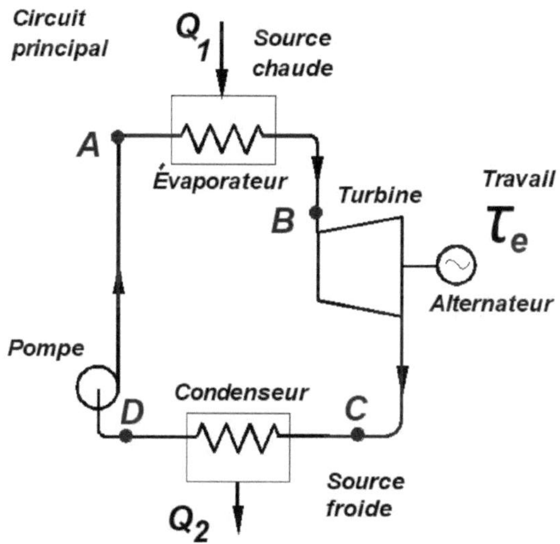

Fig. 17.1 : *Centrale thermique solaire*

Nicolas Sadi Carnot cherchait à percer le mystère de la conversion de chaleur en travail dans les machines à vapeur de son époque. Il eut l'idée géniale de supprimer par la pensée toutes les irréversibilités qui en gênait la compréhension. Ses réflexions sont donc théoriques, néanmoins ses conclusions très générales sont utiles pour tout type de machine et pour tout fluide. La machine de Carnot est une vue de l'esprit qui en fait cependant une machine de référence pour toutes les autres machines thermiques, et donc pour la centrale thermique solaire en figure 17.1.

Le principe de Carnot stipule que :

> **"Partout où il existe une différence de température, il peut y avoir production de puissance motrice."**

La conduction thermique est le transfert d'énergie cinétique lors de collisions moléculaires. Les molécules chaudes plus rapides communiquent de l'énergie aux molécules froides plus lentes. Le phénomène de transport par conduction agit ainsi par transfert d'énergie calorifique de proche en proche par l'intermédiaire des molécules regroupées en particules dans les milieux continus de notre échelle macroscopique. La conduction thermique s'effectue ainsi naturellement des zones chaudes vers les zones froides, conformément au postulat de Clausius, autre présentation du second principe de la thermodynamique, qui déclare que :

> **"La chaleur ne peut pas passer, d'elle-même, d'un corps froid à un corps chaud."**

Déséquilibres dans le système Océan-Atmosphère

Les déséquilibres en température qui sont observés partout dans la nature sont soumis aux principes de la thermodynamique et aux phénomènes de transport.

Thermodynamique proche de l'équilibre - Conduction

C'est un domaine qui précède celui concernant les agitations créées par la nature sur l'océan ; c'est un passage obligé qui permettra de les traiter ultérieurement.

La thermodynamique de Carnot est en quelque sorte statique : elle concerne des situations en équilibre. Si ces situations évoluent, elles passent d'un équilibre à un autre théoriquement à vitesse presque nulle. Les irréversibilités ont donc pu être négligées ; mais nous devons maintenant en tenir compte.

Irréversibilités

Les transformations réelles, qui se produisent dans la nature sont toujours irréversibles. On peut les répertorier comme suit :

Irréversibilités des échanges calorifiques   Une transformation ne peut être réversible que si elle s'effectue entre deux corps à températures infiniment voisines. Comme il n'existe pas de substance parfaitement conductrice, la transmission d'une quantité de chaleur donnée, d'un corps chaud vers un corps froid, exige un gradient de température fini, ce qui rend le phénomène irréversible puisque le processus inverse est impossible d'après le postulat de Clausius. Ce défaut ne provient que de la température seule: c'est une irréversible thermique.

Irréversibilités dues aux frottements   Les frottements, lié à la viscosité, qui dégradent de l'énergie mécanique en chaleur sont une cause primordiale d'irréversibilités.

Irréversibilités dues aux phénomènes tourbillonnaires

Un tourbillon est un agent actif de la dégradation d'énergie dans la nature. Un tourbillon idéal ou vortex, comme celui étudié par Helmholtz ou par Kelvin, suit la loi des écoulements irrotationnels $RV = constante$. Il est constitué par des particules fluides décrivant des spirales autour d'un axe, animées d'une vitesse qui augmente donc au fur et à mesure qu'on se rapproche de l'axe où cette vitesse devient théoriquement infinie.

Puisque la notion d'infini issue des mathématiques n'existe pas en physique, un autre phénomène vient donc compléter le schéma précédent dans sa partie centrale. Un second tourbillon concentrique, tournant en bloc selon la loi des écoulements rotationnels $V = cte * R$, se forme à l'intérieur du vortex initial. Cet emboîtement de tourbillons concentriques est présent dans la nature et se manifeste dans les cyclones tropicaux de manière encore imparfaitement précisée mais très spectaculaire.

En théorie, c'est le tourbillon rotationnel interne qui permet la dégradation de l'énergie. Le tourbillon idéal externe transmet l'énergie sans la dissiper.

En pratique, il existe un abîme entre l'exposé théorique du tourbillon idéal irrotationnel ci-dessus et le tourbillon réel. Le tourbillon idéal théorique ne présente aucun intérêt pour ce qui nous occupe. C'est au contraire, parce qu'il s'écarte du type idéal irrotationnel que le tourbillon réel permet de dégrader de l'énergie.

Il peut être proposé d'adopter, en particulier pour les ouragans, une loi :

$$V\sqrt{R} = cte \qquad\qquad (17-1)$$

plutôt que $RV = cte$, ce qui modifie profondément les propriétés théoriques des vortex et introduit des contraintes tangentielles visqueuses dans les écoulements en les rendant rotationnels, donc dissipatifs.

Thermodynamique plus loin de l'équilibre - Convection

Lors de déséquilibres importants en température dans l'atmosphère, le phénomène de conduction est rapidement obsolète et remplacé par des phénomènes de convection, accompagnés de transferts de masse, beaucoup plus dynamiques et complexes et encore insuffisamment élucidés.   Les équations ne sont plus linéaires et contiennent alors les germes du chaos.

Déséquilibre en température entre l'équateur et les pôles - cellules de Hadley

La différence de température entre l'équateur et les pôles, due au rayonnement solaire, crée un déséquilibre qui entraîne un mouvement général dans la couche atmosphérique, et dans une moindre mesure dans l'océan en ce qui nous concerne.

Des masses d'air se mettent en mouvement entre l'équateur et les pôles.

Ces déplacements ne s'opèrent pas selon des méridiens puisque l'effet Coriolis dû à la rotation de la terre les dévient.   Cette force fictive agit profondément sur les masses en mouvement et les oblige à fragmenter le transfert par convection depuis la source chaude équatoriale jusqu'à la source froide polaire en trois étapes successives.

Structures dissipatives de Hadley

La seule étape qui nous intéresse concerne les cellules dites de Hadley qui naissent entre la latitude 0 (équateur) et les latitudes 30, zone dans laquelle les perturbations se manifestent.   Elles forment des cylindres toriques et discontinus encerclant le globe terrestre.

Les régions équatoriales étant soumises à un intense rayonnement solaire, elles accumulent de la chaleur. Lors de la recherche de l'équilibre thermique de la planète par la nature, ce surcroît de chaleur provoque des mouvements complexes, qui font l'objet de beaucoup d'attention de la part des météorologues.

Les mouvements des masses d'eau et d'air dans l'atmosphère sont d'abord soumis aux phénomènes de transport de matière (diffusion moléculaire), d'énergie (conduction thermique) et de quantité de mouvement (viscosité), de nature statistique qui permettent de relier le monde microscopique à notre monde macroscopique.

Ces mouvements sont régis par les équations de Navier-Stokes et de Reynolds. La complexité des phénomènes rend leur résolution inextricable. D'ailleurs, utilisant la loi de viscosité de Stokes reliant linéairement le champ de contraintes au champ de vitesses, leur domaine de validité est naturellement limité aux phénomènes proches de l'équilibre, dans le domaine linéaire de la thermodynamique. Par les termes non-linéaires qu'elles contiennent, ces relations conduisent au chaos.

En thermodynamique hors équilibre, la convection thermique est le processus essentiel qui transporte l'énergie thermique. Sans cesse, des courants de convection apparaissent dans l'atmosphère ; ils sont dus essentiellement aux différences de température en fonction de l'altitude.

La circulation générale de l'atmosphère est d'une complexité effroyable. La localisation des phénomènes, leur comportement, leur durée de vie, etc. sont particulièrement difficiles à appréhender. Néanmoins, les progrès en modélisations numériques et statistiques ainsi que les observations spatiales permettent aux météorologues de mieux approcher l'ensemble des phénomènes et d'améliorer les prévisions.

Les premiers observateurs des curiosités des courants et des vents océaniques furent évidemment les marins qui, dès le 15 ème siècle, constatant que les vents faisaient une boucle en tournant vers la droite dans l'Atlantique Nord, avaient déjà eu l'intuition d'un mouvement inverse, vers la gauche en arrivant dans l'Atlantique Sud, nous rappelle la navigatrice Isabelle Autissier. Sur la route des Indes, ils se laissaient ainsi porter vers le Brésil, par les alizés, puis ramener vers le cap de Bonne Espérance pour pénétrer dans l'océan Indien. Christophe Colomb fut le premier à utiliser les vents réguliers que sont les alizés pour laisser glisser sa flotille vers le Nouveau Monde.

Le mécanisme des vents alizés découvert par les marins, fut envisagé sommairement dès 1686 par Edmund Halley et décrit en 1735 par George Hadley.

Pour Hadley, la région équatoriale étant plus ensoleillée que les pôles, des vents réguliers devaient transporter de la chaleur depuis l'équateur vers ces pôles. L'air devenu froid et lourd dans les régions polaires redescendait et reprenait alors en surface le trajet vers l'équateur pour fermer le cycle et en recommencer un nouveau. Tenant compte de la rotation de la Terre bien avant Coriolis, il expliqua ainsi les alizés.

Si la Terre n'était pas en rotation, ce transfert de chaleur serait effectué par une seule cellule de convection. Mais l'effet Coriolis dû à la rotation de la terre dévie toute particule en mouvement. Cependant cet effet dévie trop les vents et ce sont finalement trois cellules qui se forment entre l'équateur et les pôles pour transférer la chaleur.

Seules les cellules de Hadley se situant entre l'équateur

et les latitudes 30 sont utiles pour notre propos relatif aux ouragans ; on les décrit ici brièvement.

Près de l'équateur, l'air chaud s'élève dans l'atmosphère, en créant une dépression à la surface de l'océan. Un afflux d'air moins chaud issu des tropiques s'engouffre alors dans la zone à plus faible pression créée en se chargeant en humidité au contact de la surface de l'océan. Il existe ainsi une zone dépressionnaire près de l'équateur et une zone de plus haute pression près dans les zones tropicales.

Le courant d'air permanent venant des latitudes tropicales et se dirigeant vers l'équateur ne se déplace pas selon une méridienne ; il est dévié par l'effet Coriolis qui joue un rôle essentiel dans l'écoulement atmosphérique horizontal. Ces courants d'air déroutés qui occupent les basses couches atmosphériques sont les vents alizés qui s'inclinent vers l'équateur.

Alors que les masses d'air sont déviées vers leur droite dans l'hémisphère Nord, elles s'incurvent vers leur gauche dans l'hémisphère Sud. Ce qui entraîne un bouleversement complet dans la formation des vents et le sens de rotation des cyclones tropicaux lorsqu'on franchit la zone équatoriale.

La zone de convergence intertropicale (ZCIT)

Les alizés venant du Nord-Est dans l'hémisphère Nord et ceux venant du Sud-Est dans l'hémisphère Sud convergent l'un vers l'autre et forcent l'air chaud et humide à s'élever. Une bande nuageuse de quelques centaines de kilomètres de largeur se forme tout autour du globe ; c'est la Zone de Convergence Intertropicale (ZCIT) nettement visible sur les images satellitaires.

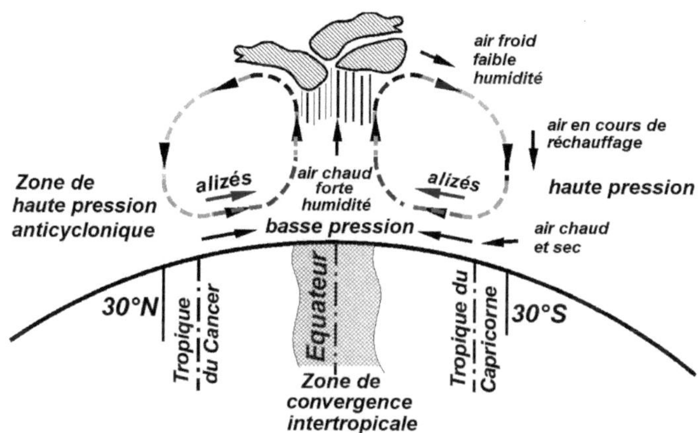

Fig. 17.2 :   *Cellules de Hadley et vents alizés*

Une forte instabilité atmosphérique règne dans cette zone constituée d'un amoncellement impressionnant de nuages, envahissant toute l'épaisseur de l'atmosphère.

Lors de son ascension, l'air chaud et humide se refroidit brusquement et sa condensation entraîne des pluies diluviennes (figure 17.2).

À la tropopause, donc vers 15 km d'altitude, les masses d'air ont perdu une grande partie de leur humidité sous forme de précipitations. Elles s'échappent ensuite vers les tropiques poussées par les masses d'air successives.

En s'éloignant de l'équateur, les masses d'air à faible humidité sont soumises à l'effet Coriolis qui les dévient vers l'Est de leur parcours dans l'hémisphère Nord en formant les contre-alizés. Se déplaçant vers les pôles, l'air se refroidit par échange avec l'environnement, et il commence alors à redescendre vers les latitudes 30 où il retrouve la zone anticyclonique. L'air se réchauffe alors et son humidité relative diminue.

Pour compléter la cellule de Hadley, l'air venant de l'anticyclone se redirige vers l'équateur et l'effet Coriolis transforme à nouveau ces vents en alizés.

L'air ainsi aspiré se charge d'humidité pendant son trajet au-dessus des eaux chaudes tropicales de manière complexe car les phénomènes de transport non-linéaires entraînent des effets croisés très délicats à prendre en compte.

Du fait des directions différentes des alizés et des contre-alizés, l'écoulement de l'air humide est donc vrillé à l'intérieur des cellules de Hadley. Ces cellules sont par ailleurs multiples autour de la Terre.

Même si les cellules de Hadley sont beaucoup plus compliquées à analyser que les cellules de Bénard, il y a une évidente analogie entre ces deux phénomènes.

Très loin de l'équilibre initial : la structure dissipative ouragan

Déséquilibre entre la température de surface des mers tropicales et celle en altitude - dépressions tropicales, tempêtes tropicales, ouragans

Ce déséquilibre permet l'émergence de dépressions tropicales aléatoires qui peuvent apparaître ici ou là sur l'océan. Ces faibles dépressions initiales sont susceptibles de devenir ou non d'abord des tempêtes tropicales puis éventuellement des ouragans selon les conditions rencontrées par ces phénomènes lors de leurs déplacements. On retrouve ici la signature du chaos, c'est-à-dire une sensibilité aux conditions initiales.

Des conditions initiales presque identiques peuvent conduire ou non à des phénomènes d'ampleur complètement différente.

Les ouragans peuvent survenir dans la même zone que les cellules de Hadley avec lesquelles elles interfèrent de manière complexe.

Les cellules de Hadley s'enroulent plus ou moins parallèlement aux latitudes en formant des structures toriques le long de la ZCIT. Elles permettent de véhiculer, plus rapidement que par les courants marins, la chaleur des zones bénéficiaires en énergie solaire vers celles qui sont déficitaires. Cependant, les vitesses atteintes sont apparemment trop faibles pour transporter le supplément d'énergie produit par le soleil ardent de la saison chaude.

Un autre mécanisme beaucoup plus dynamique se met alors en place localement pour dissiper le supplément d'énergie : le cyclone tropical ou ouragan. Celui-ci s'ajoute et interfère de manière très complexe avec les cellules de Hadley. Puisque ces deux phénomènes se manifestent dans les mêmes zones géographiques et qu'ils sont complémentaires, il devrait exister un lien qui les unit.

Mais comment expliquer qu'une cellule torique à axe horizontal se transforme en une perturbation générant d'abord une dépression tropicale à développement vertical, laquelle sera susceptible d'évoluer vers une tempête tropicale puis éventuellement vers un ouragan ? On peut penser que les germes d'une dépression tropicale sont à rechercher dans des cellules de Hadley déstructurées et rabougries.

Par ailleurs, de nombreuses théories ont été émises pour

expliquer les bandes de nuages disposées en spirale autour du mur de l'œil (Fig. 17.5). On admettra ici, à défaut d'en savoir plus, que des cellules convectives se lovent autour du mur de l'oeil qui les entraînent en rotation.

La nature, qui n'est pas tenue de suivre tous nos raisonnements, n'a pas fini de nous surprendre !

À la longue liste des disciplines scientifiques impliquées dans la compréhension des ouragans : mécanique des fluides, dynamique des fluides en rotation, dynamique des écoulements stratifiés, convection, interaction air-océan, etc., on ajoute ici la théorie du chaos car la nature aura poussé un système météorologique trop loin de l'équilibre.

On dispose heureusement de nombreuses informations sur la structure et les mécanismes d'action d'un ouragan. Les nombreux travaux effectués par les spécialistes du climat, dont tous n'ont évidemment pu être rappelés dans la bibliographie, sont aussi une aide précieuse.

Dans les systèmes dynamiques, les effets non-linéaires vont amplifier une petite fluctuation avec le temps. Une petite perturbation aléatoire croît considérablement et rend la prévision hasardeuse ou impossible. En météorologie, cette dépendance aux conditions initiales, signature du chaos, fut mis en évidence par Henri Poincaré (1908) et Edward Lorenz (1962).

Conditions de formation des ouragans

Les ouragans se forment dans les Tropiques à proximité de la zone de convergence intertropicale (ZCIT) à la saison chaude et les conditions principales rappelées ci-dessous sont nécessaires pour qu'ils surviennent :

• la température de l'océan dépasse 26°C, sur quelques dizaines de mètres de profondeur, faisant office de réservoir d'énergie thermique,

• une forte évaporation, accompagnée de nuages en abondance dans l'atmosphère terrestre jusqu'à la limite de la troposphère (environ 12 km) entraînant une dépression tropicale,

• des vents homogènes depuis la surface de l'océan jusqu'à 12 -15 km d'altitude,

• une latitude supérieure à 5 degrés afin que l'effet Coriolis puisse se manifester. Cet effet dû à la rotation de la terre ne crée pas le vent ; il ne fait que dévier un vent qui existe déjà. Il le dévie vers l'est dans l'hémisphère nord.

C'est donc dans les zones tropicales, vers 5 à 8 degrés de latitude, où les conditions précédentes sont réunies, que les ouragans sont susceptibles de se former. Le système ouragan ainsi installé pourra fonctionner et s'entretenir tant que sa réserve d'eau chaude à vaporiser sera suffisante.

Coupé de sa réserve d'eau chaude, un ouragan s'affaiblit. C'est ainsi qu'il commence à s'éteindre dès qu'il touche le sol et qu'il disparait complètement après avoir parcouru une distance suffisante au-dessus des terres en y semant son lot de calamités.

Un ouragan ne se forme pas systématiquement mais pour qu'il puisse se former il est nécessaire que les conditions ci-dessus soient remplies.

Formation d'un ouragan

L'ouragan se crée sur les océans d'où il tire l'énergie et

la matière pour sa création et son entretien car il lui faut une énorme quantité d'eau pour pouvoir se développer.

Une **dépression tropicale** est une perturbation localisée avec un centre dépressionnaire (Fig. 17.3). La vitesse moyenne des vents moyens est inférieure à 62 km/h. Il n'est pas possible de connaître l'évolution d'une dépression tropicale. La dépression fait converger les vents ; ceux-ci se réchauffent au contact de la surface de l'océan et tendent donc à s'élever dans l'atmosphère. Cet air ascendant chaud et humide provoque la formation d'une masse de nuages en altitude.

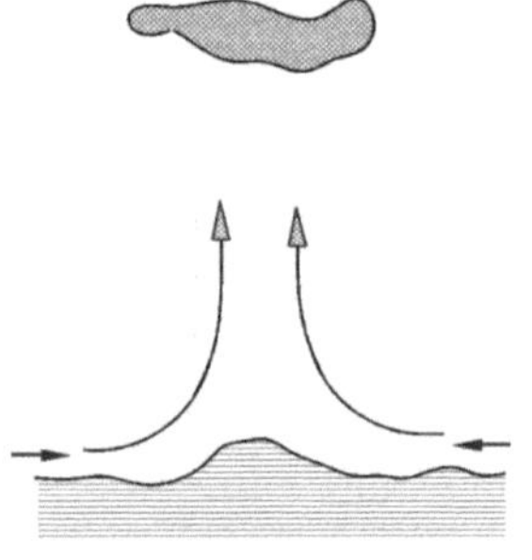

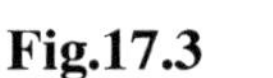

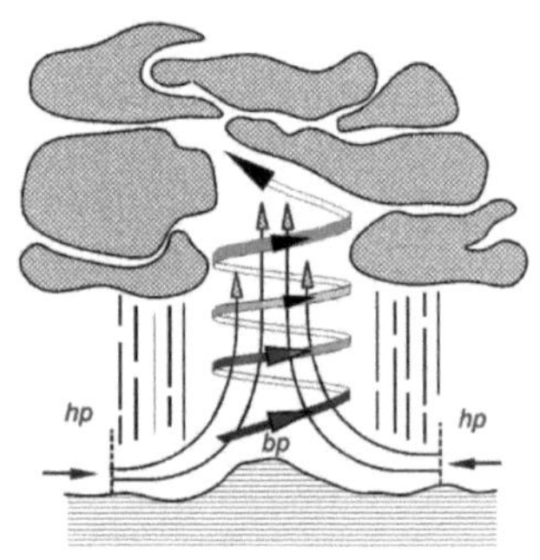

V vent ≤ 62 km/h   *63 km/h ≤ V vent ≤ 116 km/h*

Dépression tropicale   *Tempête tropicale*

Fig.17.3   **Fig.17.4**

Une **tempête tropicale** est un phénomène plus violent caractérisé par des vitesses de vents plus importantes. Son diamètre atteint plusieurs centaines de kilomètres. Des masses d'air chaud chargées en humidité provoquent la formation de nuages en altitude (Fig. 17.4), situation propice à des précipitations intenses et au développement d'orages.

En inclinant les trajectoires des masses d'air lors de leur

trajet vers les zones en dépression, l'effet Coriolis permet à celles-ci de se transformer en un tourbillon massif. Le vortex créé par cette rotation engendre de grandes vitesses de vents (Figure 17.4).

Ce qui était tempête tropicale pourrait devenir, en fin d'été sous l'effet du soleil ardent, un ouragan. Le système passe par une bifurcation, puis vraisemblablement par une zone chaotique plus ou moins marquée avant de se stabiliser dans une autre configuration très différente et beaucoup plus ordonnée : l'œil de l'ouragan, son mur et ses structures nuageuses en spirale (Figure 17.5).

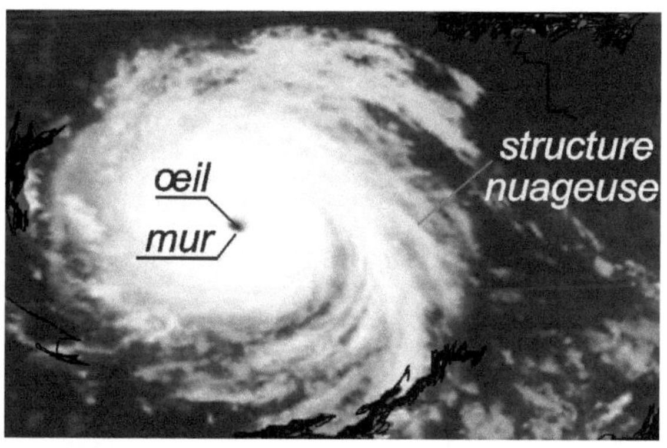

Fig. 17.5 :   *Vue d'un ouragan depuis l'espace*

L'échelle de Saffir-Simpson classe les phénomènes selon les vitesses du vent :

Tempête tropicale :   La dépression tropicale s'est formée et s'intensifie. Les vents vont de 63 à 116 km/h.

Ouragan de catégorie 1-2-3-4 :

Les vents vont s'amplifiant de 117 km/h à 249 km/h selon la catégorie.

Ouragan de catégorie 5 :
La vitesse des vents est supérieure à 249 km/h.

Apparition d'ordre : L'œil et le mur de l'ouragan.

Lorsque les conditions permettent à la dépression tropicale d'évoluer vers un ouragan, le centre du système apparaît plus nettement sous forme d'un œil presque circulaire, dont le diamètre est de l'ordre de 20 à 40 kms. Cette zone, où règne un calme apparent, est dépourvue de nuages ce qui permet de la distinguer depuis l'espace.

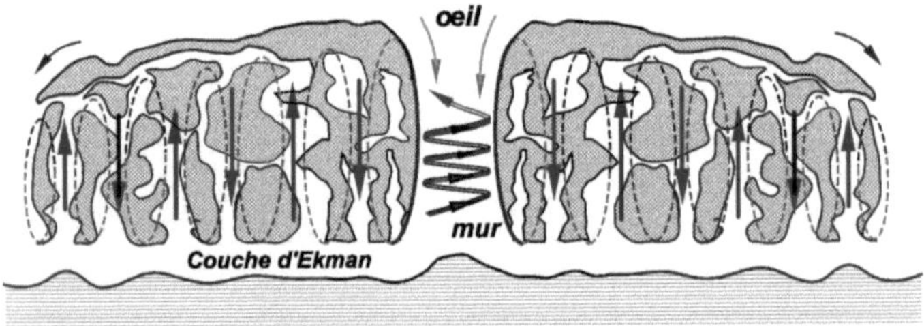

Fig.17.6 : *Cyclone tropical à maturité (ouragan, typhon)*

Les observations faites depuis des satellites et certaines mesures effectuées par des avions de reconnaissance, mais aussi des considérations théoriques permettent une représentation schématique d'un ouragan (Fig. 17.6).

L'œil est une région où la pression est la plus basse ; il est ceinturé par des cumulonimbus dont le sommet atteint 12 à 15 km d'altitude. Ce mur de nuages produit les effets les plus dévastateurs : les vents peuvent y souffler jusqu'à 300 km/h et les pluies y sont diluviennes.

Dès qu'il touche la terre ferme, l'ouragan est coupé de son alimentation : l'eau de l'océan. Cette structure dissipative faiblit car elle n'est plus alimentée en matière et énergie. Son extinction débute alors.

Diagramme de bifurcation d'un ouragan

Quand le système tempête tropicale est poussé au-delà d'un seuil critique, il sort de son état entièrement dissipatif pour bifurquer vers un état d'auto-organisation hautement structuré au comportement plus stable : l'ouragan.

Un des aspects de la thermodynamique loin de l'équilibre est sa capacité à engendrer des systèmes auto-organisés (Figure 17.6). L'ouragan est une véritable organisation spatiale du système initial tempête tropicale et c'est le cas le plus grandiose d'un réarrangement moléculaire. Un tel degré d'ordre émanant de l'activité de milliards de milliards de molécules peut paraître invraisemblable et montre que bien des mystères, cachés par la nature, restent encore à éclaircir.

Loin de l'équilibre naissent des structures nouvelles. L'émergence de l'ordre après les phénomènes de chaos est la règle plutôt que l'exception. L'ordre et le désordre sont mystérieusement entremêlés dans la structure dissipative ouragan car des systèmes complexes peuvent engendrer simultanément du désordre et des îlots d'ordre à l'intérieur du désordre (Fig.17.6). Un ordre subtil existe dans le désordre du monde non-linéaire.

Quand un ouragan s'auto-organise, l'entropie de la partie ordonnée décroît (Fig. 17.7).

L'ouragan issu du chaos

Déséquilibrée durant les mois d'été, par une différence de température trop importante entre la surface de l'océan et la limite de la troposphère, une tempête tropicale, dans laquelle règne du désordre, se transforme radicalement en une structure ouragan très ordonnée après être passée par une bifurcation et une zone plus ou moins chaotique. Un ouragan est une structure dissipative qui échange de la matière et de l'énergie avec les eaux des mers tropicales. Elle est composée d'ordre et de désordre. L'auto-organisation d'un ouragan se manifeste par son œil presque parfaitement circulaire bord par le mur de l'œil.

La structure dissipative ouragan fonctionne comme un moteur thermique à ciel ouvert. L'ouragan puise son carburant dans le réservoir de chaleur formé par les premières couches de l'océan : source chaude du cycle. L'ouragan restitue une quantité de chaleur à la source froide des hautes altitudes.

L'énergie motrice issue du cycle thermodynamique ouragan est utilisée par celui-ci pour pomper davantage de carburant à sa source chaude et enfler ainsi dans des proportions inquiétantes. On notera qu'une tempête tropicale ne possède pas la capacité de créer de l'énergie motrice. C'est l'ordre apparu lors de l'autoformation de l'ouragan qui engendre le moteur thermique.

L'entropie d'une partie du système météorologique décroît lors de la transformation d'une tempête tropicale en ouragan. Selon la théorie de l'information de Claude E. Shannon, l'entropie mesure la perte d'information par un système. A contrario, un système recevant des informations s'ordonne et son entropie diminue donc. Lorsque le système météorologique s'est auto-organisé en ouragan, il a reçu des informations sur l'état de la mer, transmises par l'intelligence collective du système moléculaire. Les phénomènes de convection conduisent à une organisation spatiale monumentale munie d'une régulation entretenue par les corrélations entre les molécules.

Paramètre de contrôle d'un ouragan

C'est parce qu'une contrainte extérieure, prise en compte par un paramètre de contrôle, a été appliquée qu'une structure macroscopique nouvelle peut apparaître dans ce système loin de l'équilibre. Ici, cette contrainte est essentiellement due au gradient de température, mais elle est aussi modulée par d'autres paramètres tels que la position du phénomène par rapport à l'anticyclone, le cisaillement des vents, etc. (Figure 17.7)

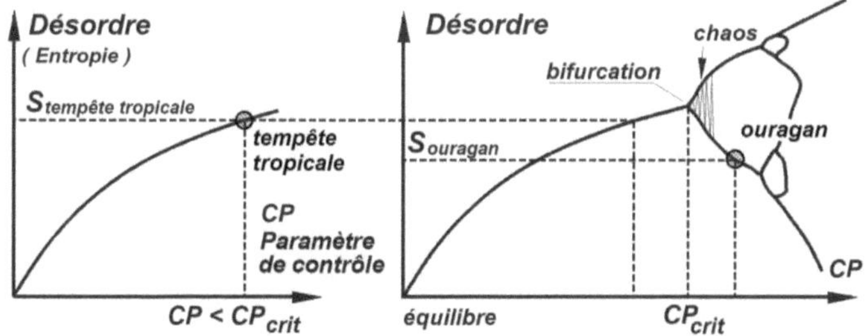

Fig.17.7 : *Création d'ordre due à la formation d'un ouragan*

Le paramètre de contrôle *CP* est analogue au nombre de Rayleigh des thermiciens basé sur les différences de température, il pourrait aussi être remplacé, en première approximation par le critère de Saffir-Simpson, lui aussi relié par l'intermédiaire des vitesses du vent aux différences de températures.

Cycle thermodynamique simplifié d'un ouragan

Une masse de fluide, dans son parcours à l'intérieur d'un ouragan, effectue un trajet complexe dans lequel se détachent cependant nettement ses contacts avec l'océan d'une part et avec la troposphère d'autre part.

L'analyse reste particulièrement délicate ; chaque masse de fluide étant sujette à des conditions et des parcours différents. Cependant, comme dans le cas d'une centrale thermodynamique solaire, le cycle d'un ouragan peut se décomposer sommairement en quatre évolutions (Fig. 17.8 et 17.9).

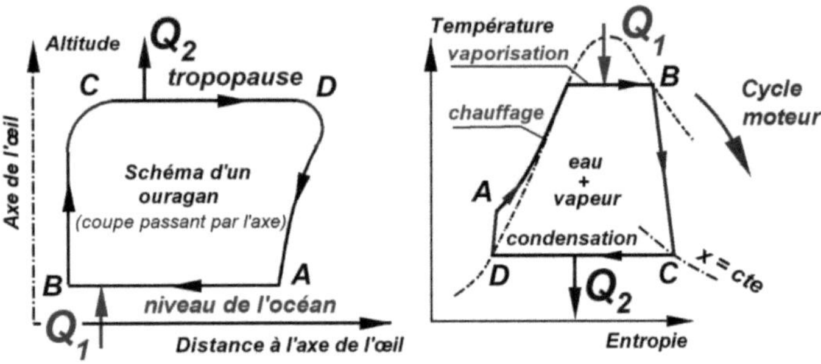

Fig.17.8 : *Coupe d'un ouragan*   **Fig.17.9** : *Diagramme entropique d'une centrale solaire*

Évolution isotherme AB : Immédiatement au-dessus de la surface de la mer, l'air circule vers l'œil dans la couche d'Ekman dont l'épaisseur est d'environ 1,5 km. Les échanges air-mer sont intenses dans cette zone et délicats à modéliser du fait d'effets non-linéaires dus aux phénomènes de transport. L'air se charge en humidité. Une masse fluide entraînée dans un ouragan peut être assimilée en première approximation à un mélange de deux gaz : l'air et la vapeur d'eau de mer. L'air soutire de l'humidité par évaporation de la surface de l'océan. L'énergie calorifique Q_1 est ainsi transmise au fluide parcourant le cycle sous forme de chaleur latente de vaporisation. La source d'énergie des ouragans est le transfert d'énergie de l'océan comme l'avaient découvert Riehl et Kleinschmidt.

Évolution BC : Le courant ascendant forme une paroi verticale de nuages tournoyant en spirale autour de l'œil. L'air humide se refroidit au cours de l'ascension, la vapeur d'eau se condense et retourne à l'océan sous forme de pluies torrentielles. La chaleur latente est ainsi libérée et participe au réchauffage de l'air qui continue donc à s'élever en aspirant le mélange des basses couches et en amplifiant donc les échanges air-mer. Au cours de ce processus, de l'énergie calorifique se transforme en énergie cinétique de rotation. Cette phase est analogue à celle *BC* d'une centrale thermique classique (Fig. 17.9) Lors de la détente *BC* dans la turbine d'une turbomachine, de l'énergie calorifique est d'abord transformée en énergie cinétique de rotation avant d'être à nouveau transformée en énergie mécanique par l'intermédiaire d'aubages.

Évolution isotherme CD : À une altitude supérieure à 10 kms, l'air s'éloigne du centre. Au contact avec la tropopause, l'évolution est isotherme. Le cycle cède la quantité de chaleur Q_2 à l'environnement sous forme de radiation vers la stratosphère.

Évolution DA : L'air redescend le long de la partie extérieure de l'ouragan et referme le cycle.

Analyse du cycle d'un ouragan

Échangeant de l'énergie thermique avec deux sources à température constante, la machine thermique "ouragan" est proche d'une machine thermique classique telle la centrale thermique solaire (Fig. 17.1). Il sera suffisant ici de dire que c'est une machine thermique effectuant un cycle moteur, c'est-à-dire produisant du travail à l'extérieur qu'elle réutilise à ses propres fins pour grossir davantage.

La nature a ainsi créé un système thermodynamique semblable en beaucoup de points à une centrale thermique avec un rendement positif car de l'ordre est apparu.

De la même manière qu'une machine thermique classique, comme une centrale solaire, l'ouragan fournit du travail à l'extérieur lorsqu'il dévaste les contrées qu'il rencontre ou quand il utilise sa propre puissance motrice en mer pour enfler et amplifier ses capacités destructrices. Comme cherchent à le faire toutes les structures dissipatives, dans d'autres domaines, qui veulent atteindre une trop grande prospérité avant de s'écrouler.

L'ouragan est doté par la nature d'une boucle d'asservissement qui gère les informations. Cette régulation maintient l'ordre dans l'ouragan et entraîne une diminution locale d'entropie. Un ouragan parvient à fournir de l'énergie motrice dès qu'il atteint son régime d'autonomie, comme les autres machines thermiques.

Une journée d'été sur l'océan Atlantique Nord

18   Peut-on affaiblir un ouragan ?

> *...J'aurais pu, en effet, en établissant un circuit entre des fils plongés à différentes profondeurs, obtenir l'électricité par la diversité de températures qu'ils éprouvaient...*
>   *Jules Verne*
>   *(Vingt mille lieues sous les mers - 1869)*

Ainsi s'exprime le capitaine Nemo, dans l'œuvre précitée, en évoquant la possibilité de transformer en énergie utilisable l'énergie stockée dans les océans sous forme de chaleur. On tentera ici d'utiliser l'énergie thermique des mers (ETM) pour calmer les ouragans.

Alors que Jules Verne envisageait la transformation directe de l'énergie disponible en électricité par effet thermoélectrique, Jacques Arsène d'Arsonval proposera, en 1881, d'utiliser la différence de températures entre les eaux tièdes de surface et les eaux froides des profondeurs pour produire de l'électricité à partir d'un cycle thermodynamique.

Par boutade, d'Arsonval agitait l'idée de placer une chaudière (c'est-à-dire la source chaude) dans les mers tropicales et le condenseur (c'est-à-dire la source froide) aux pôles. D'Arsonval ajoutait : *Mais point n'est besoin de faire un si long trajet ; nous savons en effet que même à l'équateur, le fond de la mer est à 4° Celcius...*

Les manifestions météorologiques grandioses mais redoutables que l'on nomme cyclones tropicaux, ouragans ou typhons peuvent-elles être affaiblies ?

Les développements récents en thermodynamique non linéaire et en physique du chaos montrent que de l'ordre apparaît, caractérisé par un œil et son mur de nuages, lorsqu'une tempête tropicale se transforme en ouragan. Le système s'auto-organise et devient alors une centrale thermique géante, mobile sur la surface de l'océan, qui utilise sa puissance motrice pour amplifier son développement.

Aussi bien dans les ouragans que dans les soupapes, l'ordre qui émerge est nuisible car il entrave la nécessaire dissipation de l'énergie.

Ici, il est proposé une ébauche de solution visant à détruire cette partie ordonnée afin d'affaiblir de façon progressive un ouragan en le rétrogradant en tempête tropicale.

Les cyclones tropicaux extrêmement violents et dévastateurs sont observés attentivement par les spécialistes des sciences de l'océan qui peuvent maintenant prédire leur trajectoire à court terme. Un appel à une évacuation de millions de personnes est parfois nécessaire ; cet exode massif provoque un désarroi monstre et des situations catastrophiques. Des centaines de milliers de personnes se mettent à l'abri par leurs propres moyens.

Les dégâts sont considérables.

Que peut-on faire ? Rien, nous dit-on, de toutes parts. N'y aurait-t-il pas, au moins, une amorce de solution ?

Reprenons le problème à la base, sans a priori, depuis le domaine de l'énergétique.

Point de situation

Les ouragans de l'océan Atlantique Nord nous serviront de fil directeur ; les notions développées pourront être transposables aux autres bassins océaniques.

Le *"Grand Ouragan"* de 1780 fut l'un des plus dévastateurs de l'histoire. De 20.000 à 30.000 personnes y perdirent la vie. Les ouragans, de nos jours sont moins meurtriers car les systèmes de surveillance, d'alerte et de prévention se sont considérablement développés, mais ils entraînent des dommages matériels énormes.

Pour les seuls USA, la moyenne annuelle des dégâts causés par les ouragans depuis le début du XXI ème siècle se chiffre à 40 billions US dollars/an soit 35 milliards d'euros/an. Les ouragans de l'année 2017 ont été particulièrement actifs ; les dégâts causés sont officiellement estimés à plus de 300 billions US dollars par le gouvernement des États-Unis (environ 250 milliards d'euros).

Ces chiffres interpellent. Le coût des désastres dus aux ouragans pour 2017 et pour les seuls USA correspond, en gros, au prix de 60 centrales de 1000 MW, ce qui représente la totalité du parc électronucléaire français.

On annonce que la puissance d'un ouragan serait équivalente à celle fournie par des centaines de centrales électriques de forte puissance (on parle de 400 centrales de 1000 MW fonctionnant au régime nominal).

Avec le réchauffement climatique actuel, on doit

s'interroger sur une possible augmentation des effets néfastes de ces cyclones tropicaux. Certains prédisent qu'ils seront plus nombreux et d'autres qu'ils seront plus violents.

Il est venu le temps de se poser cette question relative aux ouragans : les sommes colossales dépensées chaque année pour la réparation des dommages créés ne pourraient-elles pas être avantageusement affectées au contrôle de ces ouragans afin de diminuer leur agressivité ? Et est-ce possible en utilisant les technologies actuelles ?

Quelques tentatives de lutte contre les ouragans

Les travaux entrepris, à ce jour, pour lutter contre les ouragans, issus de tempêtes tropicales, n'ont pas été concluants car ils n'ont pas pu établir un rapport de puissance suffisant vis-à-vis d'eux pour être efficaces. Certains de ces projets auraient mérité de ne pas être abandonnés trop rapidement. La ténacité en matière de recherches est une vertu !

Citons quelques-unes de ces tentatives :

- Dispersion de produits chimiques dans les nuages,
- Pose d'entonnoirs géants pour refroidir l'eau en déviant les courants d'eau chaude,
- Projection de glace carbonique,
- Ensemencement des nuages avec de l'iodure d'argent,
- Lâcher d'une bombe nucléaire dans l'ouragan - no comment !
- Traversée de l'ouragan par des avions supersoniques,
- Refroidissement des eaux par de l'azote,

- Utilisation de très grandes pompes sous-marines,
- Traitement au laser ou diffusion de micro-ondes depuis l'espace,
- etc.

Ce qu'on pense de ces tentatives . . . en vrac.

"Ces scientifiques rêveurs ont tout essayé pour éradiquer les cyclones." "Il s'agit de phénomènes météos tellement puissants que toute action directe est impossible." "Cependant, d'autres professeurs, que l'on peut qualifier de doux rêveurs, ou d'inventeurs à la marge, continuent à vouloir attaquer les cyclones à la racine." "On retrouve des essais farfelus mais pensés au départ comme des projets très sérieux." "En revanche, plusieurs brevets proposent de prévenir leur formation, en pompant l'eau froide des profondeurs vers la surface des océans. Seulement voilà...Éliminer les cyclones exigerait de refroidir de manière très significative les tropiques, ce qui aurait en plus, des conséquences sur le climat mondial..." "La seule chose qu'il reste à faire est de se barricader." etc.

Bref, les gouvernements semblent avoir abandonné toute idée de résolution du problème pour ne privilégier que l'observation et la prévention.

Dans ce contexte très morose entretenu par des commentateurs désespérants, j'ai la faiblesse de croire qu'une esquisse de solution peut cependant être présentée et soumise à la critique.

Des signes d'espérance venus des ouragans eux-mêmes

Parmi toutes ces mauvaises nouvelles accumulées, certaines notes d'espoir peuvent néanmoins être notées.

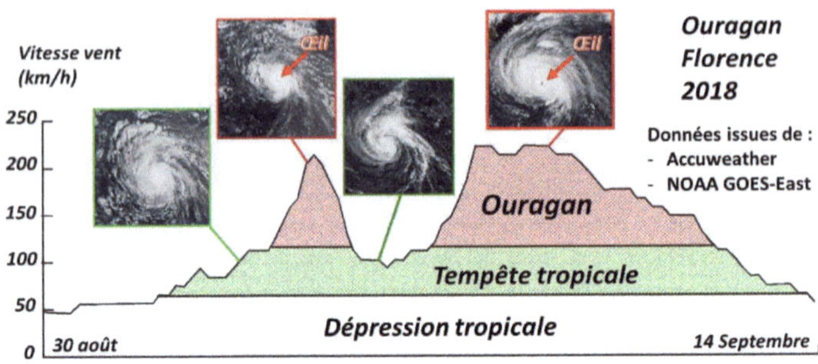

Fig. 18.1 : *Comportement de l'ouragan Florence*

La principale est qu'un ouragan peut se rétrograder de lui-même en tempête tropicale selon les conditions météorologiques qu'il rencontre au-dessus de l'océan pendant son trajet. Sans en faire une règle générale, cet aspect encourageant mérite d'être souligné.

Par exemple, l'ouragan Florence, qui s'est développé sur l'océan Atlantique Nord durant l'été 2018, a été discerné dès le 29 août dans une période très calme. Cette zone suspecte a ensuite été suivie par les météorologues. Elle est devenue un système tropical organisé, puis un ouragan au début septembre (figure 18.1).

Après s'être affaibli en tempête tropicale, Florence s'est ensuite renforcé sous l'action, notamment, des eaux chaudes rencontrées et du faible cisaillement du vent.

Un autre aspect favorable est la vitesse de déplacement d'un ouragan (de l'ordre de 25 km/h) qui laisse espérer la possibilité de le suivre en continu.

Déséquilibre entre la température de surface des océans et celle des profondeurs

Un déséquilibre en température existe entre la surface de l'océan et les profondeurs sous-marines. Nous allons l'utiliser. Les conditions physiques ne permettent généralement pas, dans les mers tropicales, l'apparition de mouvements verticaux de convection.

Les ondes électromagnétiques émises par le soleil sont captées par la couche d'eau superficielle des océans où elles sont converties en énergie thermique. En été, le fort rayonnement du Soleil augmente la température de surface des mers tropicales qui peut atteindre 26-27 ^{0} C.

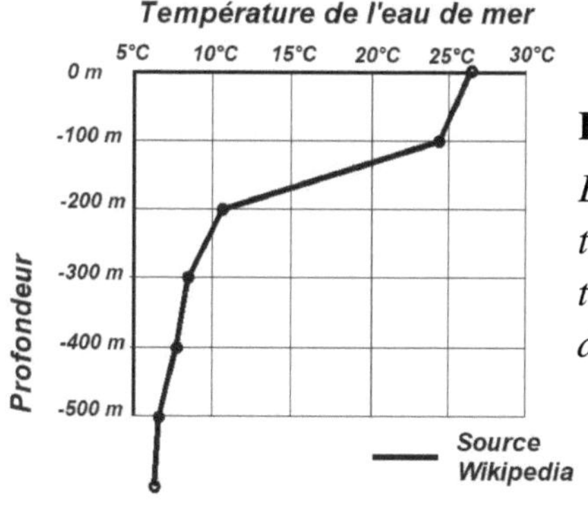

Fig. 18.2

Évolution de la température des mers tropicales en fonction de la profondeur

La densité de l'eau dans les mers tropicales suit l'évolution de la température. Plus l'eau est chaude, plus sa densité diminue.

Dans les mers tropicales, la densité la plus faible se situe dans la couche d'eau près de la surface où elle est presque constante, puis à partir de la thermocline (zone de transition entre les masses chaudes et froides) , elle croît très rapidement avec la profondeur.

Les masses d'eau chaude près de la surface agissent

alors comme un couvercle au-dessus des masses d'eau beaucoup plus froides à densité plus élevée qui restent dans les profondeurs de l'océan. La répartition des températures dans les mers tropicales selon la profondeur fait l'objet de la figure 18.2.

Sous la thermocline, les fortes variations de densité font que toute particule d'eau qui serait déplacée verticalement vers le haut, par un processus quelconque, s'enfoncerait de nouveau rapidement pour rejoindre sa position initiale, conformément à l'hydrostatique d'Archimède. La situation dans les profondeurs de l'océan semble a priori relativement stable. Dans la zone près de la surface, où la densité évolue lentement, des mouvements verticaux de convection peuvent parfois être observés en présence de turbulence.

L'ÉNERGIE THERMIQUE des MERS (ETM)

La récupération de l'énergie thermique des mers (ETM) sera d'abord envisagée. Imaginée par Jules Verne [1], décrite par Jacques Arsène d'Arsonval et mise au point par Georges Claude, la production d'électricité à partir de l'ETM est une technique connue mais délicate à mettre en œuvre.

Les installations pour récupérer l'énergie thermique des mers (ETM)[2] fonctionnent avec deux sources, conformément au principe de Carnot, l'une chaude correspond à la température de surface, l'autre froide est celle des profondeurs de l'océan.

---

[1] Vingt mille lieues sous les mers

[2] ETM (Énergie Thermique des Mers) désigne aussi bien la ressource énergétique que les procédés d'exploitation. L'acronyme anglo-saxon étant OTEC pour *Ocean Thermal Energy Conversion*.

Une utopie devenue réalité. Convaincu du potentiel énorme de l'énergie thermique des mers, et concepteur en 1926 d'un cycle ETM, George Claude s'engagea énergiquement à démontrer le bien-fondé de cette idée. Ces machines ETM, toujours en cours de développement, sont installées près des côtes afin d'alimenter les populations des îles en énergie électrique.

Cycle thermodynamique ETM

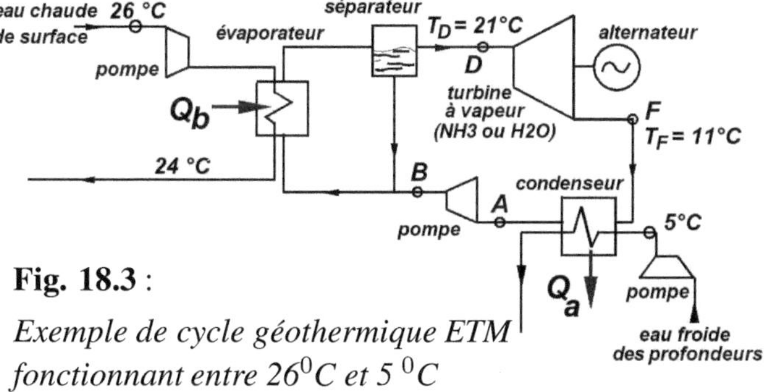

Fig. 18.3 :

Exemple de cycle géothermique ETM fonctionnant entre 26^0C et $5\ ^0C$

Le rendement d'un cycle de Carnot est indépendant du fluide caloporteur utilisé. Dans la pratique, par contre, la nature du fluide joue un rôle important car ses propriétés physiques se prêtent plus ou moins bien à la réalisation des évolutions. Dans les installations ETM, on utilise l'eau ou l'ammoniac. L'ammoniac présente un intérêt certain pour le dimensionnement des installations ; une turbine à vapeur d'ammoniac sera beaucoup moins volumineuse qu'une turbine à vapeur d'eau.

Un exemple de cycle thermodynamique capable de produire du travail mécanique correspond au schéma de la figure 18.3.

L'eau chaude de la surface de l'océan fournit une quantité de chaleur Q_b au liquide dans le générateur de vapeur (ou évaporateur). L'abandon de chaleur Q_a à la source froide se fait par retour de la vapeur à l'état liquide dans le condenseur d'où les calories sont évacuées vers l'extérieur par l'intermédiaire d'une pompe.

Les transformations adiabatiques ont lieu l'une dans une turbine de détente, l'autre dans la pompe alimentaire remontant l'eau de la pression régnant au condenseur à celle de l'évaporateur. L'énergie mécanique peut être recueillie par un alternateur ou une pompe.

Esquisse d'un vistemboir pour affaiblir les ouragans[3]

Envisageons la construction d'une mégastructure sous-marine destinée à extraire de l'eau fraîche, à des profondeurs supérieures à 200 mètres, pour refroidir un ouragan à sa base d'une part, et pour suivre et accompagner la progression de l'ouragan sur l'océan d'autre part.

Le principe de pire action qui a montré son efficacité pour échapper au chaos et à l'ordre nuisible qui s'introduit dans les organes de contrôle et de sécurité des centrales de production d'énergie électrique peut-il être appliqué aussi pour éteindre les cyclones tropicaux ?

Le vistemboir, moyen chargé d'appliquer le principe de pire action a pour objectif de détruire l'ordre que les phénomènes chaotiques ont construit.

Il est évidemment plus aisé de construire un vistemboir dans l'espace confiné d'une soupape que dans le cas d'un ouragan à ciel ouvert.

L'objectif principal consiste à faire sortir un ouragan de

---

[3]Brevet France n^0 18 52265 délivré le 13/3/2020

la zone chaotique dans laquelle il avait été entraîné pour le rétrograder en tempête tropicale en détruisant l'ordre introduit après une bifurcation.

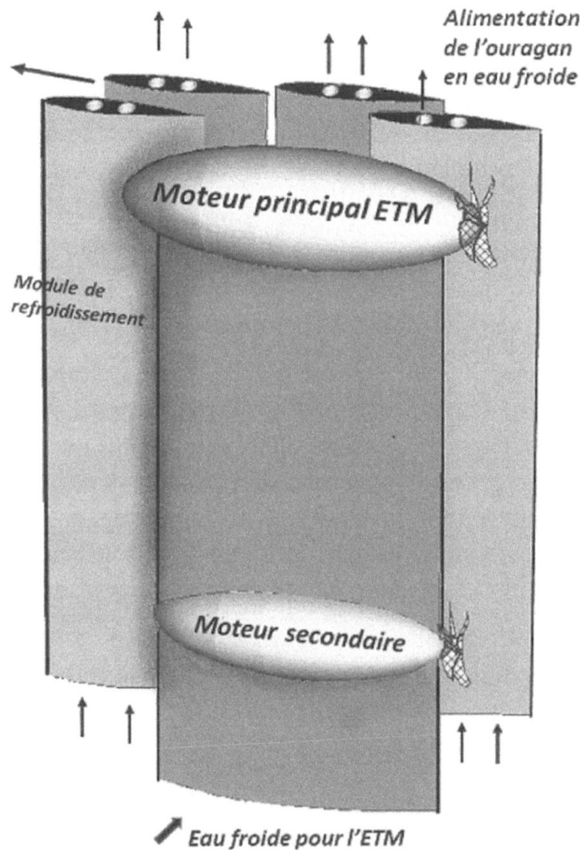

Fig. 18.4 : *Le vistemboir appliqué aux ouragans.*
Vue éclatée (passant par l'axe

Tant que le système est une tempête tropicale, l'énergie se dégrade d'elle-même. Le principe de pire action n'a pas à intervenir a priori. Par contre, dès que le système devient ouragan et que la dégradation de l'énergie est perturbée car elle n'est plus complète, alors le principe de pire action doit être activé afin de détruire la partie ordonnée qui s'est introduite lors de l'auto-formation de cet ouragan. Cette action d'élimination de l'ordre dans un ouragan sera poursuivie et devra être conduite à son terme, c'est-à-dire à l'anéantissement de cette centrale thermique folle sur la surface des mers tropicales.

Le seul paramètre accessible a priori est la température du réservoir d'eau chaude, mère nourricière de l'ouragan. Si on parvient à refroidir suffisamment la base d'un ouragan, on peut espérer le perturber et l'affaiblir.

Cet objectif devrait pouvoir être atteint en refroidissant localement, et continûment, l'eau de surface de l'océan, en des endroits précis à la base du mur de l'œil d'un ouragan, par pompage en eaux profondes, afin de le déstabiliser et donc l'affaiblir jusqu'à son déclassement en tempête tropicale moins agressive, beaucoup plus acceptable et utile dans l'organisation de l'atmosphère terrestre.

Pendant cette altération progressive, on entraînera peu à peu cet ouragan, en bénéficiant de l'effet Coriolis, vers les bassins océaniques plus frais afin de le déstructurer encore davantage.

Pour atteindre l'objectif fixé, il n'est pas nécessaire d'aller chercher l'eau fraîche aux pôles car elle existe à quelques centaines de mètres sous la surface des mers tropicales.

Mais remonter l'eau fraîche que la physique maintient dans les profondeurs des océans tropicaux n'est pas une mince affaire.

En empêchant l'eau froide des profondeurs des mers tropicales de remonter à la surface, la physique nous offre un remarquable stockage naturel d'énergie. C'est dans ce réservoir que l'on va puiser, avec parcimonie, l'énergie nécessaire pour tenter d'éteindre un ouragan.

Pour y parvenir, il est proposé de désolidariser les ETM des zones côtières pour en faire des navires de pleine mer. L'énergie produite par le cycle thermodynamique ETM sera utilisée pour le pompage des eaux profondes nécessaire au refroidissement d'une part et pour la propulsion d'un navire sous-marin capable d'intercepter puis de suivre l'ouragan sur l'océan.

Les vistemboirs seront disposés sous l'ouragan et le suivront tout au long de son trajet ; ils seront en quelque sorte accouplés aux ouragans.

Les deux machines "ouragan" et "vistemboirs" obéissent aux principes de thermodynamique. Elles puisent toutes deux leur énergie dans l'eau chaude de surface des mers tropicales au même endroit. Leur source froide est la haute atmosphère pour l'ouragan et une profondeur de quelques centaines de mètres sous la surface des océans pour les vistemboirs.

Le traitement d'un ouragan devient un problème local à traiter localement, sans aucune intervention extérieure, a priori.

Un ouragan mature possède une puissance motrice considérable. Une flottille de vistemboirs est nécessaire pour prétendre perturber un ouragan formé. Il faut donc agir rapidement dès l'auto-organisation de l'ouragan - ou même avant - pour le contrer. Les météorologues sont capables de nos jours de prévoir avec suffisamment de précision l'endroit et le moment où la tempête tropicale risque de basculer en ouragan.

Des mégastructures pour déstructurer les ouragans

L'exploitation des énergies dites renouvelables conduit généralement à une installation de grande dimension, onéreuse et à faible rendement. L'ETM ne déroge pas à cette règle. Malgré ces inconvénients, l'idée de Jules Verne d'utiliser les différences de température dans les mers reste enthousiasmante.

Le procédé concerne donc des navires autonomes (sans carburant et sans opérateurs a priori) commandés depuis une base, et conçus pour déstabiliser les ouragans.

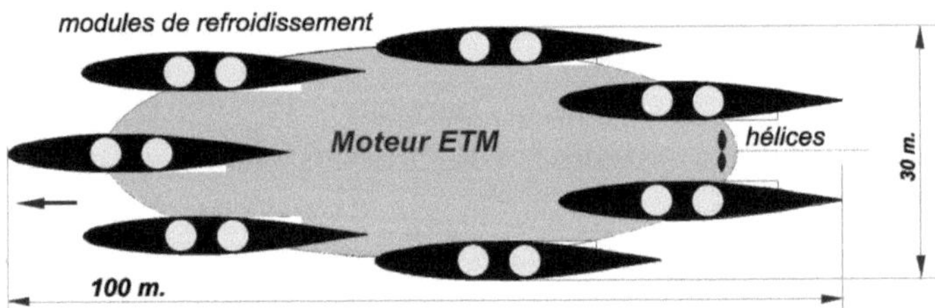

Fig. 18.5 : *Vistemboir - vue de dessus*

Ces mégastructures (*Vistemboirs pour ouragans*) sont motorisées et armées pour la navigation en mer agitée ; elles ne nécessitent donc aucun apport extérieur pour fonctionner.

Ces navires voguent en mode classique vers les tempêtes tropicales susceptibles de devenir ouragans. À l'approche des zones fortement chahutées, ils s'enfoncent suffisamment dans la mer pour échapper autant que faire se peut aux perturbations. Ils sont pilotés pour être disposés en des endroits précisés sous l'ouragan et dès lors naviguent dans une position fixe par rapport à lui.

À quoi ressemblerait un vistemboir pour ouragan[4]

Les deux impératifs rappelés ci-après :

- remonter par pompage l'eau froide qui se trouve à environ 300 mètres sous la surface de l'océan,

- être en mesure de suivre un ouragan dont la vitesse moyenne de déplacement est de 25 km/h ;

conduisent nécessairement à une superstructure sous-marine, telle que celle présentée en figures 18.4 et 18.5

Cette structure pourrait comporter principalement :

• Le moteur principal, à base d'un ETM, qui est inclus dans un corps ovoïde de 25 mètres de diamètre. L'énergie mécanique produite par ce corps central est utilisée essentiellement pour la propulsion du navire sous-marin et le pompage de l'eau fraîche à une profondeur de 300 mètres où la température de l'eau est d'environ 10 ^{o}C.

• Le corps moteur secondaire, soumis à une pression supérieure à 10 bars, est semblable aux sous-marins anaréobie AIP (Air Independent Propulsion). D'environ 10 m. de diamètre, il reçoit une puissance d'appoint du moteur principal pour l'entraînement d'accessoires et de ses propres hélices.

• Les modules de refroidissement sont assemblés sur le corps central moteur et sur le corps secondaire de telle sorte

---

[4]L'auteur n'a pas la prétention avec cette expérience de pensée de se substituer aux architectes navals, qui auront, après accord, à la modifier afin de la rendre compatible avec les règles de leur art.

que l'ensemble forme un système hydrodynamiquement stable, en évitant au mieux les interférences hydrauliques nuisibles entre eux (figures 6 et 7).

• Toutes les parties externes sont nécessairement soumises aux lois de l'hydraulique. Afin d'atteindre la vitesse de déplacement de l'ouragan, le corps principal et sa tuyauterie d'alimentation en eau froide, le corps secondaire, et les modules de refroidissement sont carénés avec un profil type adapté (fig. 18.6). Les modules de refroidissement, en particulier sont profilés selon les règles de l'art afin de limiter la traînée (série NACA 65012 par exemple bien connus des aérodynamiciens et se rapprochant naturellement des formes harmonieuses de poissons).

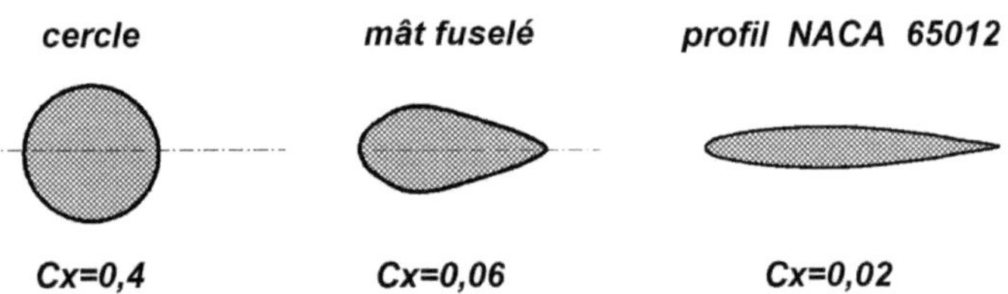

Fig. 18.6 : *Coefficient de traînée C_x* de divers profils

• Les modules de refroidissement calorifugés sont munis de dispositifs de prise d'eau en partie basse. Alors que la vitesse de l'eau dans les gaines est de l'ordre de 2 m/s, un convergent en partie haute permet à l'eau de refroidissement de rejoindre la vitesse du navire (environ 7 m/s) afin que l'éjection dans l'océan soit la moins perturbée possible.

Méthode pour déstructurer un ouragan

Un ouragan a besoin de calme et de régularité pour

se former. La méthode proposée consiste donc à le déstabiliser en faisant émerger un manque d'homogénéité de l'état de la mer. Il est donc envisagé de concentrer le refroidissement sur des zones précises susceptibles de l'affaiblir tout en le déviant.

Supposons donc que le sous-marin "vistemboir pour ouragan" soit réalisé.

Un certain nombre de navires sous-marins forme l'Armada 1 et un autre groupe constitue l'Armada 2. Ils sont utilisés pour refroidir deux zones de l'ouragan (et non toute la surface, ce qui serait déraisonnable en plus d'être improductif).

Déstructurer un ouragan signifie que son organisation doit être perturbée, ce qui peut être obtenu en l'altérant par une injection massive d'eau fraîche en des endroits précis. Les mouvements des molécules coordonnés par des corrélations à longue portée seront perturbés localement ; l'auto-organisation de l'ouragan se détruit peu à peu.

Procédure pour affaiblir un ouragan (bassin Atlantique nord)

Phase 1 : Mise en place des armadas de vistemboirs sur la zone suspecte, et suivi des dépressions tropicales, grâce aux informations des centres météorologiques spécialisés, pour interception au plus vite dès leurs transformations en ouragans, c'est-à-dire dès que l'œil apparaît. Ce qui correspond à peu près au moment où l'ouragan est classé en catégorie 1 dans l'échelle de Saffir-Simpson.

Phase 2 : Positionnement des armadas de vistemboirs sous le mur de l'œil en les plaçant au plus près de la surface à une profondeur telle que les perturbations de surface soient suffisamment atténuées et acceptables.

.   Positionner l'armada 1 sous le mur de l'œil dans la zone repérée sur la figure 18.7 (sous l'axe de déplacement de l'ouragan, à une vingtaine de kilomètres en amont du mur de l'œil) et commencer le refroidissement.

. Positionner l'armada 2 sous le mur de l'œil selon la tangente à l'œil parallèle à l'axe de déplacement de l'ouragan (figure 18.7) et débuter l'opération refroidissement.

Phase 3 : Déplacement du dispositif. Le dispositif complet de navires (Armada 1 et Armada 2), piloté depuis une station d'observation, sera déplacé à la vitesse de l'ouragan en maintenant sa position par rapport à l'œil.

Ces actions contrarient l'auto-formation d'un ouragan et altèrent donc son comportement.

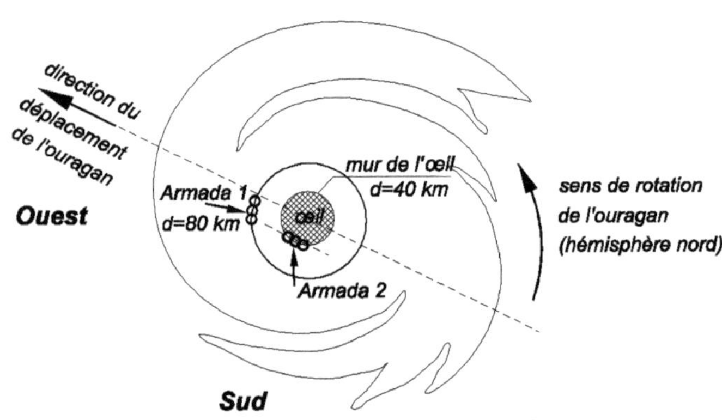

Fig. 18.7 - *Emplacement des dispositifs*
(pour un diamètre d'œil de 40 km)

Effets attendus

• Déstabilisation progressive de l'ouragan. L'injection massive, en continu, d'eau froide sous le mur de l'œil participe :

- à déstructurer peu à peu le système en affaiblissant les corrélations entre les milliards de milliards de molécules formant cette immense structure auto-organisée, c'est-à-dire en introduisant du désordre dans la partie ordonnée de l'ouragan.

- à introduire un certain cisaillement dans les vents tournoyants en spirale le long du mur de l'œil. Un profil de vent hétérogène déséquilibre l'ouragan, lequel a besoin de régularité en tout domaine pour se former d'abord puis se développer ensuite.

• Modification de la trajectoire de l'ouragan.

L'injection d'eau froide aux endroits précités devrait barrer la route de l'ouragan vers les bassins d'eau plus chaude. Cet apport massif d'eau fraîche est un artifice destiné à prendre le contrôle de l'ouragan. La tendance naturelle du système auto-organisé ouragan, comme de toutes les structures dissipatives est d'accroître sa puissance en se nourrissant d'échanges avec l'environnement. Les molécules près de la surface de l'océan transmettront au *système moléculaire complet ouragan* l'information que de l'eau fraîche existe dans la direction O-SO et qu'il est donc préférable pour tout le système d'opter pour la direction NO-N où il pourra, de son point de vue, s'alimenter et croître dans de meilleures conditions.

• Accentuation du guidage vers le Nord-Ouest par

effet Coriolis.

Cet effet Coriolis est nul à l'équateur et il croît lorsqu'on se déplace vers les pôles, il commence à être faiblement actif à partir de 5 degrés de latitude. L'ouragan sera donc d'autant plus soumis à la force d'inertie de Coriolis qu'il aura été déplacé vers les latitudes nord où il sera peu à peu entraîné vers sa droite.

Critiques et Réfutations

On n'ignore pas les difficultés de toutes sortes liées à cette proposition. Une première critique est faite par l'auteur. Cependant, si la tâche peut paraître pharaonique aujourd'hui, cette proposition devait être présentée, ne serait-ce que pour nourrir la réflexion.

Sur le chemin de la réalisation d'un vistemboir pour ouragan, de nombreux obstacles se dressent de nos jours et nécessitent un saut technologique important. Ils ne semblent cependant pas rédhibitoires à plus long terme. Dressons-en une liste non exhaustive :

• Les puissances motrices des machines utilisant l'énergie thermique des mers sont de l'ordre de 20 MW actuellement. Les montées en compétences de différents acteurs industriels pour développer cette filière permettent d'envisager des puissances de 100 MW à l'horizon 2030.

Ces machines thermiques devraient profiter du marché d'exploitation des champs sous-marins en forte croissance. Des entreprises parapétrolières se spécialisent dans la mise en œuvre d'infrastructures sous-marines à haute valeur ajoutée technologique.

• Les navires seraient équipés d'un système de pilotage à distance dont la technologie est seulement en cours d'évaluation.

• Ces nombreuses mégastructures de dimensions hors normes - qui pourraient être apparentées aux installations pétrolières offshore - sont de surcroît mobiles : leur tenue à la mer reste donc à prouver.

• Le fluide moteur utilisé pour décrire le cycle thermodynamique peut être l'eau ou l'ammoniac. Bien que l'eau soit la solution idéale, l'utilisation de l'ammoniac est beaucoup plus réaliste pour le dimensionnement de l'installation, ce qui est fâcheux car l'ammoniac apporte certains désagréments et obligations vis à vis de l'environnement.

Une solution alternative consiste à opter pour les systèmes de propulsion anaérobie (AIP) pour sous-marins, lesquels peuvent fonctionner quelques jours en plongée sans utiliser d'air extérieur. Ils sont donc bien adaptés car les ouragans s'éteignent aussi après 8 jours d'existence environ. Plusieurs techniques sont utilisées allant de l'ajout de réserves d'oxygène liquide pour sous-marins Diesel-électrique jusqu'à des technologies comme la pile à combustible.

• La réalisation, l'installation et la tenue à la mer des conduites d'eau ne sont pas sans poser de grandes complications aux constructeurs des ETM. Les tuyauteries du projet présenté ci-dessus sont plus courtes mais mobiles, ce qui ajoute aux difficultés. Par ailleurs, des conduites plus courtes conduisent à des températures plus élevées de la source froide du cycle ETM, ce qui rend plus délicat la réalisation pratique de ce cycle. Par contre les échangeurs mobiles seront plus performants que des échangeurs en positions fixes près des côtes.

Les contraintes sont très fortes et affectent la solution proposée mais sans la discréditer. Elle méritait d'être présentée, ne serait-ce que pour la soumettre à une critique constructive. Ainsi d'autres solutions mieux adaptées pourraient émerger.

En guise d'épilogue :

La piste choisie dans ce texte étant le refroidissement d'une portion d'un ouragan, il est nécessaire d'utiliser des pompes de relevage pour ramener en surface l'eau fraîche des profondeurs. La physique nous enseigne que l'on doit dépenser de l'énergie pour réaliser cette opération, qui n'est pas spontanée.

Naturellement, il a fallu envisager des structures de grande dimension dont la hauteur est supérieure à 200 mètres - pour atteindre les eaux froides dans l'océan - et pomper un débit important en rapport avec la portion d'ouragan que l'on entreprend de refroidir.

Le choix de suivre l'ouragan dans son déplacement coûte très cher en énergie et complique singulièrement la tâche car tout le dispositif doit être caréné pour faciliter sa pénétration dans l'eau.

Si à première vue, les dimensions des vistemboirs peuvent paraître choquantes, elles le deviennent beaucoup moins quand on les compare à celles des ouragans. Un vistemboir n'est que la mouche du coche de l'ouragan. Les coûts de réalisation seront mis en regard du coût des dégâts dus chaque année aux ouragans.

Ce texte relatif aux ouragans met en évidence le rôle bénéfique du principe de pire action associé à l'incontournable second principe de la thermodynamique.

Les flottes de vistemboirs semblent capables, par effets cumulatifs, d'affaiblir un ouragan et de le conduire graduellement vers des zones maritimes inhabitées en le rétrogradant peu à peu en tempête tropicale beaucoup moins agressive et s'éteignant beaucoup plus rapidement.

En dégradant progressivement en pleine mer cette structure dissipative, on lui interdit de venir s'épuiser, en semant la désolation, dans les terres habitées.

Expérience de pensée aujourd'hui, le vistemboir pour ouragan montre qu'il pourrait être possible, au prix d'un saut technologique conséquent, de calmer ces redoutables phénomènes météorologiques que la nature construit sous nos yeux.

Nous autres, le genre humain, avons sur la nature l'avantage sublime d'être doté de raison. Si nous n'utilisons pas cette raison pour dompter les ouragans, alors il nous faudra subir de plus en plus leurs méfaits. Nous aurons ainsi, devant l'histoire, refusé de comprendre la nature et de la secourir en cédant devant ses débordements.

Le capitaine NEMO et l'équipage du Nautilus

observant un vistemboir pour ouragan.

Lettre ouverte à la Jeunesse
engagée dans la lutte
contre le réchauffement climatique

"Nous pouvons soit sauver notre monde soit condamner l'humanité à un avenir infernal", a déclaré récemment le secrétaire général de l'ONU Antonio Guterres devant les responsables d'une cinquantaine de pays réunis pour préparer la COP 26 sur le changement climatique.

Vous militez, avec la jeunesse du monde, pour préserver notre environnement, et vos incitations pour que les gouvernements et organisations agissent davantage sont à encourager.

Il existe un domaine, abandonné par les gouvernants, dans lequel vos appels pourraient en outre devenir des propositions ; il s'agit des cyclones tropicaux, objets de cette lettre.

Une partie de la physique est curieusement restée inexplorée. On la découvre quand une énorme quantité d'énergie doit être rapidement dégradée. Les circonstances sont certes peu nombreuses mais elles sont cruciales pour l'environnement : soupapes de régulation et de sécurité des centrales électriques, cyclones tropicaux, etc.

Les manifestions météorologiques grandioses mais redoutables que l'on nomme cyclones tropicaux, ouragans ou typhons selon les régions du globe sont essentiellement dues à l'élévation excessive de la température de surface des mers tropicales durant la saison chaude. Un trop important déséquilibre en température entre la surface des océans et celle en altitude peut transformer une dépression tropicale en tempête tropicale d'abord, puis en ouragan lorsque le système pénètre dans le chaos.

Les développements récents en thermodynamique et en physique du chaos révèlent que de l'ordre apparaît alors, caractérisé par un œil et son mur de nuages. Le système s'auto-organise de manière spectaculaire et devient un moteur thermique géant, mobile sur la surface de l'océan ; moteur qui se débarrasse de sa puissance motrice en semant la désolation sur les terres habitées.

Avec le réchauffement climatique actuel, certains prédisent que ces cyclones tropicaux seront de plus en plus nombreux et d'autres pensent qu'ils seront de plus en plus violents

Le "Grand Ouragan" de 1780 fut l'un des plus dévastateurs de l'histoire. De 20.000 à 30.000 personnes y perdirent la vie. Les ouragans, de nos jours, sont moins meurtriers car les systèmes de surveillance, d'alerte et de prévention se sont considérablement développés. Les spécialistes des sciences de l'océan savent maintenant prédire leur trajectoire à court terme. Un appel à une évacuation de millions de personnes est parfois nécessaire ; cet exode massif provoque un désarroi monstre et des situations catastrophiques. Des centaines de milliers de personnes se mettent à l'abri par leurs propres moyens.

Les ouragans de l'année 2017 ont été particulièrement actifs ; les dégâts causés sont estimés à plus de 300 billions

US dollars par le gouvernement des États-Unis (environ 250 milliards d'euros). Ces chiffres interpellent. Le coût des désastres dus aux ouragans pour 2017 et pour les seuls USA correspond, en gros, au prix de 60 centrales de 1000 MW, ce qui représente par exemple la totalité du parc électronucléaire franais.

Que peut-on faire devant ce phénomène naturel ? Rien, nous dit-on, de toutes parts.

On vous dira qu'il faut être fou pour lutter contre les ouragans, je me console sachant qu'il est encore plus fou de ne rien faire.

Quoi ? On serait incapable de suivre un ouragan qui ne se déplace pas plus vite qu'un poisson et en même temps puiser de l'eau froide à quelques dizaines de mètres de profondeur pour rafraîchir sa base et ainsi l'atténuer et le déstabiliser ?

On en sait aujourd'hui suffisamment sur ces phénomènes pour esquisser une solution visant à détruire la partie ordonnée d'un ouragan, afin de l'affaiblir progressivement en le rétrogradant en tempête tropicale beaucoup moins agressive et beaucoup plus utile pour l'équilibre thermique de notre planète Terre.

Un brevet d'invention a d'ailleurs été déposé et délivré en 2020, qui tend à démontrer la faisabilité d'une telle mégastructure marine. Une flottille composée de telles structures semble capable, par effets cumulatifs, d'anéantir progressivement un ouragan en pleine mer, et donc de protéger les régions habitées.

Expérience de pensée aujourd'hui, on montre ainsi qu'il pourrait être possible, au prix d'un saut technologique conséquent et utile, de calmer ces redoutables phénomènes météorologiques que la nature construit en mer sous nos yeux.

Nous autres, le genre humain, avons sur la nature l'avantage sublime d'être doté de raison. Si nous n'utilisons pas cette raison pour dompter les ouragans, alors il nous faudra subir de plus en plus leurs méfaits. Nous aurons ainsi, devant l'histoire, refusé de comprendre la nature et de la secourir en cédant devant ses débordements.

Ce n'est pas parce que les choses sont difficiles que nous n'osons pas disait Sénèque, c'est parce que nous n'osons pas qu'elles sont difficiles.

We Don't Have Time. C'est maintenant qu'on doit oser ! Confiance !

Cordialement.

Dr. Michel Pluviose   Octobre 2021
Professeur honoraire en énergétique
Conservatoire National des Arts et Métiers

Quelques avis parmi d'autres :

Wow! thank you so much for sharing it :)
Paloma C. O.
UN SG's Youth Advisory Group on Climate,
Universidade de Brasilia

Well said ! Thank you for sharing Michel
Rasiga S.
Environmental Engineer,
Coimbatore Institute of Technology, India
etc...

 # Formation du Monde

Dans une émission sur *la Science et la philosophie*, où les protagonistes étaient Ilya Prigogine et Jean d'Ormesson - un débat entre un Prix Nobel et un Académicien- j'étais attentif aux propos de Prigogine dont les travaux m'interpellaient, et séduit par les arguments de d'Ormesson. Dans beaucoup de ses réflexions, ce dernier s'attache à décrire le monde, avec les mots de notre temps. Lisons-le :

> *" Comparée au temps, si subtil, si charmant, primesautier et imprévisible, et même à l'espace, ce compagnon fidèle et sûr, la matière est un peu grossière... Ses débuts sont modestes : la pointe d'épingle surchauffée et d'une masse insolente... La pointe d'épingle en explosant -BANG!- fonde l'espace et le temps. Épatant! Quel spectacle!*
> *Dommage qu'il se joue à guichets fermés et que son accès nous soit à jamais interdit."*

Hallucinant, abracadabrantesque, fantastique, bizarre, fabuleux, sont les mots qui viennent à l'esprit quand on tente d'imaginer le Big Bang ; ces termes sont bien trop faibles. On pourrait y ajouter brutalité et déséquilibre général mais on serait toujours très loin du compte. Incompréhension, suréalisme.. Des mots sont à inventer.

Les cosmologues et astrophysiciens nous disent qu'initialement, la température se serait abaissée de 10^{32}K à 10^{10}K (10 000 000 000 degrés !), accompagnée de phénomènes de diverses natures, tous aussi bizarres les uns que les autres. Ce sont des valeurs effroyables !

Et pourtant, les physiciens ont très longtemps laissé de côté la température. Outre cette chute de température, on nous apprend aussi que, durant ce court laps de temps, l'Univers gonfle violemment et se compose de particules élémentaires dont les électrons.

Il faudra encore attendre que les températures soient ramenées à quelques milliers de degrés, pour que les atomes commencent à se former. Lucrèce nous décrit cette ère avec toute la poésie dont étaient capables les philosophes de l'antiquité :

> *" Il fut un temps où ne se voyaient encore ni le char du Soleil, versant par torrents la lumière dans son sublime vol, ni les astres de l'immense voûte, ni la mer, ni le ciel, ni la terre, ni l'air ; rien de semblable aux choses d'aujourd'hui, mais une sorte d'assemblage tumultueux de masse confuse. "*

Quel est le moteur du Monde ?

L'inimaginable déséquilibre entre la température phénoménale de cette pointe d'aiguille initiale et la température de l'Univers dans lequel survint le Big Bang nous interpelle et nous tourneboule. C'est ce déséquilibre qui est le moteur du Monde ; il décroît lentement depuis des milliards d'années jusqu'à atteindre l'équilibre final où tout *'devrait'* être homogénéisé.

Naissance de l'entropie

Cette température extrême durant les premiers instants, pendant les 10^{-43} seconde dit *"temps de Planck"*, inaccessible à l'entendement engendre immédiatement un échauffement de l'Univers proche, sans que l'on puisse en dire davantage. L'énorme déséquilibre en température entre l'Univers initial et l'extérieur (dont on ne peut pas dire grand-chose) provoqua le mouvement d'expansion brutale de l'Univers.

Si une pointe d'aiguille extraordinairement chaude est à l'origine de notre Univers, on peut raisonnablement admettre, dans ce cas, que la quantité de chaleur échangée avec l'extérieur est quasiment nulle du fait de la surface d'échange initiale insignifiante. Si l'on fait le rapport entre cette quantité de chaleur et la température abominablement élevée, on trouve une valeur quasiment nulle. Clausius a défini ce rapport par le mot entropie, on l'appelle souvent ici désordre.

Au début, l'entropie était nulle, le désordre aussi, donc l'ordre était parfait.

Puisque dans la direction du passé, l'Univers était dans un état d'entropie nulle, Lemaître admet, avec Eddington, que le temps est relié à la croissance du désordre. Dans le sens des temps croissants, l'Univers se dirige vers une désorganisation complète.

La thermodynamique traite de la transformation de chaleur en travail, et l'inverse. Elle en recherche les lois, et leurs applications aux phénomènes de la nature.

En reliant les phénomènes thermiques et mécaniques, elle est une science globale qui supervise toutes les sciences physiques et les soumet toutes à ses lois, et elle gardera toujours, par sa nature même, cette position dominante. C'est la première loi de l'Univers, et sa fille, l'entropie, envahit le monde.

Les physiciens du modèle standard du Big Bang considèrent que l'évolution de l'Univers est adiabatique et réversible.

Que notre Univers, même en expansion, n'échange pas de chaleur avec l'extérieur (donc soit adiabatique) est concevable, mais un thermodynamicien ne peut admettre que le système soit réversible. Dès que la matière apparaît, à partir de la lumière, le second principe de la thermodynamique s'active ; des phénomènes irréversibles de toutes sortes font croître l'entropie. Le temps apparaît munie de sa flèche orientée dans le sens des entropies croissantes et entraîne le système Univers vers son futur. Un retour en arrière n'est (probablement) plus possible.

Hypothèse commode : L'Univers est un système fermé

Le système thermodynamique le plus simple à analyser est le système fermé (qui n'échange rien avec l'extérieur). L'Univers considéré doit s'entendre comme composé au moins du système solaire complet. Cette proposition serait incorrecte pour la Terre seule qui reçoit continûment un flux de chaleur solaire et ne constitue donc pas un système fermé.

En annonçant que l'Univers est un système fermé, on règle un peu trop rapidement sa destinée. Examinons tout de suite l'avantage de cette supposition pour le moins controversée, avant d'en discuter le bien-fondé. Avec cette hypothèse, Clausius est le premier qui donne une forme universelle aux deux principes de thermodynamique :

• L'énergie de l'Univers est constante, énoncé qui reprend celui d'Helmholtz. Sachant que le travail se transforme en chaleur très aisément, il en résulte que l'énergie mécanique de l'Univers se change chaque jour davantage, en chaleur, sans que l'énergie totale varie. C'est le premier principe de thermodynamique.

• La seconde loi de la thermodynamique exprime que l'entropie doit croître dans cet Univers fermé. Le désordre nous envahit inéluctablement, et devrait mener à un état final d'équilibre, où l'entropie atteindrait sa valeur maximale correspondant à la mort thermique de l'Univers.

L'Univers est-il un système fermé ?

Certains, peu convaincus, nous expliquent que le Soleil déverse en permanence de la chaleur dans les froides profondeurs de l'espace. La chaleur se dissipe dans l'Univers, pour ne jamais revenir ; il s'agit d'un processus irréversible tout à fait exemplaire. Ils en déduisent un peu vite que l'Univers est un système ouvert.

Pour s'entendre, il faut donc définir ce qu'on entend par ce '*système fermé Univers*'.

Puisqu'il n'y a rien à l'extérieur, a priori, l'Univers est donc un système fermé : cette explication ne semble pas très pertinente à beaucoup. Et c'est pourtant la définition qui prévaut. Le système fermé Univers comprend notre système solaire et la totalité des étoiles fixes que nous connaissons, sans oublier les galaxies et les trous noirs.

Planck estime qu'on ne peut parler de façon absolue de l'énergie ou de l'entropie de l'Univers, jugeant impossible de définir correctement une grandeur de ce genre. Néammoins, il va abonder dans le sens de Clausius. Son raisonnement est le suivant : plus on augmente l'étendue spatiale, et plus les actions extérieures tendent à perdre de l'importance vis-à-vis de la valeur énergétique du système. Car les actions extérieures sont de l'ordre de grandeur de la surface, et l'énergie du système est de l'ordre de grandeur du volume. Plus le système est étendu dans l'espace et plus l'énergie de l'Univers tend à devenir constante. Il en va de même de l'entropie, elle tendra vers un maximum.

Les propositions de Clausius deviennent alors bien plus consistantes. L'Univers semble pouvoir être assimilé à un système fermé de la thermodynamique.

Systèmes et sous-systèmes dans l'Univers

Des systèmes fermés et ouverts en nombre gigantesque créent la diversité et la complexité observées à l'intérieur du système fermé Univers.

La loi de la conservation de l'énergie n'est pas suffisante pour déterminer le sens des processus qui peuvent se produire dans l'Univers. Certains tendent à se développer dans un sens mais non dans l'autre. En particulier, les processus irréversibles vont toujours dans une certaine direction : la chaleur est transférée naturellement d'un point de haute température à une température plus basse ; un gaz va d'une pression plus élevée à une pression plus basse.

Pour les processus dans un système isolé, où la chaleur, par exemple, est échangée entre différents sous-systèmes ou composants, l'entropie totale du système reste constante si les processus sont réversibles ou augmente si les processus sont irréversibles.

On reconnaît dans la déclaration ci-dessus la deuxième loi de la thermodynamique. Elle détermine, avec la conservation de l'énergie, les processus qui peuvent se produire dans un système isolé et, par extension, dans l'Univers. L'entropie du système Univers augmente ou ne change pas. Elle peut diminuer dans une partie, mais elle doit augmenter dans une autre partie d'une même ou d'une plus grande quantité.

Apparition des planètes

Toutes les molécules initiales sont uniformément réparties dans l'Univers naissant, à faible entropie. Puis l'agitation dans le monde moléculaire due à la température conduit à des phénomènes irréversibles : l'entropie croît.

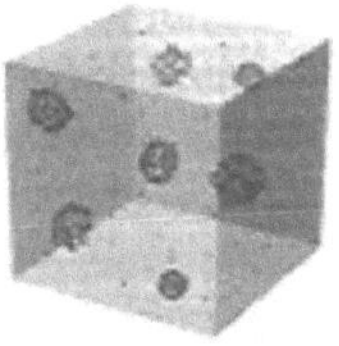

Fig. 20.1 - *Transformation de molécules réparties uniformément en amas de gaz denses.*
d'après Brian Greene - La magie du cosmos

Ces molécules massiques s'attirent sous l'effet de la gravitation, si bien qu'elles peuvent se grouper en de nombreux amas (Fig. 20.1) de plus en plus gros et denses.

Ces amas organisés provoquent une diminution locale d'entropie, par l'ordre introduit, largement compensée par les dissipations d'énergie produisant une augmentation globale d'entropie dans tout l'Univers.

D'énormes nuages de gaz furent comprimés, et plus la gravitation densifiait le nuage, plus celui-ci s'échauffait. À tel point qu'il devint suffisamment chaud pour déclencher des réactions nucléaires. Sous l'influence contradictoire et lors de l'équilibre entre ces deux effets naquirent les étoiles, dont notre Soleil il y a 5 milliards d'années.

L'irrésistible tendance au désordre n'interdit pas que se forment ces structures ordonnées que sont les planètes,..., les arbres,..., la vie. Ce que stipule la seconde loi de la thermodynamique, c'est qu'il y a, durant la formation de ces structures ordonnées, génération d'un désordre plus important ailleurs.

De nos jours

Le monde dans lequel nous vivons n'est pas encore, et de loin, à l'équilibre thermodynamique. La terre, son atmosphère et les océans sont tous dans un état de non-équilibre, dû au retour à l'équilibre aprés le Big Bang d'une part et soumis aux flux d'énergie venus du soleil d'autre part. C'est dans les états de non-équilibre que se produisent des phénomènes nouveaux et importants : éruptions volcaniques, tremblements de terre, cyclones tropicaux.

La diversité que l'on observe dans la nature est une conséquence de la situation de non-équilibre de l'Univers, lequel en s'étendant permit à la température de la radiation originelle de décroître. De nos jours, l'Univers est froid (2,8 K , soit -271 ^{0}C). Même s'il existe des étoiles très chaudes, le rayonnement dans lequel baigne l'Univers est très faible. Sur la planète terre, la température actuelle nous a permis d'apparaître et maintenant de survivre.

En bref et pour tenter de résumer la situation

Une multitude de choses reste à comprendre et de nombreuses hypothèses à revoir. Descartes admet une chiquenaude initiale qui aurait provoqué la mise en orbite des astres. Depuis, on croit savoir comment les planètes se sont formées. La création garde beaucoup, sinon presque tout, de son mystère. Il faut bien admettre notre système du monde tel qu'il est : invraisemblable avec cette cohérence d'ensemble des astres dans leur mouvement.

Un tel déséquilibre initial ne peut être que non-linéaire. Rien ne peut être linéaire dans une telle effervescence. Par une autre voie, Einstein confirme ces hypothèses lorsqu'il annonce dans la relativité générale que l'espace-temps serait courbe.

Il est banal de penser que ce déséquilibre immensément grand du début des temps s'est réduit au cours des milliards d'années écoulées. C'est banal, mais ce n'est pas sans conséquences sur la formation des structures auto-organisées qui se créent à notre époque, et de celles qui se créeront dans l'avenir.

Il était difficile de prévoir à l'origine que le problème, à la base de la thermodynamique, que s'était posé Carnot mettait en réalité en cause des aspects aussi globaux que l'équilibre de la création toute entière, ou même la vie tout simplement. Cependant le degré d'abstraction dont il avait dû faire preuve avait de quoi faire réfléchir, et montrait bien que ce problème touchait à l'essence même des choses.

> *"La dernière démarche de la raison est de reconnaître qu'il y a une infinité de choses qui la surpassent."*
>
> Blaise Pascal

21   À la recherche de l'ordre parfait

Les civilisations se sont érigées à travers deux disciplines fondamentales : la science et la religion. La philosophie et la métaphysique se situent entre les deux, plus ou moins proches de l'une ou de l'autre selon les convictions de chacun. La science, s'appuyant sur la raison, étudie les phénomènes de la nature. La religion, en quête d'absolu, satisfait à un besoin intime de l'âme.

Notre propos concerne la science, mais curieusement, l'obligation d'utiliser les Écritures, donc de nous rapprocher de la religion, va devenir manifeste.

Une querelle incessante oppose le monde des molécules et notre monde macroscopique ; cette dispute n'apparaît pas lorsqu'un système se trouve au calme, proche de l'équilibre, là où règne le principe de moindre action. Elle se manifeste quand on s'éloigne de l'équilibre lorsque le monde microscopique s'éveille devant nos yeux à travers les structures dissipatives dans lesquelles l'ordre et le désordre cohabitent, ce qui peut conduire à des situations dangereuses et parfois fatales.

Un cas flagrant concerne les soupapes utilisées dans de nombreux domaines industriels, ainsi que dans les centrales thermiques classiques, solaires et nucléaires. Le but d'une soupape de sécurité, lors d'une surpression éventuelle, est d'une part d'évacuer un certain débit de fluide pour éviter l'explosion du réservoir qu'elle doit protéger et d'autre part de rétablir une pression correcte après sa refermeture.

Or, par inadvertance, on a laissé le chaos s'introduire dans ces organes et en prendre le contrôle alors qu'ils sont chargés de protéger les populations, les installations et l'environnement. On ne compte plus les incidents et accidents sur de tels matériels. En appliquant le principe de double action, c'est-à-dire en désorganisant au plus vite les structures ordonnées mais néfastes construites par le monde microscopique, on montre qu'il est en même temps possible d'échapper au chaos dans notre monde macroscopique. C'est en supprimant l'ordre que l'on peut obtenir un grand désordre, et rendre ainsi une soupape à son rôle souhaité : celui de dégrader de l'énergie en dehors des régimes chaotiques dangereux.

Ces notions rappelées dans le présent texte ont fait l'objet de diverses publications scientifiques, de brevets et d'un livre de physique appliquée : L'organisation du désordre pour sortir du chaos.[1]

Ma démarche aurait pu s'arrêter là mais ce livre pourtant généralement bien accueilli, sembla troubler certains lecteurs. Je finis par m'apercevoir qu'ils n'osaient pas entrer dans ce texte, par appréhension. Le titre était-il trop agressif ? Le principe de pire action était-il compatible avec les valeurs de l'éthique ? Étais-je devenu un professionnel du désordre ?

J'ai eu tort d'utiliser le terme *"principe de pire action"*

---

[1]Un titre plus explicite mais jugé trop long, serait : *L'organisation du désordre dans le monde microscopique pour sortir du chaos dans notre monde macroscopique.*

seul car il ne s'applique qu'au monde microscopique, alors que notre ressenti concerne essentiellement le monde macroscopique. Il eut mieux valu employer *"principe de pire et meilleure action* ; ou mieux *"principe de double action* car en supprimant l'ordre (pire action) dans une structure dissipative, on élimine aussi le chaos (meilleure action) dans notre monde macroscopique. C'est l'appellation *principe de double action* qui a été privilégiée autant que possible dans le présent texte. Sans bannir pour autant la préalable et nécessaire pire action.

Est-il permis de troubler la Création en supprimant de l'ordre dans la nature ?

À vrai dire, je ne m'étais pas posé la question pour les soupapes de sécurité et de régulation des centrales énergétiques objets de tant d'accidents, tellement il semblait évident de les faire sortir des zones chaotiques dans lesquelles elles étaient plongées, indépendamment de toute autre considération.

En creusant davantage le sujet, et au détour de lectures, on trouve également beaucoup de défiance vis-à-vis du désordre. Ainsi, des travaux de Joule, qui a donné son nom à l'unité d'énergie dans le système international, on extrait le texte suivant :

> *"Croyant que la puissance de détruire revient à Dieu seul, j'affirme . . . "*

Or, le principe de double action, qui permet de maîtriser des structures dissipatives dangereuses, se propose justement de détruire l'ordre dans un système. Joule pensait certainement à d'autres cas quand il écrivit son texte.

Il fallait réagir !

L'application de ce principe de double action aux ouragans m'en offrit l'occasion.

Cherchant à calmer un ouragan, je compris les réticences de quelques-uns. En effet, dans certains textes, on estime que les ouragans sont des bienfaits du ciel pour les uns ou des punitions divines pour d'autres. On trouve aussi d'autres calamités de nature soi-disant divines.

Pourquoi et comment un Être suprême serait-il à l'origine de ces désastres ? Qui oserait prétendre que l'Éternel est responsable des vibrations, des fuites et des dégâts de portée mondiale que nos méconnaissances et incompétences ont provoqué ? Les phénomènes incompris et les erreurs humaines de conception n'ont pas à être attribuées ni à l'Éternel, ni au hasard.

C'est la philosophie de Thalès reprise par Newton en particulier, qui acceptait l'existence de Dieu ; un Dieu qui avait engendré le Monde ; mais un Dieu qui restait éloigné de nos affaires humaines, qu'elles concernent de nos jours les robinets à soupapes de nos centrales nucléaires ou les cyclones tropicaux ou encore un virus.

Pourquoi le principe de double action serait-il autorisé pour ramener le calme dans les soupapes ? Et interdit pour apaiser un ouragan ?

Dans la Bible, on ne parle évidemment pas des soupapes des centrales nucléaires, mais par contre on évoque assez clairement les cyclones tropicaux. En effet, on trouve :

> **Psaumes 89-10 :** *Tu domptes l'orgueil de la mer ; quand ses flots se soulèvent, tu les apaises.*

Le principe de double action se trouve ainsi conforté par les textes bibliques dans son objectif de calmer les ouragans. Et par ricochet, l'application aux soupapes s'en trouve encouragée.

Les lisières du monde

Deux lisières bornent notre monde d'ordre et de désordre : l'une est celle du désordre complet et l'autre celle de l'ordre parfait.

• Le désordre complet peut être approché en utilisant le principe de double action, qui se propose par son côté *pire action* de supprimer tout ordre naissant dans les systèmes ouverts loin de l'équilibre, donc de laisser le champ libre au désordre afin qu'il puisse se développer sans être entravé.

• L'ordre parfait concerne des systèmes à entropie nulle, donc sans aucun désordre. Ce cas semble a priori impossible à obtenir, même si on peut s'en approcher dans des cas particuliers, trop éloignés de nos préoccupations, objets du troisième principe de thermodynamique[2].

Peut-on introduire un ordre parfait dans la nature ?

Essayons d'accéder à un système dans lesquel une partie serait parfaitement ordonnée, c'est-à-dire dans laquelle l'entropie serait nulle et donc le désordre inexistant. Soit le schéma d'un ouragan, pris comme exemple d'application, décomposé en deux sous-systèmes A et B en figure 21.1.

L'origine des axes est choisie au moment où la dépression tropicale se forme. Le développement de cette structure naissante s'effectue jusqu'à une bifurcation à partir de laquelle l'ouragan émerge.

À partir de cette singularité, le sous-système A, comprenant en particulier l'œil de l'ouragan, voit son

---

[2]Troisième principe de thermodynamique : la valeur de l'entropie de tout corps pur dans l'état de cristal parfait est nulle á la température de 0 Kelvin.

entropie baisser car de l'ordre apparaît localement. Une régulation s'est installée dans le système : des molécules messagères apportent des informations sur l'état de la mer et de la stratosphère et ces informations entraînent une diminution de l'entropie dans ce sous-système A.

Dans le même temps, le sous-système B reçoit l'entropie évacuée par le sous-système A. L'entropie globale des deux sous-systèmes A + B croît conformément au second principe de la thermodynamique.

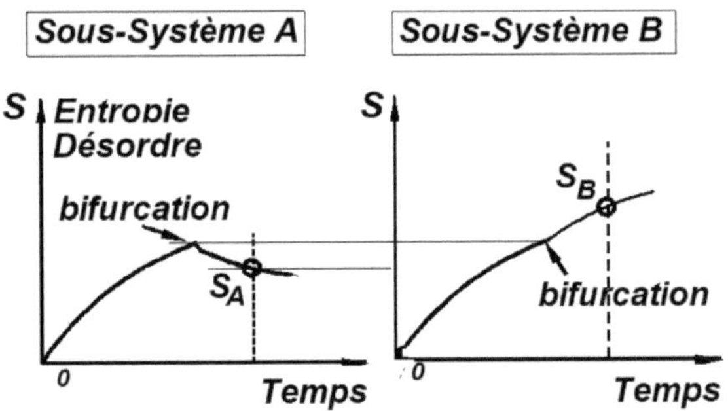

Fig. 21.1 *Schéma entropique du système ouragan*

Reprenons l'image du jardinier indélicat qui nettoye son lopin de terre en balançant ses cailloux et détritus chez son voisin. Son jardin sera un peu plus en ordre et celui du voisin en grand désordre. Le jardinier aura mis de l'ordre dans son jardin en évacuant de l'entropie vers son voisin. De même, la partie ordonnée d'un ouragan (sous-système A) sera d'autant plus marquée qu'il aura évacué de l'entropie vers des parties externes (sous-système B).

Le niveau entropique S_A est beaucoup plus important que le niveau zéro, correspondant à la perfection. Si la partie ordonnée de l'ouragan pouvait être à entropie nulle, son point représentatif serait en S_Z, au niveau entropique du début du temps. L'entropie évacuée par le sous-système A et transférée au sous système B conduirait, selon les masses en présence, à un point représentatif tel que S'_B, c'est-à-dire signifierait un désordre gigantesque (Fig.21.2).

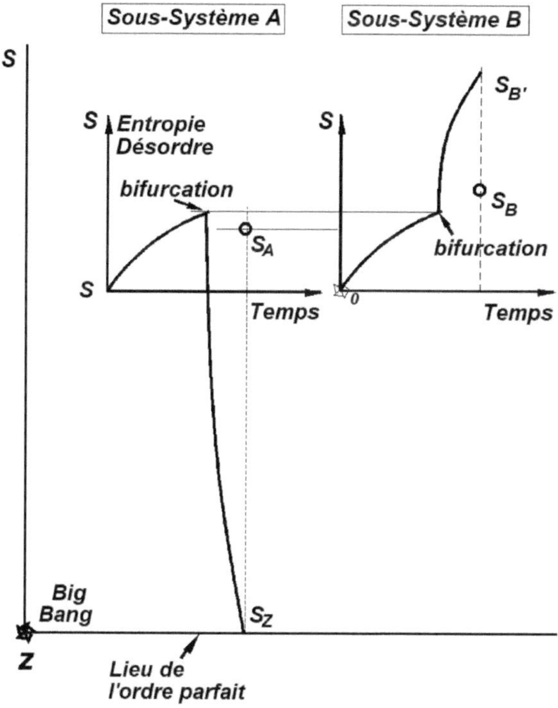

Fig. 21.2 *Ouragan avec un sous-système A en ordre parfait*

Le sous-système A parfait recherché ne peut pas être un élément matériel, puisque la matière est dégradable, soumise à l'action dévastatrice du temps, donc désordonnée. Ce sous-système parfaitement ordonné ne peut être composé que de lumière incorruptible. L'ordre parfait en S_Z se trouve dans la lumière immatérielle des photons sur laquelle le second principe dégradateur de la thermodynamique n'a aucune prise.

En S_Z, à entropie nulle, toutes les informations sont connues. Il ne semble pas possible de monter une expérience dans laquelle une partie d'un système serait parfait, alors que dans les Écritures on trouve de tels cas décrits avec suffisamment de précisions. Pourquoi un physicien ne les utiliserait-il pas ?

Un système comprenant une partie parfaitement ordonnée à entropie nulle et une partie externe très désordonnée dans laquelle une énorme quantité d'énergie se dissipe semble humainement impossible à obtenir. Cela reste une expérience de pensée.

Lettre au Pape François

C'est l'objet de la note adressée au Pape François, de savoir jusqu'où un physicien peut utiliser les textes sacrés, sans nuire aux préceptes de la religion et sans froisser les consciences[3].

Avec le principe de pire action, on cotoye les démons et on n'en manque pas ! Avec la recherche de l'ordre parfait, il faut pénétrer dans un domaine dans lequel la physique doit céder le pas à la métaphysique, à la philosophie, ... bref dans des domaines qu'un physicien ne peut envisager sans une profonde retenue tellement il est loin de ses bases. Il se doit d'en référer aux autorités compétentes.

---

[3]La loi sur la laïcité organise le respect de toutes les options spirituelles, des croyants et des non-croyants, et incite chaque citoyen à respecter les autres dans leur différence, rappelle Patrick Weil.

22   Recherche de l'ordre parfait

*Note à l'attention
du Très Saint Père
S.S. le Pape François*

Du plus grand désordre à l'ordre parfait

Le modèle standard du Big Bang admet qu'une pointe d'aiguille extraordinairement chaude est à l'origine de notre univers. Les cosmologues nous apprennent qu'à partir de cette singularité, des photons de lumière en se heurtant violemment firent apparaître la matière. Matière et lumière furent étudiées séparément jusqu'au début du XXe siècle où la relativité restreinte put enfin les relier.

C'est seulement à partir du moment où la matière apparaît que les lois de la physique peuvent être appliquées aux systèmes munis de masse, que ce soit à une étoile comme le Soleil ou à un virus minuscule. Les lois de la physique des corps matériels ne prennent évidemment pas en compte les photons de lumière puisqu'ils sont dénués de masse.

Au XIXe siècle, une nouvelle branche de la physique associant chaleur et mouvement, qui pour cette raison fut appelée thermodynamique stipula que l'énergie se conservait mais qu'elle se dégradait. C'est le second principe de thermodynamique qui prend en compte la dégradation de l'énergie, caractérisée par l'entropie que l'on peut nommer plus simplement désordre dans le cas présent. Ce désordre, dû à des irréversibilités de toutes sortes comme le frottement, est lié à l'agitation dans le monde microscopique et compte tenu du nombre gigantesque de molécules en incessants mouvements, on dut faire appel à la théorie des probabilités.

Après le déséquilibre fantastique dû au Big Bang, l'univers se dilata et se refroidit en recherchant son équilibre. Étonnamment, la thermodynamique qui traite justement du mouvement et de la chaleur put prétendre prendre en compte la physique de l'univers tout entier. En effet, on put annoncer que l'énergie de l'univers restait constante d'après le premier principe et que le désordre dans l'univers tendait probablement vers un maximum appelé mort thermique de l'univers, d'après le second principe.

Puisque le désordre augmente vers le futur, il était donc plus faible dans le passé, et pouvait tendre vers zéro très proche du Big Bang. Au début des temps, régnait donc l'ordre. Le temps se caractérise ainsi par une flèche orientée vers l'avenir, dans le sens des désordres croissants. Dès que la matière fut donc créée, le désordre se mit en marche et avec lui, le temps.

Suppression d'ordre dans certaines structures dangereuses pour le genre humain

Le second principe de la thermodynamique n'interdit pas que de l'ordre puisse apparaître localement dans un système à condition que le désordre augmente globalement dans ce système.

Plus récemment, les théoriciens du chaos montrèrent effectivement que des structures ordonnées pouvaient surgir, après le passage par une bifurcation et une zone chaotique, dans un système entraîné vers le désordre et soumis à un déséquilibre excessif.

Un exemple est celui de l'ouragan qui utilise les lois de la thermodynamique et du chaos pour se former. Il se comporte comme une soupape libérant de l'énergie accumulée sous les Tropiques pendant la saison chaude. Ici ou là, apparaît d'abord une tempête tropicale qui dégrade de l'énergie. Puis, selon les aléas rencontrés sur l'océan, un ouragan peut émerger. Le système moléculaire s'organise et, introduisant de l'ordre, il transforme cette tempête désordonnée en ouragan, c'est-à-dire en un moteur thermique très ordonné mais dévastateur venant s'éteindre sur la terre des hommes en y semant ses calamités. Le conflit entre ordre et désordre est ainsi la cause de phénomènes complexes et spectaculaires, mais parfois dangereux. L'ordre introduit dans un ouragan doit être détruit afin de le déclasser en tempête tropicale beaucoup moins agressive. Le principe de pire action à utiliser introduit un grand désordre dans le monde moléculaire, pour détruire son organisation, afin d'éviter le chaos dans notre monde macroscopique.

Le principe de pire action prônant la destruction d'ordre dans la nature peut choquer autant par son nom que par son objet. Il a donc paru souhaitable d'étudier, a contrario, la possibilité d'existence d'un système dans lequel l'ordre serait parfait, donc sans aucun désordre. Ce qui est loin d'être le cas dans un ouragan, lieu d'un énorme désordre même si de l'ordre est apparu localement sous la forme d'un oeil et de son mur de nuages.

À la recherche de l'ordre parfait

Un ordre parfait n'existe pas dans la nature matérielle puisqu'elle est soumise au désordre ; il est à rechercher dans la lumière.

Si on pouvait noter un désordre phénoménal dans la nature accompagné localement d'une apparition lumineuse, donc à entropie nulle, alors ce système serait en accord avec le second principe de thermodynamique, donc plausible.

Selon la théorie de l'information, qui complète le second principe de thermodynamique en le confortant, un système recevant des informations s'ordonne et son entropie diminue donc. À entropie nulle, toutes les caractéristiques d'un système sont connues, dans les moindres détails. Il est humainement impossible d'obtenir ce niveau ultime de perfection.

Il ne semble pas envisageable de conduire une expérience aussi extraordinaire. Or, des faits de même nature sont décrits dans les livres sacrés. On peut tenter de les examiner en physicien et non en théologien, ce qui nous ferait sortir de notre domaine de compétence.

On trouve, par exemple, de tels cas dans l'Exode de Moïse ou dans le miracle du soleil à Fatima. Le cas le plus prodigieux est peut-être la réapparition de Jésus. Selon les évangiles, Jésus est méconnaissable, il se présenta sous une autre forme. Jésus devait donc se manifester - au sens de la physique - comme un être de lumière, lorsqu'il se montra après la crucifixion. Être parfait dénué de masse, donc non soumis à la pesanteur, il pouvait s'élever dans les cieux le jour de l'Ascension. Les évangiles relatent ces prodiges avec une précision étonnante qui force l'admiration.

Matthieu (28 2-3) conclut parfaitement cette note : ..., il y eut un grand tremblement de terre ; car un ange du Seigneur descendit du ciel,... Son aspect était comme l'éclair, ...

le 12 Avril 2020
Michel Pluviose
Professeur honoraire en énergétique
www.extreme-physics.com

Extraits de la réponse du Vatican (8 Mai 2020)
(via la Nonciature apostolique en France)

"Votre correspondance du 12 avril dernier adressée à Sa Sainteté le Pape François est bien parvenue à son courrier et a été lue avec attention."

"Je suis chargé de vous en remercier au nom du Saint-Père. Il demande …de vous faire grandir toujours davantage …   à partir de vos connaissances scientifiques, ..."

Mgr L. Roberto Cona
Assesseur

> *"Il n'y a pas moyen de contenter ceux qui veulent savoir le pourquoi des pourquois. "*
>
> G. Leibniz

> *"Il n'y a point d'art mécanique si petit et si méprisable qui ne puisse fournir quelques observations ou considérations remarquables. "*
>
> G. Leibniz

23   Le meilleur des mondes possibles

Gottfried Leibniz est un mathématicien, physicien, philosophe, diplomate, juriste, historien, bref une académie à lui tout seul comme on a pu dire.

Le *meilleur des mondes possibles* est l'une de ses expressions, très commentée, extraite de son ouvrage : *"Essais de Théodicée, sur la bonté de Dieu, la liberté de l'homme et l'origine du mal "* publié en 1710. Théodicée signifiant la justification de la bonté de Dieu en dépit du mal qui existe dans le monde.

Leibniz ayant souvent varié dans ses explications, et celles-ci étant adaptées à ses nombreux correspondants, on utilise souvent la version post mortem publiée en 1734, qui tient compte des réactions que son œuvre suscita.

La vision du monde par Leibniz est instructive car il s'efforce de retenir la meilleure partie des contributions philosophiques et scientifiques de ses prédécesseurs en y ajoutant les siennes.

À son époque, l'idée de finalité dans la nature était exclue ; le monde ne pouvait pas avoir de fin.   On considérait que la nature était réglée comme une horloge. "L'univers m'embarrasse, et je ne puis songer que cette horloge existe et n'ait point d'horloger." (Voltaire).

Le principe de moindre action affirmait que la nature choisissait, parmi tous les mouvements possibles, celui qui minimisait une certaine quantité dénommée action. *"C'est un principe métaphysique sur lequel toutes les lois du mouvement sont fondées." (Maupertuis).* Fermat, Leibniz, Euler et Maupertuis en avaient jeté les bases.

La philosophie de Leibniz part de la matière et de ses lois et s'élève à la métaphysique et à Dieu, souci constant à l'époque.

Suite aux travaux de Lagrange en particulier, la métaphysique fut ensuite exclue de ce principe de moindre action (vers 1750-1800). C'est à partir du siècle des Lumières que la physique ne tint plus compte de Dieu, qui limitait les développements et rendait impossible les mises en équations.

Laplace et l'Empereur Napoléon

Lorsque Laplace publie sa "Mécanique céleste"(1798-1823), l'Empereur Napoléon lui fit remarquer qu'il n'y était fait nulle part mention de l'existence de Dieu, Laplace lui répondit : "Sire, Je n'avais pas besoin de cette hypothèse."

Revenons à Leibniz.
La question du mal et du manque de réaction de Dieu pour l'en empêcher pose problème à beaucoup.

Leibniz envisageait de démontrer que le monde allait vers plus d'ordre. Le but était ambitieux et délicat. Son projet était-il d'utiliser ses connaissances en mathématiques pour aller beaucoup plus loin, beaucoup trop loin dans la perception du monde ?

Ses travaux ont dû influencer D'Alembert, Daniel Bernoulli et Euler, entre autres vers 1750, car ils furent les auteurs de méthodes rigoureuses de mise en forme et de résolution des équations gouvernant des problèmes plus ciblés, beaucoup plus à notre portée (le mouvement des fluides par exemple).

Cartésien à l'origine, Leibniz rejeta par la suite la physique de Descartes qui n'abordait pas suffisamment le changement ni la diversité dans la nature. Il se tourne alors vers le concept de monades initié par Pythagore, lequel parcourut le monde antique pour se spécialiser dans les sciences mathématiques, auprès des prêtres égyptiens d'abord, puis des chaldéens pour l'astronomie, des phéniciens pour la géométrie et même auprès de la tribu des Mages pour les rites mystiques. Parmi ses rencontres déterminantes, on cite le Perse Zarathoustra qui lui enseigna la théorie des contraires " *Tout provient du combat des forces du bien (la lumière) et du mal (les ténèbres)*".

Pour Pythagore, le nombre est l'*Arche*, c'est-à-dire l'élément primordial de l'univers. Le nombre un est un point, deux une droite, trois un plan et quatre un solide. À partir du moment où toutes les choses ont une forme, il est possible de décomposer celle-ci en un ensemble de points ou de lignes et, en définitive, de nombres.

Tous les phénomènes naturels semblaient être régis par une logique supérieure. Dieu, pour Pythagore, était un ingénieur exceptionnel et une loi mathématique nommée harmonie avait la tâche de gouverner la nature. La monade (le nombre un) avait créé les nombres, et à partir d'eux les points et les lignes, enfin l'harmonie était venue consolider les justes distances entre les choses. Tout cela, pour Pythagore, c'était l'ordre. La santé, l'amitié, la musique, etc. étaient les manifestations de l'harmonie.

La monade de Pythagore est une unité parfaite

renfermant l'esprit et la matière, c'est Dieu lui-même.

Les nombres, pour les pythagoriciens, possédaient aussi des vertus thérapeutiques : les carrés magiques, par exemple, utilisés jusqu'à la Renaissance étaient gravés sur des feuilles d'argent et préservaient de la peste et du choléra entre autres. Leibniz et beaucoup d'autres s'adonnaient à l'alchimie qui ne représentait pas une démarche contraire aux lois de la mécanique.

On comprend que des difficultés de toutes sortes apparaissent quand on cherche à comprendre ces concepts. Mais passons outre, continuons.

Les monades de Leibniz

Leibniz créa le monadisme ou la théorie des monades qui avait pour but de combler l'abîme qui existe entre la matière et l'esprit, et de faire concevoir leur union. Vaste sujet car on passe de l'un à l'autre de manière continue.

Toute chose dans l'univers se compose de monades. *"Ces monades sont les véritables atomes de la nature"*, écrit Leibniz qui reprend là le terme utilisé chez Pythagore.

Ces monades d'après Leibniz, possèdent certaines caractéristiques listées brièvement ci-après :

• elles n'ont pas de forme, donc il est impossible de les dessiner ;

• elles sont immortelles ; leur durée est celle de l'ensemble de la création. Elles ne peuvent être ni produites, ni détruites.

• elles sont individuelles, simples et sans partie. Les monades sont en nombre infini et aucune monade n'est identique à une autre.

• elles sont sans portes, ni fenêtres ; donc rien ne peut en sortir ni y rentrer.

• elles sont soumises à un changement continuel ; une tendance interne à la perfection qui ne peut venir de l'extérieur puisqu'elles ne possèdent ni fenêtre, ni porte. Elles sont douées de spontanéité.

Les monades forment une hiérarchie partant des minéraux, aux animaux puis aux humains.

Les monades sont partout, elles réalisent le programme que Dieu leur a fixé en les créant.

La monade est constitutive de l'âme alors que l'atome est constitutif de la matière. Leibniz laisse de côté l'atome, qui ne concerne que la structure des éléments naturels, pour s'intéresser à la monade, qui est à la base des éléments spirituels.

Tout l'univers est présent dans chaque monade qui l'exprime à partir de son point de vue singulier. Dans cette conception du monde, l'infiniment petit contient la totalité de l'univers et donc l'infiniment grand ! Chaque monade connaît donc l'état de toutes les autres mais elle n'en est pas forcément consciente.

Harmonie universelle

Les monades participent d'un plan divin. Elles sont conçues dès l'origine pour s'intégrer harmonieusement dans un plan d'ensemble conçu par Dieu.

Pour Leibniz, il n'y a pas d'erreurs autres que celles que Dieu a voulues. Mais d'où viennent les imperfections ? C'est, dit Leibniz, que le mal aussi a été voulu par Dieu,

L'exercice de Leibniz est délicat. C'est une expérience de pensée dont la compréhension est difficile.

L'harmonie pré-établie

Leibniz explique l'association de toutes les monades à

partir de l'harmonie préétablie sensée résoudre le problème du rapport entre l'âme et le corps.

Dieu a, au commencement, créé toutes les monades de telle sorte qu'elles se trouvent en accord entre elles. Les monades sont en quelque sorte programmées par Dieu.

"La somme de mon système revient à ceci que chaque monade est une concentration de l'univers."

Toutes les parties du monde sont tellement liées entre elles que tout changement a son retentissement dans l'univers.

Leibniz et le mal

Leibniz donne trois explications pour l'existence du mal :

• le mal métaphysique : tout être créé est imparfait, car sinon, il serait divin comme son créateur.

• le mal physique, par exemple la douleur se justifie par son utilité : elle peut être utile comme signal d'alerte, qui peut amener à une amélioration.

• le mal moral. Seul l'être humain peut pécher.

Dieu n'a pas voulu le mal, mais il l'a permis et le bien surpasse de loin le mal.

Nous savons d'ailleurs que souvent un mal cause un bien, auquel on ne seroit point arrivé sans ce mal. Souvent même deux maux ont fait un grand bien :

Principe de raison suffisante

Rien n'arrive sans qu'il y ait une raison suffisante pour l'expliquer. Il n'y a pas d'effet sans cause.

Le franchissement du seuil d'une porte

C'est un exemple bien connu, cité par Leibniz : *" si je sors d'une pièce il me faut d'abord poser sur le seuil soit le pied droit soit le pied gauche"*. D'après Leibniz le principe de raison suffisante s'applique. *"Si je pose d'abord le pied droit sur le seuil, c'est parce que, et seulement parce que, il y a une raison suffisante pour que je pose d'abord le pied droit et non pas le pied gauche"*.

Le paradoxe de l'âne de Buridan

L'âne se trouve entre deux bottes de foin qui lui paraissent absolument semblables. L'animal doit mourir de faim parce qu'il ne peut pas décider vers quelle botte de foin il va se tourner. D'après le principe de raison suffisante, Leibniz est convaincu que ce cas ne peut pas se présenter. Les deux bottes de foin ne peuvent apparaître à l'âne totalement semblables. Car cela présuppose que toutes les circonstances environnantes, par exemple le vent, sont totalement semblables pour les deux bottes; ce qui n'est pas possible.

Ainsi, pour Leibniz, l'action de Dieu reste aussi déterminée par le principe de raison suffisante. Dieu n'agit jamais arbitrairement mais toujours selon de bonnes raisons, et ces raisons consistent en général en ce que Dieu ne veut et ne peut vouloir que le meilleur.

Le meilleur des mondes

Il y a une infinité de mondes possibles qui pourraient accéder à l'existence. Mais selon le principe du meilleur, Dieu n'a créé que le seul qui existe, donc le meilleur des mondes possibles. Par là, on obtient la plus grande diversité possible, qui s'accorde avec le plus grand ordre possible, c'est-à-dire qu'on obtient autant de perfection qu'il est possible.

Le monde est une totalité harmonieuse qui allie le

maximum d'ordre avec le maximum de variété, c'est pourquoi il est le meilleur des mondes possibles.

> Ses Principes généraux étoient, que rien n'exifte ni n'arrive fans une raifon fuffifante. Qu'il réfulte de la fuprême perfection de Dieu, qu'en produifant l'Univers, il a choifi le meilleur plan poffible, où il y ait le plus de variété avec le plus grand ordre.

De l'origine radicale des choses (Leibniz 1697)

> " *Et pour ajouter à la beauté et à la perfection générale des œuvres de Dieu, il faut reconnaître qu'il s'opère dans tout l'univers un certain progrès continuel et très libre qui en améliore l'état de plus en plus.*
>
> *Bien que beaucoup de substances aient déjà atteint une grande perfection, la divisibilité du continu à l'infini fait que toujours demeurent dans l'insondable profondeur des choses des éléments qui sommeillent, qu'il faut encore réveiller, développer, améliorer et, si je puis dire, promouvoir à un degré supérieur de culture. C'est pourquoi le progrès ne sera jamais achevé.* "

Réactions et controverses

Au temps de Leibniz, les controverses occupaient une place centrale dans l'évolution du savoir. Leibniz participe aux grands débats de son temps. Il cherche à connaître les positions de ses adversaires, mais sans sombrer dans des discussions interminables.

La doctrine de Leibniz variait et sur certains points, n'est jamais parvenue à une forme définitive. D'autre part, Leibniz présentait ses idées sous des formes qui dépendaient des interlocuteurs auxquels il s'adressait.

D'abord, notons celles énoncées dans l'ouvrage de référence des œuvres de Leibniz.

> Ce qu'il eſt permis de penſer & de dire ſur la Métaphyſique de M. Leibnitz, c'eſt que ſes Principes nobles, & ſpécieux, ſont trop arbitraires, & très-difficiles à appliquer. En particulier, ſon Hypotheſe de l'Harmonie Préétablie, eſt ſujette aux plus fortes difficultés.

• Leibniz et les expérimentateurs

Leibniz connaissait Papin depuis 1673, date à laquelle ce dernier assistait Huygens. Une correspondance assidue s'établit entre Papin et Leibniz. Papin était un cartésien obstiné que Leibniz tenta de convaincre, mais pour ce faire il fut amené à modifier constamment sa position en fonction des objections de son correspondant, souvent empreintes de bon sens.

Pour Locke toutes les connaissances viennent de l'expérience ; c'est pourquoi une confrontation avec Locke d'une part et Papin d'autre part fut pour Leibniz le meilleur moyen pour exposer ses thèses.

• Voltaire contre les idées de Leibniz : Tout est-il bien ?

" *Dieu choisit, selon Leibniz, nécessairement le meilleur des mondes possibles; ce système semble répugner au dogme du péché originel ; car notre globe, après cette transgression, n'est plus le meilleur des globes: il l'était auparavant ... et bien des gens croient qu'il est le pire des globes, au lieu d'être le meilleur.*

Quoi! Être chassé d'un lieu de délices, où l'on aurait vécu à jamais si on n'avait pas mangé une pomme! ... Quoi! Éprouver toutes les maladies, sentir tous les chagrins, mourir dans la douleur, et pour rafraîchissement être brûlé dans l'éternité des siècles! Ce partage est-il bien ce qu'il y avait de meilleur ? Cela n'est pas trop bon pour nous ; et en quoi cela peut-il être bon pour Dieu?

Leibnitz sentait qu'il n'y avait rien à répondre; aussi fit-il de gros livres dans lesquels il ne s'entendait pas. "

(Extraits de "Questions sur l'Encyclopédie, Voltaire)

" Qu'est-ce que l'âme? Je n'en sais rien. Qu'est-ce que la matière? Je n'en sais rien. Voilà Joseph Leibniz qui a découvert que la matière est un assemblage de monades. Soit. Je ne le comprends pas ni lui non plus. "

(Lettre de Voltaire à Gravesande, 1741)

Voltaire ne pouvait admettre qu'un monde où il y avait tant de souffrance soit régi par Dieu. Un évènement essentiel fut le tremblement de terre de Lisbonne en 1755, qui fit des dizaines de milliers de victimes et ébranla toute l'Europe. Voltaire en fut très affecté et publia son fameux texte : *Poème sur le désastre de Lisbonne.*

Choqué par le concept de Leibniz affirmant que notre monde était le meilleur des mondes possibles, Voltaire se moqua de lui dans son truculent ouvrage *Candide ou l'optimisme* dans lequel le professeur Pangloss enseigne la métaphysico-théologo-cosmolonigologie à Candide.

En faisant passer Leibniz pour un optimiste naïf ignorant l'existence du mal, la critique de Voltaire est amusante, mais est injuste car très exagérée.

Michel Serres, leibnizien convaincu

Pour le philosophe Michel Serres, la logique de Leibniz a devancé de façon géniale notre époque.

Selon lui, Leibniz qui voulait inventer une langue universelle a anticipé le monde moderne et ses nouvelles technologies. Mathématicien de génie, il a découvert, entre autres, le calcul binaire, base de l'informatique.

" Rien n'est clos et figé chez lui ; c'est la souplesse et l'innovation permanente. C'est un homme qui annonce les Lumières, un savant qui correspond avec toute l'Europe. "

"La monadologie de Leibniz est la première théorie moderne de la communication. Comme les monades ne peuvent jamais communiquer entre elles, elles doivent en passer par un tiers qui assure la transmission. Ce tiers, c'est Dieu. "

Mais cela pourrait tout aussi bien être la demoiselle du téléphone remarque Serres. Chez Leibniz, la demoiselle, c'est Dieu !

" Dès lors que l'on est plus que trois, il est plus économique d'en passer par un tiers qui répercute l'information que de nouer une relation individuelle avec chacun ! Une communication directe entre une infinité de monades aboutirait nécessairement à une infinité de relations possibles ; si chaque monade est reliée à Dieu, qui transmet la même information à toutes, le nombre de relations à établir est nettement moindre… On est dans une logique d'efficacité, de calcul de l'optimum."

Pour Serres, soit la communication fonctionne grâce à un pôle, c'est Dieu chez Leibniz, qui relie tous les points, soit il faut inventer un réseau qui assure la fonction de Dieu en l'absence de Dieu.

"C'est le prodige de la technologie moderne d'avoir inventé un tel modèle avec les ordinateurs personnels, puis bien sûr avec l'internet à haut débit. Internet, c'est vraiment du Leibniz, une monadologie mais sans Dieu ! Tous les internautes sont des monades sur un pied d'égalité, à la fois autonomes et connectés, qui surfent sur le même univers : la Toile. "

Leibniz a anticipé le monde dans lequel nous vivons, et vivrons encore demain annonce Michel Serres.

Que vient faire l'œuvre de Leibniz dans le présent texte ?

Leibniz est le savant type qui interpelle notre époque :

- il est un précurseur du principe de moindre action,

- on lui accorde la découverte du calcul différentiel, qu'il publia avant Newton.

- il découvre les forces vives, qui deviendront l'énergie cinétique, base de l'énergétique et des principes de thermodynamique.

- il avait appréhendé les fractales.

Leibniz et les fractales

"Il n'y a point deux individus indiscernables. Un gentilhomme d'esprit de mes amis, en parlant avec moi en présence de Madame l'Électrice, dans le jardin de Herrenhausen, crut qu'il trouverait bien deux feuilles entièrement semblables. Madame l'Électrice l'en défia, et il courut longtemps en vain pour en chercher. "

(Réponse de Leibniz à M.Clarke.)

"Chaque partie de la matière peut être conçue comme un jardin plein de plantes et comme un étang plein de poissons. Mais chaque rameau de la plante, chaque

membre de l'animal, chaque goutte de ses humeurs est encore un tel jardin ou un tel étang. "

Leibniz, avec ces remarques sur la diversité dans la nature, avait pressenti le monde des fractales. Les individus se ressemblent mais sont tous différents. C'est l'auto similarité.

Leibniz et le principe de moindre action

En admirant son apport scientifique original, il nous faut regarder l'œuvre de Leibniz avec ce que la physique actuelle nous enseigne. On se rend alors compte de l'énorme fossé qui existe entre les savoirs d'aujourd'hui et ceux de son temps. Il s'agit essentiellement du second principe de la thermodynamique qui va à l'encontre des vues de Leibniz. Il concevait le monde en appliquant le principe de moindre action, qui n'est valable que près de l'équilibre. Or ce principe ignore, ou minimise les irréversibilités. Leibniz évoque *"Le grand ordre au-dessus de tous les petits désordres"*.

Or, on a vu précédemment que ce sont les phénomènes irréversibles, associés au chaos, qui ont formé le monde. Ceci ne semble pas incompatible avec la Genèse puisque Dieu créa d'abord la lumière, de laquelle émergea la matière destructible. À partir de ce moment, la nature prend le relais. Pour être clair : À la question : le monde s'est-il créé tout seul ? Ma réponse[1] est : Oui, La nature initiée par la lumière a pu créer le monde. Mais la lumière s'est-elle créée toute seule ?

"Pour moi je crois que les lois de la Mécanique qui servent de fondement à tout le système dépendent des causes finales, c'est-à-dire de la volonté de Dieu

---

[1]Je ne donne pas cette réponse pour bonne, mais pour mienne.

déterminée à faire ce qui est le plus parfait, et que la matière ne prend pas toutes les formes possibles , mais seulement les plus parfaites ; autrement, il faudrait dire, qu'il y aura. un temps où tout sera mal en ordre, ce qui est bien éloigné de la perfection de l'auteur des choses."

(Lettre de Leibniz à Philipp)

Quelle déconvenue pour un Leibnizien mais ce sera le cas probablement.

Leibniz, s'écarte beaucoup trop du domaine de validité du principe de moindre action, ce qui le conduit à négliger les propos des anciens, tels ceux de Lucrèce ou d'Hésiode.

" Le vieux laboureur, secouant la tête et soupirant, . . . ne voit pas que peu à peu tout défaille, tout va vers le brancard funèbre, cédant à la fatigue de l'âge."

(Lucrèce : La terre vieillit et doit périr)

" Auparavant les hommes vivaient sur la terre exempte de tous les maux, du travail pénible et des maladies cruelles . . . Mais Pandore souleva le couvercle d'un grand vase qu'elle portait, et les maux qui y étaient contenus se répandirent sur les mortels. Seule l'Espérance resta, arrêtée sur les bords du vase, et ne s'envola point . . .

(Hésiode : La mythe de Pandore)

En ayant rappelé succinctement son œuvre magistrale dans ce chapitre, on mesure mieux le désarroi provoqué par l'annonce du second principe de thermodynamique de Carnot et Clausius au 19eme siècle.

Le monde ne va pas vers plus d'ordre comme le suggère Leibniz, il va *probablement* vers plus de désordre.

Ce désordre grandissant sera-t-il, lui aussi, créateur ?

24   La Genèse et la relativité

6 jours = 13,7 milliards d'années

Le temps n'est pas absolu ! Il ne s'écoule pas de la même manière pour un passager se déplaçant dans un véhicule et pour son collègue l'attendant en un lieu fixe. Leurs montres n'indiqueront pas le même temps. Si les différences observées sont tout à fait négligeables et non mesurables, il n'en serait pas de même si le passager pouvait se déplacer à de très grandes vitesses proches de celle de la lumière.

On reconnaît là un effet surprenant de la relativité restreinte : la dilatation du temps. Le paradoxe des jumeaux de Langevin, rappelé au chapitre 3, fit l'objet de nombreuses interrogations, bien au-delà de la communauté scientifique. Le temps passe moins vite pour le jumeau embarqué dans un vaisseau spatial que pour celui resté à terre, et la différence, selon les conditions, peut se chiffrer en années.

La durée de la formation du monde, depuis le Big Bang jusqu'à nos jours, permet une démonstration phénoménale de la dilatation du temps, due à la relativité restreinte. On dispose de deux manières pour évaluer le temps mis pour former la Terre et le monde :

- par l'observation de la nature, à partir des études astronomiques et des relevés géologiques, puis depuis un siècle par datation radiométrique.

- par l'étude de la Bible.

Voyons d'abord comment a été déterminé l'âge de la Terre par les scientifiques.

Âge de la terre selon les méthodes scientifiques

Aristote et les savants de l'Antiquité conçoivent un monde éternel. Il n'y a donc aucun début et donc aucun âge à déterminer. Jusqu'au Moyen âge, on se rangea derrière les idées d'Aristote.

Au XIVe siècle, Jean Buridan affirme :

"Je suppose aussi que le monde a perpétuellement existé, comme Aristote semblait l'entendre [...] bien que ce soit faux au gré de notre foi."

Au XVIIe siècle, l'archevêque James Ussher fournit le calcul le plus célèbre parmi toutes les autres propositions des XVIe siècle et XVIIe siècle. Il appuie son calcul sur les données chronologiques issues de la Bible et du Coran pour donner une date d'une précision surprenante. Le premier jour de la Création est le 23 octobre de l'an 4004 av. J.-C. Cette datation a servi longtemps de référence ; elle sera définitivement abandonnée au début du XXe siècle.

Au XVIIIe siècle, Newton se basant sur des données bibliques et des considérations astronomiques, estime l'âge de la Terre à 3998 av. J.-C.

Buffon, au milieu du XVIIIe siècle, suite à la découverte de coquilles dans les massifs montagneux, suppose que les mers dans le passé ont envahi les terres jusqu'à la cime des montagnes, et que les coquilles trouvées appartiennent à des espèces disparues. Une dispute éclata avec Voltaire ; ce dernier ne voulant pas prendre au sérieux des gens cherchant des coquillages au sommet des montagnes.

Buffon admet que la terre était en fusion à l'origine puis qu'elle s'est consolidée et refroidie. À partir de ses expériences sur le refroidissement de boulets incandescents, il estima 75.000 ans comme âge, ce qui lui semble insuffisant pour être en accord avec les relevés géologiques qui donnent plutôt 10 millions d'années. Il préféra, par prudence, annoncer la valeur basse. Ce n'est pas le seul thème qui, au cours des âges, opposa la science à la religion. Les scientifiques se méfiaient des réactions de la religion à leurs travaux et donc étaient enclins à minimiser leurs découvertes ou à les présenter sous la protection de l'Être suprême.

Au XIXe siècle, William Thomson (Lord Kelvin) reprend les idées de Buffon sur le refroidissement de la Terre, non pas expérimentalement, mais en utilisant les lois de propagation de la chaleur pour déterminer le temps nécessaire à la Terre pour passer de l'état d'une boule de magma à sa situation actuelle. Un consensus provisoire, autour de 24 millions d'années, s'établit dans la communauté des scientifiques. Ceux-ci avaient cependant du mal à s'accorder sur les méthodes utilisées, ce qui créa des controverses entre géologues, biologistes et physiciens mais aussi évidemment avec les théologiens qui fondent leurs calculs essentiellement à partir des 6 premiers jours de la Bible.

Après les dizaines de milliers d'années de Buffon qui s'opposaient aux 6 000 ans de la religion, il y eu durant tout le XIXe siècle les 300 millions d'années de Darwin et autres géologues qui mettaient en doute les estimations de Lord Kelvin. Une nouvelle et virulante polémique s'installa entre géologues et physiciens, à laquelle Darwin rétorqua :

"Les objections les plus sérieuses se rattachent à des questions sur lesquelles notre ignorance est telle que nous n'en soupçonnons même pas l'étendue."

C'est la découverte de la radioactivité par Henri Becquerel en 1896 et ses applications à la datation qui mettront fin aux débats. Aujourd'hui, l'âge de la terre est estimé à 4.55 milliards d'années.

Les astronomes dans la première moitié du XXe siècle donnaient un âge de 2 milliards d'années à l'Univers, alors que les géologues trouvaient des roches âgées de plus de 3 milliards d'années en utilisant la radiochronologie. Les astrophysiciens, observant les vitesses d'éloignement des galaxies par rapport à la Terre chiffrent aujourd'hui à environ 13.7 milliards d'années l'âge de l'Univers.

Âge de la terre à partir des Écritures

C'est à Moïse, un des personnages les plus importants de la Bible que l'Éternel Dieu remet les Tables de La loi. Pour les religions monothéistes juive et chrétienne, il est l'auteur des cinq premiers livres de la Bible : le Pentateuque. Il précède Jésus dans le christianisme.

Dans l'Islam, Moïse sous le nom de Moussa cité maintes fois dans le Coran est l'un des messagers envoyé par Allah. Il précède les prophètes Issa (Jésus) et Mahomet.

Dans *"La Création du monde et le Temps"*, Saint Augustin demande à Dieu de lui faire comprendre ce que Moïse a écrit de la création du ciel et de la terre.

"Faites-moi donc la grâce, de m'expliquer de quelle sorte au commencement vous avez créé le ciel et la terre. Moïse l'a écrit; et après l'avoir écrit il s'en est allé : il a quitté le monde pour passer d'ici à vous ; et ainsi je

ne le saurais plus voir. Mais maintenant que je ne puis l'interroger, je m'adresse à vous et je vous conjure de me faire entendre ce que votre grâce lui a fait écrire. "

On joint nos doléances à celles de Saint Augustin. Beaucoup de savants ont cherché à éclaircir ces mystères ; Newton, par exemple, passa autant de temps à étudier la Bible qu'à développer ses travaux en mécanique.

La Bible nous invite à distinguer deux périodes :

- **1. La création du monde** (Genèse 1)

  Dieu créa le monde en 6 jours, d'après les 31 premiers versets de la Bible.

  Dieu acheva au septième jour son œuvre, qu'il avait faite ; et il se reposa au septième jour de toute son œuvre, qu'il avait faite. (Genèse 1, 2-2)

- **2. À partir de la formation de l'homme et de la femme** (Depuis la Genèse, 2-4).

  Depuis Adam et Ève jusqu'à aujourd'hui, on compte environ 6000 ans. En effet, après les premiers 6 jours, l'écoulement du temps est exprimé en termes relatifs à l'homme. C'est à partir de la postérité d'Adam que l'on compte en années. (Genèse 5:3).

L'âge de l'Univers d'après la Bible est donc environ de :

$$6 \text{ jours} + \text{environ } 6000 \text{ ans}$$

La physique et le calendrier biblique

Le temps de la Genèse démarre à l'instant où les particules massiques surgissent, c'est-à-dire une portion de seconde après le Big Bang. L'espace se dilate alors à une vitesse considérable.

Les deux horloges de la Bible

Des modifications notables sont décrites entre le sixième et le septième jour dans la Bible.

Durant les 6 premiers jours, Dieu créa le monde. Il s'intégre dans l'expansion rapide de l'Univers munie de son horloge cosmique : **l'horloge de la Genèse.**

Dieu se reposa le septième jour indique une rupture : Dieu délaisse la fulgurante expansion de l'Univers pour se lier à notre planète terrestre.

C'est ainsi qu'au moment de la création d'Adam et Ève, la Bible change de perspective et le récit bascule sur la base de temps humain. Dieu devient l'Éternel Dieu et dès lors utilise **l'horloge terrestre.**

Dieu devient **l'Éternel Dieu**. Ce qui semble nous indiquer qu'il est immatériel, donc parfait et éternel comme la lumière. Cette précision n'était pas nécessaire lors du récit des 6 premiers jours puisqu'il se mouvait naturellement à la vitesse de la lumière ainsi que la dilatation brutale de l'Univers à laquelle il s'était intimement uni.

Quelques autres références aux Écritures

Moïse dans ses dernières paroles, dit :

> *Rappelle à ton souvenir les anciens jours,*
> *Passe en revue les années, génération par*
> *génération,...*
> (Deutéronome 32:7)

"Rappelle à ton souvenir les anciens jours" est relatif aux six jours de la Création tandis que *"les années, génération par génération"* concerne les époques successives depuis Adam, c'est-à-dire 6000 ans environ.

Dans les versets du Coran qui mentionnent la création de la terre et des cieux, on trouve :

Les Anges ainsi que l'Esprit montent vers Lui en **un jour dont la durée est de cinquante mille ans**. (Sourate 70:4)

Il s'agit là d'une très nette allusion à la relativité restreinte qui sera découverte dans les années 1900 et que nous allons discuter maintenant.

Dialogue entre un physicien, un théologien et un passant

Le physicien :

- L'âge de l'Univers est de 13,7 milliards d'années. Celui de la Terre est estimé à 4,55 milliards d'années.

Le théologien :

- Dieu créa le monde en 6 jours. Il créa Adam le 7ème jour. Depuis Adam jusqu'à nous, il s'est écoulé environ 6000 ans, donc l'âge de l'Univers est 6000 ans + 6 jours. Les 6000 ans s'obtiennent par addition des générations depuis le premier homme Adam.

Le passant :

- Qu'est-ce que vous me racontez-là tous les deux ! On a le choix entre des milliards d'années d'un côté et les 6000 ans de l'autre, car les 6 jours ajoutés ne pèsent pas lourds par rapport aux 6000 ans. Comment peut-on annoncer des valeurs si différentes ? Est-ce bien raisonnable ?

Le physicien :

- Surtout, ne supprimez pas les 6 jours dans les calculs; ils sont beaucoup plus importants que les 6000 ans qui suivent, car ils ne sont pas repérés de la même manière. 13,7 milliards d'années peuvent très bien correspondre à quelques jours si on raisonne dans deux repères différents.

Au début du XXe siècle, les physiciens ont découvert la relativité restreinte ; celle-ci nous montre que le temps est relatif. Si on observe un système depuis un autre système, on perçoit le temps de façon très différente.

Le théologien :

- Absolument d'accord pour tenir le plus grand compte des 6 jours. Ce sont les très importants premiers versets de la Bible : ceux de la Création !

Le physicien :

- D'abord, il n'est pas question pour un physicien de toucher un seul mot de la Bible. Il cherche à la comprendre et mieux, il y a des informations dans la Bible qui lui permettent d'affermir ses connaissances.

On peut annoncer les deux âges, à condition de préciser que les 6 jours d'une part et les 6000 ans de la Bible d'autre part ne sont pas comptabilisés de la même manière.

Durant les 6 premiers jours, Dieu voyage, en quelque sorte, dans le vaisseau cosmique, lequel se déplace avec l'expansion de l'Univers. Le temps dans le vaisseau s'écoulera beaucoup moins vite que celui qu'aurait fourni une horloge terrestre fictive - fictive car la Terre n'a pas encore d'existence puisqu'elle est créée durant ces 6 premiers jours. Les temps anciens dans les Écritures font référence aux 6 jours de la Création.

Le théologien :

- On a des exemples dans la Bible où il est effectivement fait référence aux jours des temps anciens.

"Et dont l'origine remonte aux temps anciens, Aux jours de l'éternité." (Michée 5:2)

Le physicien :

- On montre que la dilatation du temps en relativité restreinte, s'exprime par la relation ci-dessous.   Une relation, c'est comme un dessin, ça évite de longs discours.

$$\Delta t = \Delta t_0 \cdot \sqrt{\frac{1}{1 - U^2/c^2}} \qquad (3-4)$$

expression dans laquelle :

c est la vitesse de la lumière, c'est-à-dire 300.000 km/s environ,

Δt_0 est la durée dans le vaisseau cosmique dans lequel voyage Dieu, c'est-à-dire les 6 jours,

Δt est la durée correspondante pour un observateur lié à la Terre, soit 13,7 milliards d'années.

$$13.700.000.000 \cdot 365 = 6 \cdot \sqrt{\frac{1}{1 - U^2/c^2}}$$

Il vient : $U/c \approx 1$. On vérifie ainsi, en utilisant la loi de la relativité restreinte, que durant les six premiers jours le vaisseau cosmique où est Dieu se déplace en moyenne à une vitesse proche de celle de la lumière.

Le théologien :

- Dieu se déplace donc à la vitesse de la lumière durant les 6 premiers jours,

Le physicien :

- Exact ! Proche de la vitesse de la lumière, le temps s'écoule peu. À la vitesse de la lumière, le temps n'existe plus.

Le théologien :

- Et il s'appelle l'Éternel Dieu à partir d'Adam, pour bien montrer qu'il est éternel comme la lumière.

Le physicien :

- Vous avez probablement raison ; Dieu après le 6 ème jour change de statut et nous le fait ainsi savoir, il quitte le vaisseau cosmique pour accompagner le vaisseau Terre.

Le passant :

- Cela mérite réflexion ! Ne pourriez-vous pas nous écrire un texte sur ce sujet ?

Le physicien :

- Un tel texte serait imparfait en bien des points. Car on ne pourrait pas dire grand chose de plus sur tous les mystères cachés de cette grandiose Création qui ne peut être traitée qu'avec une très grande humilité et une infinie prudence.

Un scientifique est ici encore, beaucoup plus qu'ailleurs, dans le doute.

> *"Il est absolument possible qu'au delà de ce que perçoivent nos sens, se cachent des mondes insoupçonnés."*
>
> *Albert Einstein*

25

Moïse et la Physique

Pour un physicien, L'Éternel Dieu - puisqu'il nous invite à le nommer ainsi - ne peut être que parfait, absolument parfait, c'est-à-dire sans aucun désordre. Il connaît tout, il est omniscient. Toutes les informations lui parviennent. Le théologien, pour sa part, attribue en outre à Dieu des éléments d'une toute autre nature qui ont trait à l'âme.

Dans une recherche scientifique de l'ordre parfait, donc à entropie nulle, on débouche évidemment sur des phénomènes divins. Peut-on les utiliser et analyser ce que l'auteur ou les auteurs des Écritures nous ont transmis avec les mots de leur temps ?

Moïse avait grandi en Égypte où il y avait reçu la meilleure éducation possible, mais était-il en mesure d'assimiler lors des apparitions divines, tous les aspects issus de la physique - pour ce qui nous concerne - qui dépassent les limites de l'entendement humain ?

Dans la Bible et le Coran, certains textes attirent l'attention d'un physicien, non pas pour les enseignements délivrés qui ne sont pas de son ressort, mais pour les aléas survenants dans l'environnement lors de la délivrance de ces messages.

Moïse a écrit, sous la dictée de L'Éternel, des actions étonnantes qui semblent, en partie, relever de la mécanique quantique et de la thermodynamique.

Pour notre propos, on considérera que ces récits, même

imprécis, sont fiables.

On peut tenter de comprendre un peu mieux ces textes initiaux, même avec notre physique encore hésitante, mais cependant beaucoup plus étayée que celle du temps de Moïse.

Que recherche-t-on dans les Écritures ?

Puisque le Créateur sous différentes formes "se montra" très souvent à Moïse, soyons donc très attentifs aux textes relatant ses apparitions.

Selon les lois implacables de la thermodynamique, une apparition parfaite, à entropie nulle, dans une partie d'un système, doit nécessairement s'accompagner d'un grand remue-ménage dans une autre partie. En effet cette zone parfaite, pour apparaître, doit avoir été vidée de tout le désordre interne, c'est-à-dire que l'entropie qu'elle contenait a dû être évacuée vers l'extérieur. Dans cette partie à entropie nulle, il n'y a plus de matière ; seule la lumière y règne.

Si une partie d'un système apparaît lumineuse et qu'une autre partie dans le même temps, subit un bouleversement considérable, alors les phénomènes décrits sont plausibles car ils ne sont pas en désaccord avec la physique.

Alors que le théologien en admiration est absorbé par les enseignements prodigués par le phénomène lumineux, le physicien observe la nature aux alentours. Si celle-ci est très profondément perturbée, alors le phénomène lumineux observé connaît absolument tout dans les moindres détails d'après la théorie de l'information. Les cas relatés sont donc probablement vrais.

Apparition lumineuse locale et violent cataclysme aux

alentours sont deux aspects d'un même phénomène qu'il ne semble pas possible de vérifier expérimentalement de nos jours. On considérera que ces manifestations prodigieuses sont des expériences probantes de physique, lesquelles sont humainement impossibles à réaliser.

Un physicien incapable de créer de telles situations, peut néanmoins se tourner vers ces phénomènes étranges qui sont survenus dans les temps passés et ont été rapportés avec les mots utilisés jadis. Et qui peuvent alors être considérées comme des expériences déjà réalisées.

On ne peut avoir la prétention de décrypter les prodiges cités mais on peut néanmoins tenter d'en comprendre la physique sous-jacente. Il y a en effet des phénomènes, relevant de la science, qui méritent d'être notés et semblent pouvoir être interprétés de nos jours. Car la physique d'aujourd'hui a progressé depuis Moïse grâce à l'observation méticuleuse de la nature et de son comportement par un grand nombre de savants.

Phénomènes physiques prodigieux relevés dans les Écritures

Repérons donc, dans les Écritures, les passages qui concernent ces apparitions en les commentant d'après ce que l'on croît comprendre :

Le désert et la montagne du Sinaï - Exode 19

> *Le troisième jour au matin, il y eut des tonnerres, des éclairs, et une épaisse nuée sur la montagne; le son de la trompette retentit fortement; et tout le peuple qui était dans le camp fut saisi d'épouvante.*
>
> (Exode 19:16)
>
> *La montagne de Sinaï était toute en fumée, parce que l'Éternel y était descendu au milieu du feu; cette*

fumée s'élevait comme la fumée d'une fournaise, et toute la montagne tremblait avec violence.

(Exode 19:18)

L'ange de l'Éternel apparaît après des manifestations diverses dans l'environnement.

La thermodynamique est en conformité avec ces Écrits : si de l'ordre apparaît quelque part, il est nécessaire que du désordre, en plus grande quantité lui soit associé.

Notons que les phénomènes sont violents lorsque l'Éternel descend au milieu du feu. L'Éternel est par hypothèse un système en ordre parfait, donc à entropie nulle, le désordre aux alentours, en contrepartie, doit être grandiose et violent.

Le son de la trompette retentissait de plus en plus fortement. Moïse parlait, et Dieu lui répondait à haute voix.

(Exode 19:19)

L'Éternel dit à Moïse: Descends, fais au peuple la défense expresse de se précipiter vers l'Éternel, pour regarder, de peur qu'un grand nombre d'entre eux ne périsse.

(Exode 19:21)

Qu'elle devait être intense cette lumière puisque l'Éternel défend absolument de regarder sous risque de mort ! Il semble que la lumière émise sorte du domaine visible pour pénétrer dans le domaine du rayonnement ultraviolet ou des rayons X et gamma. On connaît les effets bénéfiques d'une exposition raisonnable aux UV ; la surexposition peut cependant causer des risques pour la santé. La protection contre le rayonnement X est impérative car ceux-ci en traversant le corps ont des effets extrêmement nocifs.

Al-Anam - Sourate 6

> *"Les regards ne peuvent l'atteindre, cependant qu'il saisit tous les regards"*

(Sourate 6:103)

La matière est corrompue selon le second principe de la thermodynamique, lequel n'a aucune action sur la lumière.

Un Être suprême ne peut donc être que dans la lumière car un être parfait est incorruptible. Il se trouve à un niveau entropique nul et il connaît donc tout dans ses moindres détails ; rien ne lui échappe. L'Éternel est omniscient. Il dispose de toutes les informations sur un système.

Les regards ne peuvent l'atteindre signifie que la fréquence des ondes électromagnétiques est sortie du domaine visible humain.

Al-Araf - Sourate 7

> *Seigneur! Montre-Toi à moi pour que je puisse Te voir. (Dieu) dit : Tu ne Me verras pas, mais regarde la montagne; si elle demeure à sa place, alors tu Me verras. Mais lorsque Allah se manifesta sur la montagne, Il la pulvérisa et Moussa seffondra, foudroyé. ...*

(Al-Araf 7:143).

Quand dans un système, on injecte tellement d'informations qu'une partie de ce système atteint le niveau zéro de l'entropie, cette partie atteint l'ordre parfait ; alors ce système doit dissiper de l'énergie en quantité énorme afin de contre-balancer cet apport d'informations. Lorsque l'Éternel apparaît, la montagne est pulvérisée : on constate que le second principe de thermodynamique est vérifié sans que l'on puisse en dire plus.

Les dix commandements - Exode 20

Lors de l'énoncé des dix commandements, c'est l'Éternel qui parle :

> *Tout le peuple entendait les tonnerres et le son de la trompette; il voyait les flammes de la montagne fumante. À ce spectacle, le peuple tremblait, et se tenait dans l'éloignement.*

(Exode 20:18)

> *Ils dirent à Moïse: Parle-nous toi-même, et nous écouterons; mais que Dieu ne nous parle point, de peur que nous ne mourrions.*

(Exode 20:19)

Moïse sur la montagne de Sinaï - Exode 24

> *Dieu dit à Moïse: monte vers l'Éternel, toi et Aaron, Nadab et Abihu, et soixante-dix des anciens d'Israël, et vous vous prosternerez de loin.*

(Exode 24:1)

> *Ils virent le Dieu d'Israël; sous ses pieds; c'était comme un ouvrage de saphir transparent, comme le ciel lui-même dans sa pureté.*

(Exode 24:10)

Il peut exister une concentration d'un élément en un endroit au détriment du reste. On peut aussi concevoir que l'Être suprême lumineux puisse apparaître où il veut, quand il veut, en se concentrant en partie et localement sous l'aspect d'un messager. On trouve parfois *"L'ange de l'Éternel"* en place de *"l'Éternel"* par exemple dans l'épisode du buisson ardent :

> *L'ange de l'Éternel lui apparut dans une flamme de feu, au milieu d'un buisson. Moïse regarda; et*

voici, le buisson était tout en feu, et le buisson ne se consumait point.

(Exode 3:2)

Ils virent vraisemblablement de loin une partie de Dieu : un ouvrage de saphir transparent pur.

Le veau d'or - Exode 33

Les premières tables de la loi ayant été brisées par Moïse, suite à l'épisode du veau d'or, Moïse retourna donc vers l'Éternel. On trouve (Exode 33:20-23) :

*L'Éternel dit : **Tu ne pourras pas voir ma face, car l'homme ne peut me voir et vivre.***

(Exode 33:20)

*je te mettrai dans un creux du rocher, et **je te couvrirai de ma main jusqu'à ce que j'ai passé.***

(Exode 33:22)

Et lorsque je retournerai ma main, tu me verras par derrière, mais ma face ne pourra pas être vue.

(Exode 33:23)

D'après le second des 10 commandements :" ***Tu ne feras point d'image taillée, ni de représentation quelconque des choses qui sont en haut dans les cieux"***

(Exode 20-4)

On peut comprendre qu'il soit interdit de représenter l'Éternel, mais de plus, il est une lumière intense et dangereuse en dehors du domaine visible. Il est donc impossible, en plus d'être interdit d'en avoir une quelconque figuration.

Alliance de l'Éternel. Les nouvelles tables - Exode 34

Moïse descendit de la montagne de Sinaï, ayant les deux tables du témoignage dans sa main, en *descendant de la montagne; et **il ne savait pas que la peau de son visage rayonnait, parce qu'il avait parlé avec l'Éternel.***

(Exode 34:29)

*Aaron et tous les enfants d'Israël regardèrent Moïse, et voici **la peau de son visage rayonnait ;** et ils craignaient de s'approcher de lui.*

(Exode 34:30)

Lorsque Moïse eut achevé de leur parler, il mit un voile sur son visage.

(Exode 34:33)

Quand Moïse entrait devant l'Éternel, pour lui parler, il ôtait le voile jusqu'à ce qu'il sortît; *et quand il sortait, il disait aux enfants d'Israël ce qui lui avait été ordonné.*

(Exode 34:34)

Les enfants d'Israël regardaient le visage de Moïse, et voyaient que la peau de son visage rayonnait; et Moïse remettait le voile sur son visage jusqu'à ce qu'il entrât, pour parler avec l'Éternel.

(Exode 34:35)

Ce texte est délicat à appréhender, car Moïse semble mettre son voile à contretemps; il l'enlève devant l'Éternel et le remet en sortant. Laissons la question ouverte.

Spectre des ondes électromagnétiques (dont la lumière)

On relève que le messager du Créateur rencontré par Moïse émet des rayonnements dangereux de très forte intensité, hors du domaine de la lumière visible.

De part et d'autre de la lumière visible, il existe deux grandes plages de rayonnement, qui nous sont invisibles, dans le spectre des ondes électromagnétiques (Fig. 25). La lumière émise (lors de ces apparitions divines) est très intense avec défense expresse de regarder. Ce qui pourrait correspondre aux rayons X et gamma à haute fréquence, lesquels sortent du champ du visible et sont particulièrement dangereux pour la santé.

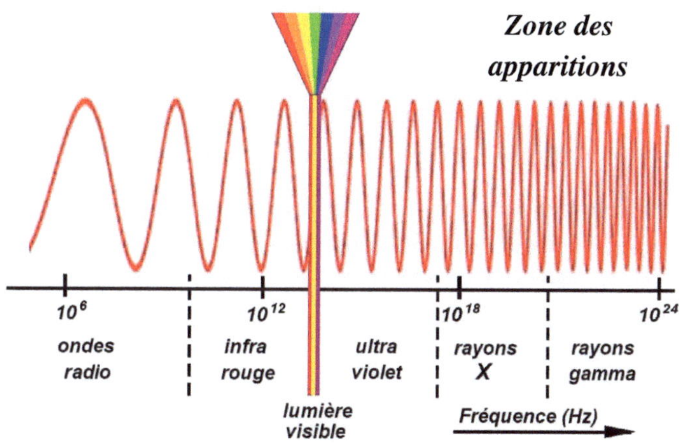

Fig. 25 - *Domaines du spectre électromagnétique*

L'existence des ondes électromagnétiques fut prouvée par Heinrich Hertz. Dès lors la transmission d'information put se développer.

Une onde électromagnétique se déplace dans un milieu de propagation comme l'air ou le vide à une vitesse proche de la vitesse de la lumière. Elle transporte de l'énergie mais elle peut aussi transporter des informations. Ces ondes sont donc utilisées abondamment dans le domaine des télécommunications. La lumière, elle-même est une onde électromagnétique.

Les ondes électromagnétiques sont classées en fonction de leur fréquence dans le spectre électromagnétique.

• Les ondes radio, qui servent à transmettre les informations ont des fréquences comprises entre 10 KHz (kilos Hertz) et 300 GHz (giga Hertz), soit 300 milliards d'oscillations par seconde. Elles concernent les radars, le réseau Wi-Fi, le téléphone portable et évidemment la radio.

• Le rayonnement infrarouge de 4.10^{12} Hz à 4.10^{14} Hz est utilisé dans de nombreuses applications concernant la chaleur, dont la thermographie.

• Le rayonnement visible, avec toutes les couleurs de l'arc-en-ciel occupe une zone très étroite du spectre : de $3,75.10^{14}$ Hz à $7,5.10^{14}$ Hz. Les variations de fréquence dans cette zone sont des changement de couleur.

• Le rayonnement ultraviolet provient principalement du soleil et est la cause du bronzage. il peut causer des cancers de la peau mais participent à la destruction de virus et bactéries ainsi que de certains polluants. Leur gamme de fréquence va de $7,5.10^{14}$ Hz à 3.10^{16} Hz

• Les rayons X viennent habituellement des atomes ; ils sont utilisés par exemple pour les radiographies du corps humain. Leurs fréquences s'échelonnent de 3.10^{16} Hz à 3.10^{19} Hz

• Les rayons gamma proviennent des noyaux d'atomes ; ils sont composés de photons de haute énergie et sont générés par des réactions nucléaires. Leur fréquence est supérieure à $7,5.10^{14}$ Hz. Ils interviennent dans de nombreuses applications scientifiques. Par exemple, en médecine, on les utilise pour le traitement de tumeurs cancéreuses.

Réflexions sur les perturbations phénoménales dans les Écritures

Une apparition de l'ordre du divin nécessite que l'ordre soit absolu à entropie nulle, comme celle du début des temps, au moment du Big Bang. Il s'ensuit que le désordre provoqué aux alentours dans ces cas doit être massif sans aucune mesure avec le désordre et les agitations qui se produisent communément lorsque la nature s'organise dans des catastrophes comme les ouragans.

C'est parce qu'il a y eu ce désordre épouvantable, qu'un physicien peut accorder du crédit à l'apparition de ces phénomènes étranges dès lors qu'ils sont accompagnés d'un autre phénomène étrange lumineux. Lorsque ces deux aspects sont juxtaposés, alors le physicien se convainct de la véracité des faits rapportés. Pourquoi Moïse nous aurait-il transmis ces informations exceptionnelles survenues de son temps, et qui ne semblent pas pouvoir être démenties dans le nôtre.

N'ayant aucune prétention en théologie, le physicien se dit : lorsqu'il y a un désordre incompréhensible rapporté dans des textes, il est plausible qu'un événement venu d'un autre monde que le nôtre - celui de la lumière - ait fait une apparition.

Les évènements cités dans les textes sacrés, étant en accord avec la mécanique quantique et le second principe de thermodynamique, ils sont donc probables.

Par ailleurs, les énormes perturbations apparues dans le voisinage lors de ces apparitions lumineuses sont conformes à la seconde loi de la thermodynamique, cette loi implacable de la nature. Ces phénomènes prodigieux décrits dans la Bible, qui dépassent l'entendement, sont donc probablement exacts dans leur généralité, donc dignes de foi pour un physicien.

Mécanique quantique et apparitions

Pour que les apparitions prennent une forme visible, il est nécessaire que les photons de lumière deviennent des électrons ; c'est-à-dire des objets massiques. L'opération inverse, lorsque les électrons redeviennent photons de lumière, fait disparaître le prodige (voir chapitre 2).

Il appartient à la mécanique quantique de nous éclairer davantage sur ces sujets mystérieux.

> *"La lumière peut se condenser en matière et la matière s'évaporer en lumière."*
>
> *Louis de Broglie*

26

Épilogue

> *La matière à l'équilibre est aveugle et, dans les situations de non-équilibre, elle commence à voir.*   (Ilya Prigogine)

Parmi les éléments qui participent au destin du monde, l'ordre et le désordre tiennent une place prépondérante.

La physique, depuis Galilée et Newton, s'est rangée derrière l'ordre pour établir ses propres lois. Ses succès furent considérables, on crut mettre la Nature à nu. Le principe de moindre action, qui résume la situation, guida les pas de nombreux scientifiques : *Lorsqu'il arrive quelque changement dans la Nature, la quantité d'Action employée est toujours la plus petite qu'il soit possible.*

Leibniz, qui découvrit avec Fermat et Maupertuis ce principe de moindre action basé au départ sur la métaphysique, pensait que notre monde était *le meilleur des mondes possibles* et que l'univers était en continuel progrès. Le monde allait vers plus de perfection avec *le plus de variété et le plus grand ordre.*

Avec l'ère industrielle, la thermodynamique apparut et son mal-aimé second principe fut chargé de prendre enfin en compte le désordre. Un "quelque chose" qu'on appella énergie se conservait mais se dégradait. L'entropie, nouvelle appellation du désordre, mesura cette dégradation causée par des irréversibilités de toutes sortes. Avec l'entropie, le temps apparut et se dota de sa flèche orientée vers l'avenir.

Certains annoncèrent que l'Univers était en train de mourir. En oubliant que la Nature s'est parée d'un voile qu'il nous est impossible de lever.

La thermodynamique englobant ordre et désordre prit une place enviable et redoutable que seule la théorie de l'information pourrait lui contester.

Puis Boltzmann et des hommes audacieux, avec des concepts rudimentaires mais efficaces, permirent de mieux cerner le monde microscopique qui fourmille en nous et autour de nous. C'était lui, ce monde des molécules qui était le grand coordonnateur de tout ce qui est visible dans notre monde macroscopique. La physique statistique pouvait tenir compte du nombre gigantesque de particules dans l'infiniment petit en faisant appel à la théorie des probabilités.

Le monde n'allait plus vers son destin funeste, il n'y allait que probablement. Une note d'espoir.

Plus récemment, au détour des années 1970, la théorie du chaos et la mise en évidence par Prigogine des structures dissipatives, bouleversèrent nos vues. Le monde dans sa marche vers le désordre, est capable de créer des structures auto-organisées. Plus qu'un coup de tonnerre dans le ciel de la physique, ce fut une révolution y compris dans de nombreux autres domaines, sinon dans tous.

Le second principe, tant décrié parce qu'il conduisait au désordre complet, faisait aussi apparaître la vie en s'associant au chaos dans ces structures émergentes.

Au sens de Prigogine, toutes ces structures ordonnées que sont les planètes, les arbres, les êtres vivants sont des structures dissipatives : elles font notre admiration.

Les découvertes de Prigogine sont révolutionnaires non seulement pour la physique mais aussi et surtout pour notre vision de l'univers et de la vie. On peut voir des structures dissipatives naître et s'éteindre un peu partout ; celles-ci abondent dans la nature.

L'entropie s'est affirmée, et son champ d'application s'est étendu peu à peu depuis l'énergétique jusqu'à la chimie, la biologie, la météorologie, aux sciences de l'information, aux sciences humaines, etc. même à la finance, ... et à la vie.

Un état de non-équilibre peut être stationnaire si un apport permanent d'énergie compense l'énergie dissipée. Dans les systèmes biologiques, cet apport est réalisé par l'énergie solaire pour les végétaux, par la matière nutritionnelle pour les animaux.

Si le flux d'énergie ou de matière nutritionnelle est insuffisant pour assurer un état stationnaire, le système biologique dégénère et meurt. Si par contre, le flux d'énergie est surabondant, de nouvelles structures cohérentes, plus complexes peuvent se former.

Le biologiste Henri Atlan, a fondé comme Prigogine, sa théorie des structures dissipatives et des processus d'auto-organisation sur la théorie du chaos et sur les interactions avec l'environnement.

Le rôle constructif des phénomènes irréversibles, loin de l'équilibre, conduit à la formation de structures ordonnées qui freinent le retour à l'équilibre final en empêchant la nécessaire dissipation d'énergie de s'accomplir normalement. Car le second principe de thermodynamique est empêtré dans les manifestations du chaos. De l'ordre peut alors apparaître dans ces structures dissipatives.

Ces constructions ordonnées, même si elles sont remarquables, ne sont pas toujours les bienvenues. Un système soumis à un déséquilibre intense et étant tenu de dégrader de l'énergie voit de l'ordre apparaître en son sein. Agissant simultanément, l'ordre et le désordre perturbent tout système ; c'est le chaos.

Lorsque depuis notre monde macroscopique, on souhaite dégrader de l'énergie, en ouvrant une soupape par exemple pour éviter l'explosion d'un réservoir, le monde microscopique réagit en créant ces structures auto-organisées qui brident l'accès du système à son équilibre final. Pire, le système moléculaire s'organise à sa guise en perturbant sévèrement notre monde macroscopique.

Dans ces organes, dits de sécurité où ordre et désordre se côtoient, un conflit apparaît entre ces deux notions, cause de phénomènes complexes et spectaculaires, mais souvent dangereux et parfois fatals. Notre sécurité n'est plus assurée.

Principe de double action
(Pire action et meilleure action)

Une solution proactive consiste à détruire ces structures dissipatives trop dangereuses, en appliquant le principe de double action. Celui-ci ordonne, depuis notre monde macroscopique, au système moléculaire de ne pas construire ces structures ou de les combattre lorsqu'elles apparaissent ; c'est l'importante partie pire action. Ce principe doit être utilisé lorsque de l'ordre émerge dans des domaines où la raison impose que seul le désordre existe. Dans le même temps, les phénomènes chaotiques sont évidemment supprimés, ce qui permet de retrouver le calme dans notre monde macroscopique ; c'est la partie meilleure action.

Outre les organes qui véhiculent des fluides à forte puissance motrice embarquée et qui cherchent à s'en débarrasser, les structures auto-organisées que l'on appelle ouragan, typhon ou cyclone selon les régions du globe terrestre, pourraient être un autre domaine d'application de ce principe. Ces cyclones tropicaux se délestent de leur puissance motrice considérable en semant la détresse dans les terres habitées ; ils doivent être affaiblis et rabaissés en tempête tropicale.

En supprimant l'ordre contenu dans une structure dissipative, le principe de pire action permet au système tout entier de rejoindre rapidement son équilibre final, sans instabilités. Le second principe de thermodynamique qui s'était laissé piéger dans les mailles du chaos est alors libéré de toute entrave.

Enfin, ce second principe de thermodynamique, lequel permet l'émergence de la vie se trouve ainsi réhabilité. La participation efficace du chaos dans le processus mérite d'être soulignée.

Que le chaos interfère avec le désordre du second principe de thermodynamique pour permettre l'émergence de structures nouvelles est époustouflant.

La nature, qui n'a pas livré tous ses mystères, n'a pas fini de nous surprendre !

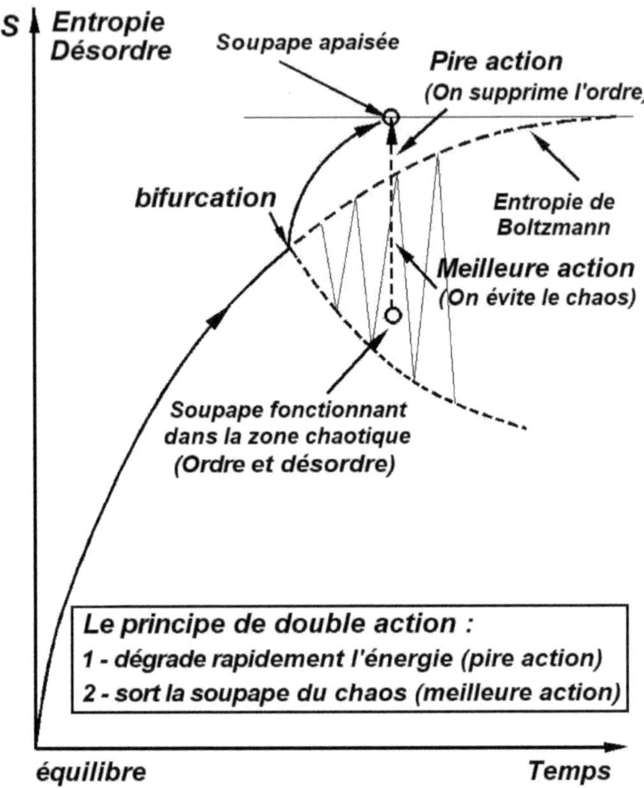

Fig. 26 - Le principe de pire action permet de dégrader instantanément l'énergie cinétique dans une soupape et y supprime les instabilités

Bibliographie

[1] Galilée ; Dialogue sur les deux plus grands systèmes du monde (1632), Éditions du Seuil (1992)

[2] Descartes René : Le traité du monde et de la lumière, (1633)

[3] Leibniz G., 1840. La monadologie, Athena, Pierre Perroud

[4] Janet P., 1900. Œuvres philosophiques de Leibniz, Félix Alcan   Tome 1 p750-757

[5] Poincaré Henri : La Science et l'Hypothèse, (1908)

[6] Brunhes, Bernard ; La dégradation de l'énergie, Champs-Flammarion (1909)

[7] Planck, Max : Leçons de thermodynamique, A.Hermann et fils (1913)

[8] Claude G., (1930). Power from the tropical seas Mechanical Engineering, vol.52, n°12, p.161-172

[9] Prandtl and Tietjens ; Fundamentals of hydro and aeromechanics, Dover (1934)

[10] De Groot, S.R. (1951). Thermodynamics of irreversible processes, North-Holland Publishing Company.

[11] Kleinschmidt E.Jr, 1951. Gundlagen einer Theorie des tropischen Zyklonen, Arch. Meteorol., Geophys. Bioklimatol., Ser. A4   53-72

[12] Babel, Henry ; La Théologie de l'énergie, A la baconnière (1967)

[13] Gray W.M., Global View of the Origin of Tropical Disturbances and Storms, Monthly Weather Review vol.96, 1968, Number 10, 669-700

[14] Sédille, Marcel ; Thermodynamique technique, Masson (1969)

[15] Shea D.J., 1972. The Structure and Dynamics of the Hurricane's Inner Cone Region, NOAA N22-65-72, Atm. Sci. Paper N° 182

[16] de Rosnay, Joël ; Le macroscope. Vers une vision globale,
      Points Essais (1977)

[17] Nicolis G., Prigogine I. (1977). Self-Organization in Non-Equilibrium
      Systems, Wiley

[18] Feynman Richard P.: Cours de Physique, InterEditions, (1979)

[19] Thom, René ; Paraboles et catastrophes, Champs-Flammarion (1983)

[20] Einstein Albert, Infeld Léopold: L'évolution des idées en physique,
      Flammarion, (1983)

[21] Lugt H.J., 1983. Vortex Flow in Nature and Technology,
      John Wiley and Sons, Inc.

[22] Prigogine, Ilya ; Stengers, Isabelle ; La nouvelle alliance,
      Gallimard (1986)

[23] Gleick J., (1987). Chaos, The Viking Press

[24] Brillouin, Léon ; La Science et la théorie de l'information,
      Jacques Gabay (1988)

[25] Stewart I., (1989). Does God play Dice? The new mathematics of Chaos,
      Penguin Books

[26] Nicolis G., Prigogine I. (1989). Exploring Complexity, Freeman

[27] Gleick, James ; La théorie du chaos, Champs-Flammarion (1991)

[28] Alonso M. ; Finn, E. ; Physics, Addison-Wesley (1992)

[29] Saint Augustin ; La Création du monde et le Temps,
      Folio Gallimard (1993)

[30] Peebles, Phillip J.E. ; Principles of Physical Cosmology,
      Princeton University Press, (1993)

[31] Peitgen H-O., Jürgens H., Saupe D., 1993. Chaos and Fractals
      - New Frontiers of Science, Springer-Verlag

[32] Stewart, Ian ; Dieu joue-t-il aux dés, Les mathématiques du chaos,
      Champs-Flammarion (1994)

[33] Mandelbrot, Benoit ; Les objets fractals, Champs-Flammarion (1995)

[34] de Broglie, Louis ; Diverses question de mécanique et de
      thermodynamique classiques et relativistes, Springer (1995)

[35] Roux F. and Viltard N., 1997. Les cyclones tropicaux La Mtorologie 8^e
      srie - n^o18 9-33

[36] Prigogine, I., Kondepudi D., (1998). Modern Thermodynamics - From
      Heat
      engines to Dissipative Structures, Wiley.

[37] Prigogine, I., Kondepudi D., (1999). Thermodynamique - Des moteurs
      thermiques aux structures dissipatives, Odile Jacob.

[38] Bak, Per ; Quand la nature s'organise, Flammarion (1999)

[39] Alligoud K.T., Sauer T.D., Yorke J.A., 2000. Chaos, An Introduction to
      Dynamical Systems, Springer

[40] Bougeault P., Sadourny R., 2001. Dynamique de l'atmosphre et de l'ocan,
      Les ditions de l'École polytechnique

[41] Diu B., Guthmann C., Lederer D., Roulet B., (2001). Physique statis-
      tique,
      Hermann

[42] Sprott J.C., 2003. Chaos and Time-Series Analysis,
      Oxford University Press

[43] Emanuel K., 2003. Tropical Cyclone, Annu. Rev. Earth Planet. Sci.   75-
      104

[44] Atkins, Peter ; Le doigt de Galilée, Dunod (2004)

[45] Emanuel K., 2005. Divine Wind: The History and Science of Hurricanes
      Oxford University Press

[46] Green, Brian ; La magie du cosmos, Robert Laffont (2005)

[47] Letellier, Christophe ; Le chaos dans la nature, Vuibert (2006)

[48] Pottier, Noëlle ; Physique statistique hors d'équilibre,
      EDP Sciences (2007)

[49] Penrose, Roger ; À la découverte des lois de l'Univers,
      Odile Jacob (2007)

[50] Serres M., 2007. Le système de Leibniz et ses modèles mathématiques, Épiméthée, Presses Universitaires de France

[51] Balibar Françoise ; Toncelli Raffaella ; Einstein, Newton, Poincaré - Une histoire de principes , Belin, (2008)

[52] Trinh Xuan Thuan ; Ilya Prigogine ; Albert Jacquard ; Joël de Rosnay ; Jean-Marie Pelt ; Henri Atlan : Le Monde s'est-il créé tout seul ?, Albin Michel ; Le livre de Poche(2008)

[53] Basdevant Jean-Louis : Le principe de moindre action, Vuibert (2010)

[54] Klein Étienne, Discours sur l'origine de l'Univers, Champs sciences, (2010) (voir aussi Youtube : A quoi sert E=mc2 ?)

[55] Newton, Isaac ; Principia, Dunod (2011)

[56] Liu C., Liu Y., Luo Z., Lei X., Wang D., Zhou X., 2011. Studies of the Hurricane Evolution Based on Modern Thermodynamics, Recent Hurricane Research, IntechOpen, DOI: 10.5772/15147 chap.9   171-196

[57] Roddier Franois, Thermodynamique de l'évolution, Éditions Parole, (2012)

[58] Moreau R., 2013. L'air et l'eau, edp sciences

[59] Laforest M., 2013. Les ouragans : engins de destruction, Bulletin de l'association mathmatique du Québec, Vol. LIII, $n^0 2$ 25-42

[60] Pluviose M., 2013. Quieting the Flows in Valves Using Kinetic Energy Degraders, International Journal of Thermodynamics, Vol.16 ($N^0 3$), doi: 10.5541/ijot.456

[61] Pluviose M., 2013. A Positive Lesson from the Accident at Three Mile Island, Nuclear Exchange, Sept.2013

[62] Pluviose M., 2013. Calming the flows using the principle of worst action, Nuclear Exchange, Sept. 2013

[63] Ren D., Lynch M., Leslie L.M, Lemarshall J., 2014. Sensitivity of Tropical Cyclone Tracks and Intensity to Ocean Surface Temperature: Four Cases in Four Different Basins, Tellus A: Dynamic Meteorology and Oceanographie, 66:1, 24212, DOI: 10.3402/tellusa.v66.24212   1-22

[64] Périlhon C., Descombes G., Pluviose M., 2014.
Using the Principle of Worst Action to Stabilize Control Valve Flows,
Valve World Conferences, Dusseldorf 2014

[65] Luminet Jean-Pierre, Les commencements de la cosmologie moderne,
Etudes, Janvier 2014, numéro 4201

[66] Pluviose Michel : L'organisation du désordre pour sortir du chaos,
Cépaduès, (2015)

[67] Kowch R., Emanuel K., 2015. Are Special Processes at Work in the Rapid
Intensification of Tropical Cyclones? Mon. Wea. Rev., 143, 878-882.

[68] Luminet Jean-Pierre, L'Univers, La Boétie, (2015)

[69] Emanuel K., 2018. 100 Years of Progress in Tropical Cyclone Research
Meteorogical Monographs   doi: 10.1175/amsmonographs-d-18-0016.1.

[70] Oruba L., Davidson P.A., Dormy E. 2018. On the Formation of Eyes in
Large-scale Cyclonic Vortices, Phys. Rev. Fluids, 3, 013502 (2018)

[71] Pluviose M., 2018. A Remarkable Use of Energetics by Nature:
The Chaotic System of Tropical Cyclones,
International Journal of Applied Environmental Sciences,
IJAES, Vol.13, N°8, 2018

[72] Pluviose M., 2019. Is it Possible to Weaken a Hurricane?
Sketch of a Solution Using the Locally Available Energy.
International Journal of Applied Environmental Sciences,
IJAES, Vol.14, N°2, 2019

****

Sites Web :

www.physics3worlds.com (sur les soupapes)

www.hurricane-physics.com (sur les ouragans)

www.extreme-physics.com (sur l'ordre parfait)

www.pluviosemichel.com (site général)

Index

Table des matières

Vers le plus grand désordre

Vers l'ordre parfait